典型鸡病诊断防治彩色图谱

郎跃深　倪印红　石建存　主编

化学工业出版社
·北京·

内容简介

本书以图谱形式较为详细地介绍了常见的、危害较大的51种鸡病的诊断与防治技术。全书选用近500幅图片，力求在当前现有的诊断水平下，帮助专业人员尽早做出方向性诊断或确定诊断，以减少因疾病所造成的损失，提高疾病预防和控制水平。全书理论与实践兼顾，普及与提高并重，可供广大养鸡户、乡村兽医、执业助理兽医师、执业兽医师和农业院校师生参考。

图书在版编目（CIP）数据

典型鸡病诊断防治彩色图谱／郎跃深，倪印红，石建存主编．—北京：化学工业出版社，2021.10

ISBN 978-7-122-39742-3

Ⅰ．①典… Ⅱ．①郎… ②倪… ③石… Ⅲ．①鸡病－诊断－图谱②鸡病－防治－图谱 Ⅳ．①S858.31-64

中国版本图书馆CIP数据核字（2021）第166704号

责任编辑：李　丽　　　文字编辑：何　芳
责任校对：王　静　　　装帧设计：关　飞

出版发行：化学工业出版社（北京市东城区青年湖南街13号　邮政编码100011）
印　　装：北京宝隆世纪印刷有限公司
710mm×1000mm　1/16　印张13¾　字数265千字　2022年1月北京第1版第1次印刷

购书咨询：010-64518888　　　售后服务：010-64518899
网　　址：http：//www.cip.com.cn
凡购买本书，如有缺损质量问题，本社销售中心负责调换。

定　　价：59.80元

编写人员名单

主　编

郎跃深　倪印红　石建存

副主编

刘志成　于秀丽　田海波

参　编

邓英楠　张春林　李丽萍　杨亚君

张久秘　张明久　岂凤忠　郭兴华

前言

养鸡业一直是我国传统的养殖项目，近年来，随着社会的发展和市场经济的繁荣，集约化、规模化和标准化养鸡的比重正在逐步增大。与此同时也存在着一些问题，如大型自养场和小型自养户等多种养殖模式共存，养鸡从业人员的养殖技术水平和防疫管理水平参差不齐；饲料企业规模和生产水平、饲料的质量也是良莠不齐。这些决定了近年来我国鸡病流行的复杂性和多样性，主要表现在：老的疫病依然存在，新的疫病又不断增加，造成了养鸡场发病率和死亡率居高不下，这不但给养鸡业造成巨大的经济损失，也给人们的食品安全带来严重威胁，更是对畜牧工作者和基层兽医人员的考验。一旦某种鸡病流行，造成巨大的经济损失，不但会严重挫伤养鸡者的积极性，更会影响养鸡业的发展。因此，加强鸡病防治是发展养鸡业的重要措施和根本保证。鉴于此，我们编写团队结合30多年的畜牧兽医教学和临床实践经验，吸收了目前一些新的科技成果，编写了本书。本书力求为养鸡户及兽医人员提高临床诊治水平，对鸡病尽早做出正确诊断，以尽可能避免或减少损失，为养鸡业的健康发展做出努力。

在本书的编写过程中，我们对多年积累的诸多临床病例图片和剖检照片进行了认真筛检和整理，以更真实、准确地呈现鸡病病状，便于读者查阅、对比和分析诊断。

由于编者水平所限，疏漏之处在所难免，敬请同行和广大读者批评指正。

编者

2021年3月

目录

第一章

鸡病的综合防控技术

鸡的饲养需要一定的技术，如果饲养管理不当很容易生病，所以一定要做好鸡病的防治工作。

鸡病的防治遵循“预防为主，治疗为辅”的原则，进行综合防治，要严格、按时对鸡只进行免疫接种，搞好鸡舍的清洁消毒，同时尽量控制外来人员进入饲养区。要求每1～2d对鸡舍进行1次消毒，一般先要将鸡粪清理干净；每天清洗1次饮水盆（槽）；病鸡要及时检出。同时要保证鸡舍通风、干燥、凉爽，保证空气清新。

鸡场的建设可以因陋就简，但必要的设备、设施还是必需的。同时鸡场一定要远离居民区，以防扰民。

一、饲养场地和鸡舍的消毒

饲养场地、鸡舍及其周围环境的消毒必须加强。鸡只在这些地方活动频繁，产生的污染物也较多，同时湿度较大，如果不注意消毒，病原体繁殖的机会就会增加。因此，要注意管理和消毒工作（图1-1）。

图1-1　鸡舍周围的环境消毒

鸡舍及周围环境等要每天清扫，定期消毒。水槽、料槽每天洗刷，清除槽内的鸡粪和其他杂物，让水槽、料槽保持清洁卫生。鸡场进出口设消毒带或消毒池，人员及车辆出入都必须经过消毒（图1-2～图1-4）。鸡场谢绝参观。鸡场最好实行全进全出养殖模式，每批鸡饲养完后，应对鸡舍进行彻底清扫、清洗和消毒，对所用器具、盆槽等熏蒸消毒1次。同时，场地要安排1～2周的净化期。

图1-2　鸡场门口消毒室的喷雾消毒

图1-3　鸡场入口的紫外线消毒室

图1-4　车辆正在通过入口的消毒池

二、鸡病的综合性防疫措施

对于养鸡户来说，最大的担心就是鸡只发病，尤其是传染病。鸡只一旦发病，有效的治疗措施一般较少，治疗的价值也较低。有些病即使治好了，鸡的生产性能也受到很大影响，经济上也不合算。因此，一定要从预防隔离、饲养管理、环境卫生等方面，做好综合防病工作。如把好引种进雏关；做好生态隔离；保证饲料与饮水的卫生；为鸡只创造良好的生活环境；抓好免疫接种和预防性投药工作；加强饲养管理，实行“全进全出”饲养制度等。具体的饲养管理和综合防控包括以下内容。

1. 选择合适的场地

从疫病预防及控制的角度来讲，养鸡场应选择在背风向阳、地势高燥、易于排水、通风良好、水源充足、水质良好的地方，并且还要远离屠宰场、肉食品加工厂、皮毛加工厂等易污染单位。规模较大的养鸡场，生产区和生活区应严格分开（图1-5）。鸡舍的建筑应根据本地区主风向合理布局。

2. 把好鸡只引入关

鸡群发生的疫病中，部分是从种鸡场带来的。因此，从外地引进雏鸡时，应首先了解当地有无疫情，若有疫情则不能购买。无疫情时，引进前也要对种鸡场的饲养管理和防疫等方面进行详细的了解。雏鸡应来自非疫区、信誉度高的正规种鸡场。

图1-5　简易鸡舍的外观

3. 实施科学的饲养管理

（1）满足鸡群营养需要　在饲养管理过程中，要根据鸡的品种分群饲养，按其不同生长阶段的营养需要、饲养密度供给相应的配合饲料，以保证鸡体的营养需要，且各种营养成分要混合均匀（图1-6）。同时还要供给足够的清洁饮水，提高鸡群的健康水平。只有这样，才能有效地防止疾病的发生，特别是防止营养代谢性疾病的发生。

（2）创造良好的生活环境　饲养环境条件差，往往会影响鸡的生长发育，也是诱发疫病的重要因素。要按照鸡群在不同生长阶段的生理特点，控制适当的温度、湿度、光照、通风和饲养密度，尽量减少各种应激因素。

（3）采取“全进全出”的饲养方式　所谓“全进全出”，就是同一栋鸡舍在同一时期内只饲养同一日龄的鸡，又在同一时期出栏或更新淘汰。这种饲养方式简单易行，优点很多，既便于在饲养期内调整日粮，控制适宜的舍温，合理地进行免疫，又便于在空棚期对舍内地面、墙壁、房顶、门窗及各种设备彻底打扫、清洗和消毒以及养鸡场地的自然净化（图1-7）。采取这种饲养方式，能够彻底切断

图1-6　鸡饲料成分的均匀混合

图1-7　空棚期鸡舍应消毒

各种病原体循环感染的途径，有利于消灭病原体。

（4）做好废弃物的处理工作　养鸡场的废弃物包括鸡粪、死鸡等。养鸡场一般要在下风向位置最低的地方或围墙外设置废弃物处理场。鸡粪只有经过发酵处理后，才可以做肥料出售。死鸡应焚烧或深埋。

（5）做好日常观察工作　随时掌握鸡群健康状况，逐日观察记录鸡群的采食量、饮水、粪便、精神、活动、呼吸等基本情况，并统计发病和死亡情况。对鸡病做到“早发现、早诊断、早治疗”，以减少经济损失。

4．搞好消毒工作

（1）鸡场及鸡舍门口应设消毒池，并经常保持有新鲜有效的消毒液。凡进入鸡舍的人员都必须经过消毒。车辆进入鸡场，要经过消毒池（图1-8），并保证消毒池的宽度与门同宽，一般长度为4m，深度为0.3m，并长期保持有有效的消毒液。

图1-8　设置在鸡场大门口的消毒池

（2）工作人员和用具要固定，用具不能随便借出借入。工作人员每天进入鸡舍前要更换工作服、鞋、帽。工作服要定期消毒，场内的工作鞋等不许穿出场，场外的鞋不许穿进场内。

（3）鸡舍在进鸡之前一定要彻底清扫、清洗和消毒（图1-9）。料槽、水槽应定期洗刷、晾晒，否则可能会使饲料发霉变质。

（4）要坚持做好带鸡消毒。可用0.3%过氧乙酸或0.05%～0.1%的百毒杀等对鸡群进行消毒，这对环境的净化和疾病的防治作用很大。通过带鸡消毒（图1-10），不仅能够使得鸡舍的地面、墙壁、鸡体和空气中的细菌数量明显减少，还

图1-9　鸡舍的清扫

图1-10　带鸡消毒

能降低空气中的粉尘、氨气等，夏天还有降温作用。

5. 搞好免疫接种

① 养鸡场一定要根据本场的疫情和生产实际情况，制定本场的免疫计划。

② 兽医人员要有计划地对鸡群进行抗体监测，以确定免疫的最佳时机，检查免疫效果。

③ 使用的疫苗要确保质量，免疫的剂量要准确，方法要得当（图1-11、图1-12）。

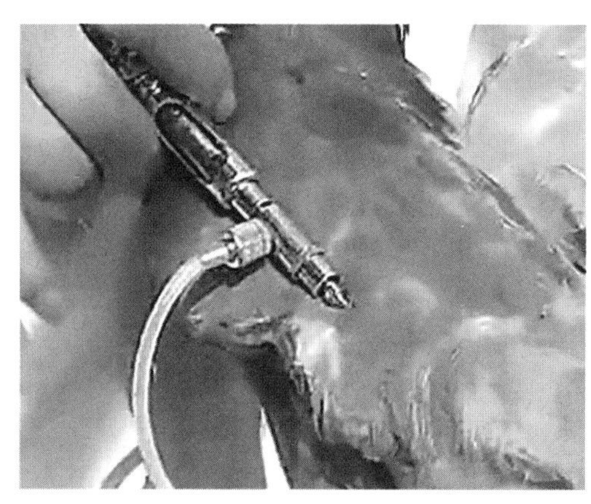

图1-11　肌内注射疫苗

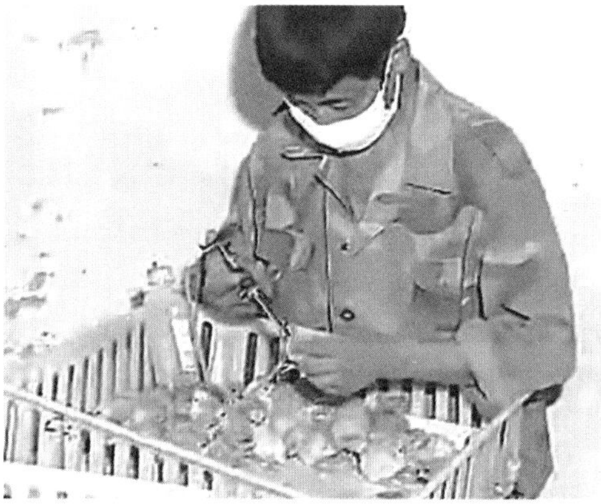

图1-12　鸡雏的疫苗接种

④ 免疫前后要保护好鸡群，要避免各种应激，对鸡群增喂一些维生素E、维生素C或电解多维等，可提高免疫效果。

6. 利用微生态制剂防治疾病

微生态制剂可以改变肠道环境，它与肠道内有益菌一起，能形成强有力的优势菌群，且能抑制致病菌群。同时，还能分泌与合成大量氨基酸、蛋白质、维生素、各种生化酶、抗生素、促生长因子等营养与激素类物质，可以调整和提高鸡只的机体功能，提高饲料转化率，起到促进产生免疫、刺激生长等多种作用，从而达到消除粪臭味、防病治病、提高存活率、促进生长和繁殖、降低成本的目的。

7. 合理预防投药，提高鸡群健康水平

除了对鸡群进行科学的饲养管理，做好消毒隔离、免疫接种等工作外，合理使用药物防治鸡病，也是搞好疫病防制的重要环节。

三、养鸡时要做到“五勤”

在养殖过程中，要做到“五勤”，具体如下。

一勤，管理时勤观察。通过观察鸡只的生活状况，可及时发现病鸡并及时治疗和隔离，以免疫情传播和蔓延。

二勤，清扫时勤观察。清扫鸡舍和清粪时，注意观察粪便是否正常。正常的鸡粪便呈软硬适中的堆状或条状，上面覆有少量的白色尿酸盐沉积物。若粪过稀，则为摄入水分过多或消化不良；如果是浅黄色泡沫粪便，大部分是由肠炎引起的；白色稀便则多为白痢病；排泄深红色血便，则可能是鸡球虫病。

三勤，补料时勤观察。补料时注意观察鸡的精神状态。健康鸡特别敏感，往往抢着吃食，而病弱鸡则不吃食或被挤到一边，或吃食动作迟缓，反应迟钝或无反应。病重鸡则表现精神沉郁、双眼闭合、低头缩颈、翅膀下垂、呆立不动等。

四勤，关灯后勤听。晚上关灯后注意倾听鸡的呼吸是否正常。如果有咳嗽、气管有啰音，则说明有呼吸道疾病。

五勤，补料后勤观察。若表现拒食或采食量逐渐减少则为病鸡群。因此，在每天补料后及时对补料量和剩料量做好记录，以便及时查明原因。

四、抓好引种环节

抓好引种环节是鸡病防疫的基础。引种是防疫的第一道关口，有些疾病，特别是传染病，一旦发生，往往会引起鸡群大批死亡，造成严重的经济损失。因此，在引种时，应考虑当地的实际情况，做出适宜的选择。

五、疫苗的使用方法

1. 点眼、滴鼻免疫

滴鼻、点眼用滴管，先要用1mL水试一下，看有多少滴。一般以每毫升20～25滴为好，每只鸡2滴，每毫升滴10～12只鸡。

疫苗的稀释要用生理盐水、蒸馏水或专用的稀释液，不能用自来水，以免影响免疫接种的效果。

滴鼻、点眼的方法：左手轻轻握住鸡体，食指与拇指固定住鸡的头部，右手用滴管吸取药液，滴入鸡的鼻孔或眼内，当滴在鼻孔或眼中的药液完全被吸入后，方可放下鸡（图1-13、图1-14）。

2. 饮水免疫

饮水免疫是非常常用的一种免疫方法，这种方法要注意以下问题。

① 在投放疫苗前，要停供饮水2～3h，以保证鸡群有较强的渴欲，能在30min内把疫苗水饮完。

② 鸡饮用的疫苗水要现用现配，不可事先配制备用；水中应不含有氯和其他杀菌物质；盐碱含量较高的水应煮沸、冷却，待杂质沉淀后再用。有条件时可在

疫苗水中加2%脱脂奶粉，对疫苗有一定的保护作用（图1-15）。

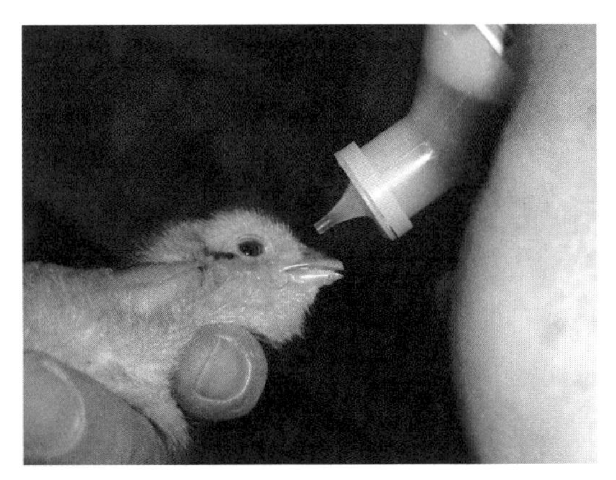

图1-13　鸡的滴鼻免疫接种

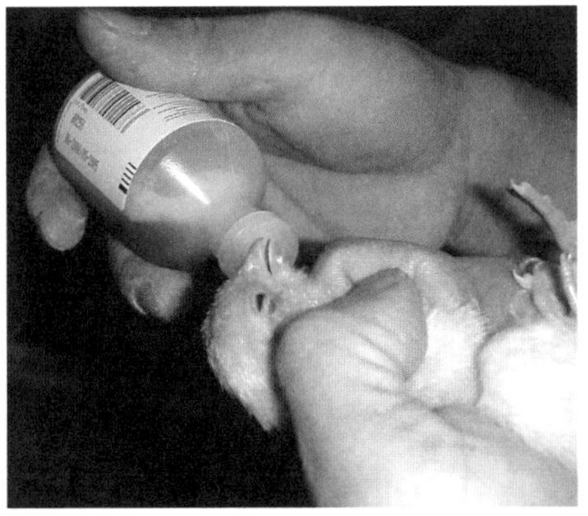

图1-14　鸡的点眼免疫接种

③ 饮水器的数量应充足，摆放要均匀合理，可供全群2/3以上的鸡同时饮到水。应尽量避免使用金属饮水器。

④ 稀释疫苗的用水量要适当。正常情况下，每500头份疫苗，2日龄至2周龄用水2～3L，2～4周龄3～5L，4～8周龄及以上5～7L。

图1-15　鸡的饮水免疫

3. 注射免疫

疫苗注射时的注意事项如下。

① 注射器、针头每次使用前要消毒（蒸或煮沸20min）。选用短些的锋利针头，禁用钝与带钩的针头。注射时经常查看针头是否堵塞，堵塞的针头要立即更换。一般每注射100～150只鸡换1个针头。连续注射器的调节器也应不断查看、调整，以确保剂量准确。

② 疫苗溶液必须现用现配，稀释液应根据说明书的规定选用，一般用生理盐水或专用稀释液稀释。配制程序如下：用消毒过的针头与注射器吸取2～3mL稀释液，注入疫苗瓶中，轻轻摇匀。再用注射器抽出此液到稀释液大瓶中，如此重复1～2次，这样就能将全部疫苗中的成分均匀混于稀释液中，从而提高免疫效果。最后摇动大瓶，疫苗就能充分溶解并混匀。

③ 灭活油乳剂疫苗注射前，应先放入室内5～10h，使其升至室温，这样能减少对鸡注射部位的刺激，增强疫苗的“流动性”。使用前摇动疫苗30～60s后再

注射。有明显分层的油乳剂疫苗严禁使用。

④ 皮下注射法主要适用于接种鸡马立克病弱毒疫苗、新城疫Ⅰ系疫苗、鸡痘疫苗等。接种多采用雏鸡颈背皮下注射法。注射时先用左手拇指和食指将鸡颈背部皮肤轻轻捏住并提起，右手持注射器将针头刺入皮肤与肌肉之间，然后注入疫苗（图1-16、图1-17）。

图1-16　疫苗的皮下注射接种（一）

图1-17　疫苗的皮下注射接种（二）

⑤ 肌内注射法主要适用于接种鸡新城疫Ⅰ系疫苗、新城疫油苗、禽流感油苗。注射部位可选择胸部肌肉、翼根内侧肌肉或腿部外侧肌肉。

六、用药的注意事项及禁用的药物

1. 用药的注意事项

使用药物是防治鸡病的有效措施之一。为了保证药物的防治效果，用药时要根据鸡病类型及药物特点选择最恰当的投药方法，从而使药物发挥出最好的疗效，达到防治疾病的目的。

① 拌料：规模比较大的养鸡户及养鸡场经常用拌料的方法给药。此法适用于大群、不溶于水的药物及慢性疾病，如大肠杆菌病、沙门氏菌病、球虫病及其他肠道疾病等。适于拌料的药物有磺胺类药、抗球虫药、土霉素等。用药时一定要根据药物要求准确掌握剂量，同时一定要混合均匀。

② 饮水：一般适用于短期投药，紧急治疗。此方法要选用易溶于水、吸收较快的药物。方法是将药物溶于少许饮水中，让鸡在短时间内饮完。也可以将不易被破坏的药物稀释到一定浓度，分早、晚两次饮用。用药前，根据季节、鸡的品种、饲养方式、鸡群状况停止供水2～3h。鸡的饮水量约为采食量的2倍，故在自由饮水时水中的药物浓度应是拌料时的1/ 2。

③ 口服：口服法一般适用于个别治疗。此法虽费时费力，但剂量准确、治疗效果比较确实，当鸡已无食欲时可用此法。片剂或胶囊可经口投入食道上端；如果是不溶于水的粉剂，则可加在少许料中拌湿后再口服。口服时应注意避免将药物投入气管内。

④ 注射：此方法常选取肌肉较为丰满、血管少的部位。肌内注射的优点是吸收速度快、完全，适用于逐只治疗，尤其是紧急治疗时，效果更好。对于难以经过肠道吸收的药物，如链霉素、红霉素、庆大霉素等，在治疗非肠道感染时，可用肌内注射法给药。注射部位一般在胸部，注射时不可直刺，要由前向后成45°角斜刺1~2cm，不可刺入过深。腿部注射时要避开大的血管，不要在大腿内侧注射。

⑤ 外用：外用就是体表给药，多用来杀灭体外寄生虫，常用喷雾、药浴、沙浴和喷洒等方法（图1-18）。

图1-18　散养鸡的沙浴

2. 鸡只禁用的药物

养鸡时，有一些药是需要“忌口”的，有些药物全程严禁使用。农业部2017年兽用抗生素专项整治行动发布养殖全程禁用药物清单见表1-1。

表1-1　养殖全程禁用药物清单

序号	类别	具体药物
1	抗病毒类	利巴韦林、金刚烷胺、阿昔洛韦、金刚乙胺、病毒灵
2	硝基呋喃类	呋喃唑酮、呋喃西林、呋喃妥因、呋喃它酮
3	硝基咪唑类	甲硝唑、二甲硝唑、替硝唑
4	磺胺类	磺胺甲氧嘧啶、磺胺对甲氧、新诺明、复方新诺明
5	氯霉素类	氯霉素
6	喹噁啉类	喹乙醇、痢菌净、卡巴氧、喹烯酮
7	兴奋剂类	克伦特罗、沙丁胺醇、西马特罗及其盐、酯及制剂
8	性激素类	己烯雌酚及其盐、酯及制剂、甲基睾丸酮、丙酸睾酮、苯甲酸诺龙、苯甲酸雌二醇及其盐、酯及制剂
9	催眠、镇静类	氯丙嗪、地西泮（安定）及其盐、酯及制剂
10	皮质激素类	地塞米松

续表

序号	类别	具体药物
11	大环内酯类	替米考星
12	氟喹诺酮类	氧氟沙星、培氟沙星、诺氟沙星、洛美沙星

注：一切人用的药品禁止用于禽类。

七、带鸡消毒的注意事项

消毒是鸡场综合防疫的重要组成部分，通过消毒能有效地杀灭鸡舍及生活环境中的病原微生物，从而创造良好的卫生环境，对保障鸡群健康起到重要作用。带鸡消毒应注意以下事项。

（1）首先要选择广谱、高效、杀菌作用强、毒性小、刺激性低，对金属、塑料制品的腐蚀性小，不会残留在肉和蛋中的消毒药。常用的消毒药有百毒杀、过氧乙酸、次氯酸钠、新洁尔灭等。

（2）科学配制药液　配制消毒药液应选择杂质较少的深井水或自来水。液温一般控制在30～35℃。寒冷季节液温要高一些，以防鸡受凉造成鸡群患病；炎热季节液温要低一些，以便消毒同时起到防暑降温的作用。消毒药用水稀释后稳定性变差，应现配现用，一次用完。

（3）消毒器械的选择和正确的喷药方法　消毒器械一般选用高压动力喷雾器或背负式喷雾器。正确的喷药方法是朝鸡舍上方以画圆圈方式喷洒，雾粒直径为80～120μm。雾粒太小易被鸡吸入呼吸道，引起肺水肿，甚至诱发呼吸道疾病；雾粒太大易造成喷雾不均匀和鸡舍过于潮湿（图1-19）。

图1-19　鸡舍的喷雾消毒

（4）喷雾消毒的频率和喷雾量　一般情况下，喷雾消毒每周进行2～3次，夏季疾病多发或热应激时，可每天消毒1～2次。雏鸡太小不宜带鸡喷雾消毒，要在1周龄后方可。一般喷雾量按每立方米30～50mL计算，平养喷雾量少一些，中大鸡喷雾量多一些。

（5）带鸡消毒时应注意的问题

① 活疫苗免疫接种前后3d内不要带鸡消毒，以免影响免疫效果。

② 喷雾消毒时间最好固定，且应在暗光下进行，防止应激。

③ 消毒后应加强通风换气，便于鸡体表及鸡舍干燥。

④ 根据不同消毒药的消毒作用、特性、成分、原理，按一定的时间交替使用，以防病原微生物对消毒药产生耐药性。

八、养鸡场及鸡舍的清扫、检修及消毒

上一批鸡出栏或淘汰后，马上要进行清除鸡粪、清理鸡舍等活动。对房顶、墙壁及地面彻底清扫后，用高压水枪冲洗地面。检修鸡舍照明系统、供水系统等，检修之后再次彻底清扫舍内及舍外周围，以确保无粪便、无羽毛、无杂物，然后再冲洗。

冲洗要从上到下，冲洗干净后再消毒。消毒程序是墙壁、地面等不怕火烧部分用火焰灼烧消毒，然后其他部分和顶棚、墙壁、地面用无强腐蚀性的消毒药物喷洒消毒，最后每立方米用福尔马林42mL + 高锰酸钾21g密闭熏蒸消毒24h以上。抽样检查效果不合格要重新消毒。

九、微生态制剂的使用

微生态制剂是指对宿主有益无害的活的正常微生物或正常微生物促生长物质经过特殊工艺制成的制剂。有益菌在机体内形成优势菌落，能有效地黏附、占位、排斥和抑制致病菌繁殖，起到以菌治菌的作用。有益微生物在代谢过程中产生杆菌肽、有机酸，对致病性细菌有抑制或杀灭作用，可防治肠道的慢性炎症。产生的活菌酶能够有效地促进鸡肠道内营养物质的消化和吸收，提高饲料转化率，刺激有益菌（如双歧杆菌）的增殖，增强机体消化吸收功能和抗病能力，同时还能抑制腐败菌的繁殖，从而降低肠道和血液中的肉毒素及尿素酶的含量，把促成恶臭的氨、硫化氢、甲基硫醇、三甲胺等当作食饵（基质）分解掉，从而有效地减少有害气体的产生。还可诱导产生干扰素，提高非特异性免疫球蛋白的浓度，刺激巨噬细胞的活性，提高疫苗的保护率。因此，微生态制剂可以提高鸡的抗病力。

十、养鸡场死亡鸡只的处理方法

在养鸡生产过程中，鸡只死亡的情况时有发生。这些死鸡若不加处理或处理不当，尸体会很快分解腐败，散发臭气，甚至成为传染源。特别应该注意的是患传染病死亡的鸡，其病原微生物会污染环境、大气、水源和土壤，造成疫病的传播与蔓延。死鸡的处理方法主要有以下几种。

（1）焚烧法　对病鸡的尸体常用专门的焚烧炉加以焚烧。

（2）深埋法　采用深埋法必须符合农业部印发的《病死及病害动物无害化处理技术规范》要求。

① 应选择地势高燥、处于下风口的地点；

② 应远离学校、公共场所、居民住宅区、村庄、动物饲养和屠宰场所、饮用水源地、河流等地区；

③ 深埋坑底应高出地下水位1.5m以上，要防渗防漏；

④ 坑底撒一层厚度为2～5cm的生石灰或漂白粉等消毒药；

⑤ 将病死鸡及相关的鸡产品投入坑内，最上层距离地表土1.5m以上；

⑥ 生石灰或漂白粉等消毒药消毒；

⑦ 覆盖距地表20～30cm、厚度不少于1～1.2m的覆土；

⑧ 深埋覆土不要太实，以免腐败产气造成气泡冒出和液体渗漏；

⑨ 深埋后，在深埋处设置警示标识，深埋后，第一周内应每日巡查1次，第二周起应每周巡查1次，连续巡查3个月，深埋坑塌陷处应及时加盖覆土；

⑩ 深埋后，立即用氯制剂或生石灰等消毒药对深埋场所进行1次彻底消毒，第一周内应每日消毒1次，第二周起应每周消毒1次，连续消毒3周以上。

深埋法其实就是利用土壤的自净作用使死鸡无害化。此法虽简单但不太理想，因其无害化过程很缓慢，而且某些病原微生物能长期生存，条件控制不好就会污染土壤和地下水，造成二次污染。因此，决不能选用沙质土（有些国家规定死鸡不能直接埋入土壤）。

（3）化制法和高温法　有条件的场（户）可用不渗水包装、防渗密封的车辆运至专门的无害化处理厂（场）进行高温或化制等无害化处理，特别注意装前卸后的消毒。

鸡的主要传染病诊断与防治

一、鸡新城疫

鸡新城疫（ND）又叫亚洲鸡瘟或伪鸡瘟，这是一种由新城疫病毒引起的鸡和火鸡的急性、热性、高度接触性传染病。主要特征是高热、呼吸困难、神经症状和下痢，黏膜和浆膜出血，并呈败血症死亡，发病率和致死率很高。

本病流行于世界各地，被列为一类传染病，因为首次发现于英国新城，故名新城疫。

【流行病学】新城疫病毒主要感染鸡，家鸡最易感，雏鸡比成年鸡易感性更高。鸭、鹅对本病毒有抵抗力。

（1）传染源　本病主要传染源是病鸡和带毒鸡，多种野鸟可作为传播媒介。饲管人员的传播也是来源之一。

（2）传播途径　病鸡和带毒鸡的粪便及口腔黏液带有病毒。被病毒污染的饲料、饮水和灰尘经消化道、呼吸道传染给鸡是主要的传播途径。空气和饮水也可传播，人、器械、车辆、垫料、种蛋、昆虫、鼠类等是机械携带者。

（3）易感动物　各种鸡、火鸡、鸽、鹌鹑等不分年龄、性别、品种均易感。很多鸟类带毒。水禽有抵抗力。人感染会出现结膜炎症状或类似流感。

（4）流行特点　本病无明显季节性，一年四季均可发生，但以冬、春寒冷季节及环境条件恶化和应激时易发生。不同年龄、品种和性别的鸡均能感染，但幼雏的发病率和死亡率明显高于大龄鸡；纯种鸡比杂交鸡易感，死亡率也高。本病发病急，传播速度快，非免疫鸡群发病率和死亡率均极高，免疫力不坚强的鸡群常呈温和型（非典型、亚临床型）鸡新城疫。鸡新城疫还极易继发其他传染病，特别是传染性法氏囊病、传染性喉气管炎、大肠杆菌病等。单纯感染发病较易控制，但难根除，而混合或继发感染则危害严重，难控制，尤其当与传染性法氏囊病或禽流感混合感染时。病鸡在出现症状前24h分泌物和粪便中就会含有大量病毒，可持续3周。

【临床症状】本病的潜伏期为2～15d，平均5～7d。发病的早晚及症状表现依病毒的毒力、宿主年龄、免疫状态、感染途径、感染剂量、有无并发感染、环境条件及应激情况而有所不同。一般可分为最急性型、急性型、亚急性或慢性型和非典型新城疫。

（1）最急性型　突然发病，急性死亡，无明显症状，多见于流行初期或雏鸡。

（2）急性型　本型最常见，发病数量最多，有典型症状和发病过程。突然发病，往往没见到症状就发生了死亡，发病率和死亡率可达90%以上。全身症状明显：病初体温升高达44℃，精神萎靡，垂头缩颈，鸡冠及髯渐变暗红色或暗紫色。羽毛松乱，呈昏睡状，食欲废绝。嗉囊内常充满液体及气体。出现甩头症状，有黏液样鼻漏，倒提病鸡可见从口中流出酸臭液体（图2-1）。咳嗽，张口呼吸，呼吸困难，常伸头，喉部发出“咯咯”的喘鸣或尖锐的叫声，气管内水泡音。病鸡有结膜炎症状。病鸡拉稀，粪便稀薄、恶臭，呈黄绿色或黄白色，有时有血液，后期呈蛋清样。病鸡有神经症状，阵发性痉挛，角弓反张，后期可见震颤、转圈、眼和翅膀麻痹，头颈扭转，呈“仰头观星”状或“回头望月”状（图2-2、图2-3）。腿麻痹，有跛行症状。产蛋鸡迅速减蛋，软壳蛋数量增多，很快绝产。一般2～5d死亡。

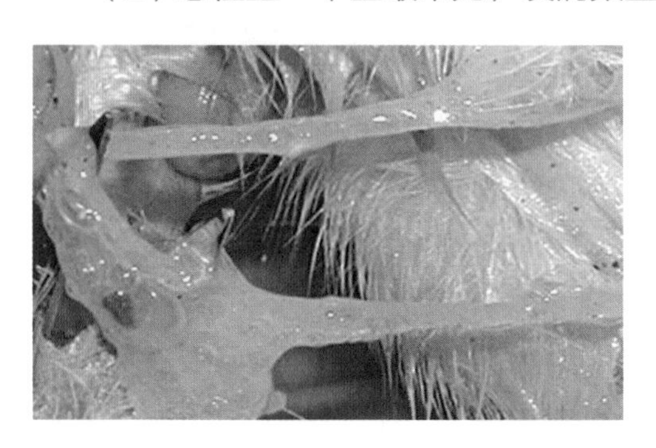

图2-1　（急性型）鸡新城疫（一）

嗉囊内充满酸臭的黏液，倒提病鸡，可从口腔中流出

（3）亚急性或慢性型　症状与急性型相似，只是病情较轻，以神经症状为

图2-2　（急性型）鸡新城疫（二）

病鸡有神经症状，颈部扭颈、共济失调，抬头望月，或称为“观星状”

图2-3　（急性型）鸡新城疫（三）

病鸡的神经症状，呈现扭颈背脖

主，腿、翅麻痹，跛行或站立不稳，运动失调，头向后仰，向一边弯曲扭转或伏地旋转等（图2-4～图2-6）。动作失调，反复发作，最后瘫痪或半瘫痪。病程可达1～2周。本型多见于流行后期，死亡率较低，但病鸡生产性能下降，慢性消瘦，有些因不能采食而被饿死。

图2-4 （亚急性）鸡新城疫（一）

头颈向一侧或向后偏转（尤其在受到惊吓时），呈现“回头望月”症状

图2-5 （亚急性）鸡新城疫（二）

病鸡头颈向后弯曲，呈现“观星状”

图2-6（亚急性）鸡新城疫（三）

神经症状，扭颈

（4）非典型　当鸡群在具备一定免疫水平而遭受强毒攻击时发生的一种特殊表现类型。其主要特点是：多发生于有一定抗体水平的免疫鸡群，病情比较缓和，发病率和死亡率都不高，产蛋下降，有神经症状，病程长，流行时间长，有呼吸道症状，但消化道症状不明显，病变不典型。病鸡张口呼吸，有“呼噜”声，咳嗽（图2-7），口流黏液（图2-8），排黄绿色稀粪（图2-9），继而出现歪头、扭

脖或呈仰面观星状等神经症状。成年产蛋鸡产蛋量突然下降10%～30%，严重者下降50%以上，并出现畸形蛋、软壳蛋和糙皮蛋（图2-10）。1～2个月后才缓慢上升，但只能升到原来产蛋率的80%～90%。

图2-7 （非典型）鸡新城疫（一）

病鸡呼吸困难，张口伸颈呼吸，咳嗽，发出呼噜声

图2-8 （非典型）鸡新城疫（二）

口腔有大量的黏液

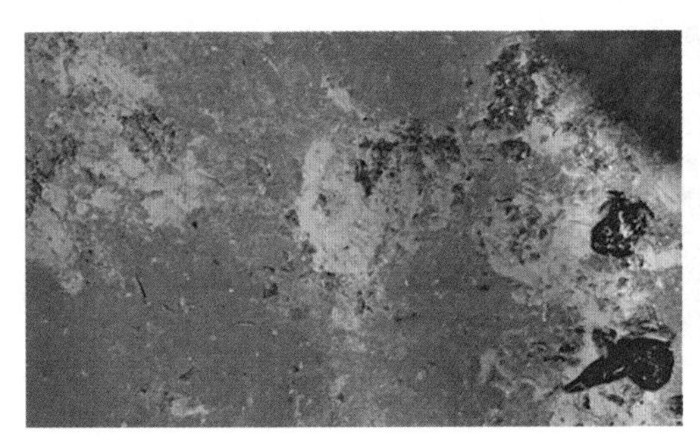

图2-9 （非典型）鸡新城疫（三）

病鸡排出的黄绿色稀粪

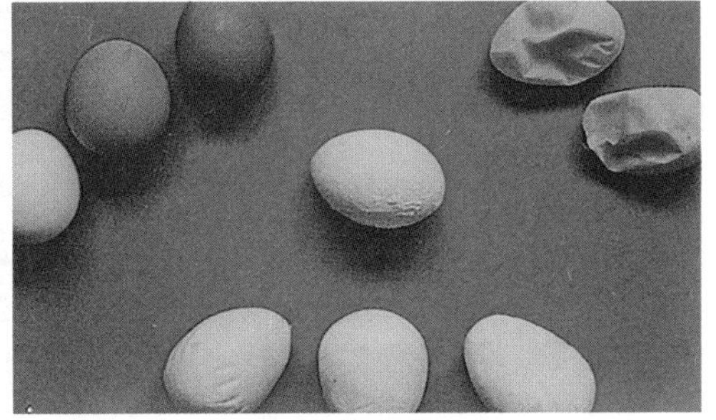

图2-10 （非典型）鸡新城疫（四）

病鸡所产的薄壳蛋、软壳蛋、畸形蛋和沙壳蛋

【病理变化】消化道病变以腺胃、小肠和盲肠最具特征。嗉囊膨大，嗉囊内聚集大量液体（图2-11）。腺胃乳头肿胀、出血或溃疡，尤以在与食道或肌胃交界处最明显（图2-12～图2-18）。十二指肠黏膜及其他小肠段的黏膜出血或溃疡，有时可见到“岛屿状”或“枣核状”溃疡灶，表面有黄色或灰绿色纤维素膜覆盖。盲肠扁桃体肿大、出血和坏死。呼吸道以卡他性炎症和气管充血、出血为主。鼻道、喉、气管中有浆液性或卡他性渗出物。如果是弱毒株感染、慢性或非典型性病例可见到气囊炎，囊壁增厚，有卡他性或干酪样渗出物。产蛋鸡常有卵黄泄漏到腹腔引起卵黄性腹膜炎。卵巢滤泡松软变性，其他生殖器官出血或褪色。

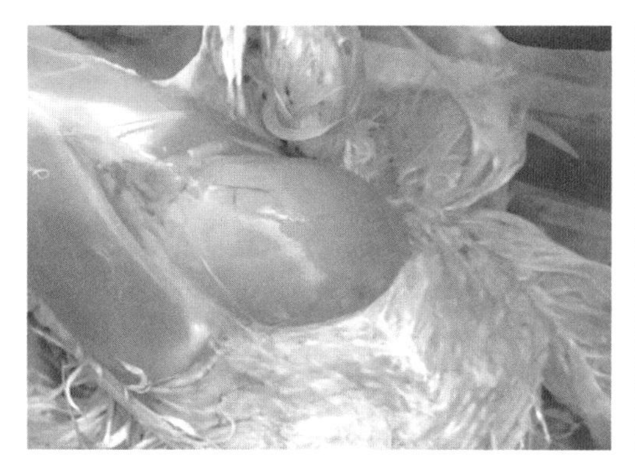

图2-11　鸡新城疫（一）

嗉囊膨大，积液、积气

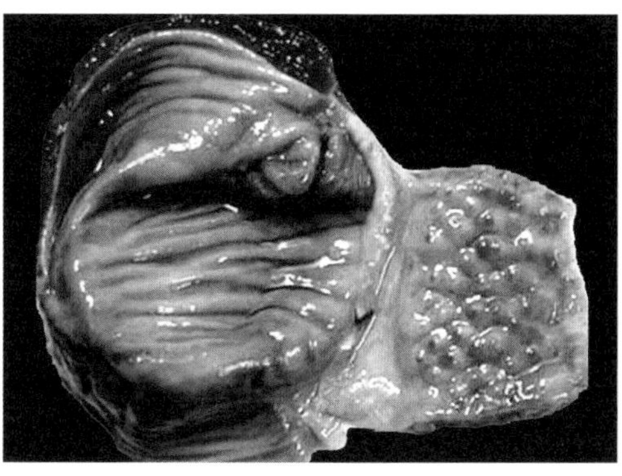

图2-12　（急性）鸡新城疫（一）

出现本病的特征性病变——腺胃乳头出血

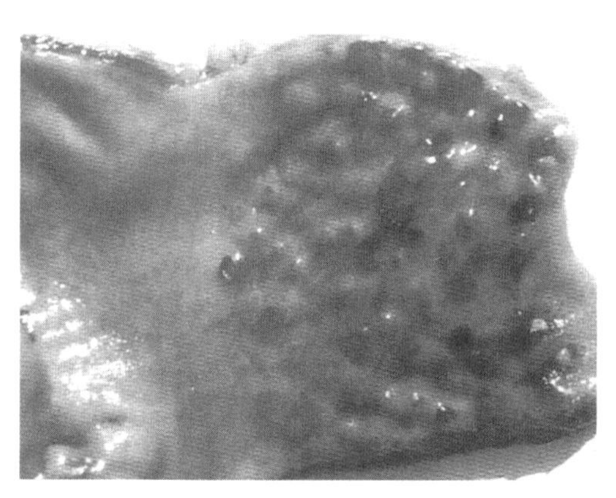

图2-13　（急性）鸡新城疫（二）

腺胃黏膜和腺胃乳头出血，肌胃与腺胃交界处有出血带

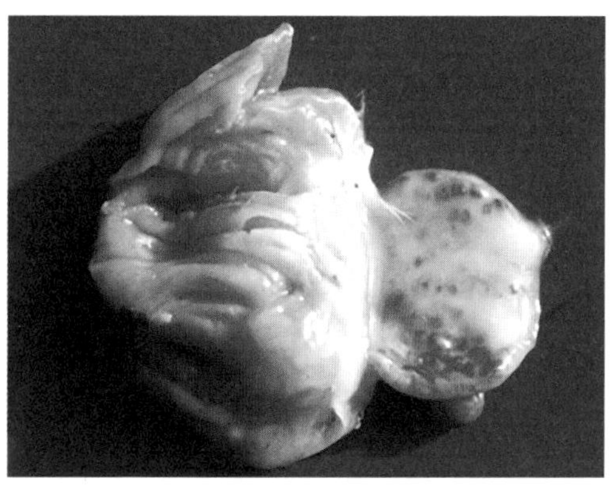

图2-14　鸡新城疫（二）

腺胃乳头出血

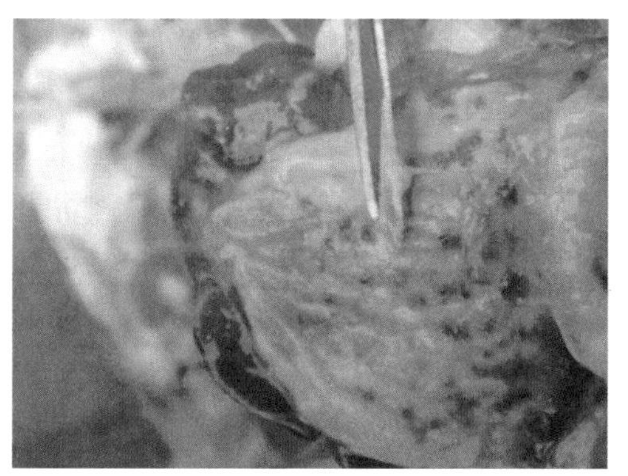

图2-15　鸡新城疫（三）

腺胃黏膜的腺体开口处（乳头）充血和出血

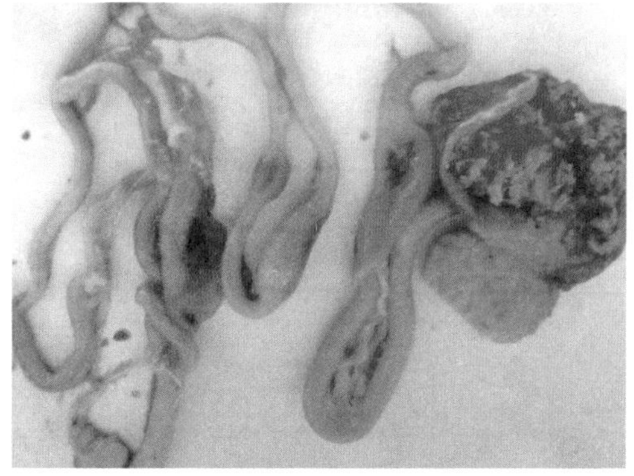

图2-16　鸡新城疫（四）

腺胃乳头出血，肠淋巴集结溃疡

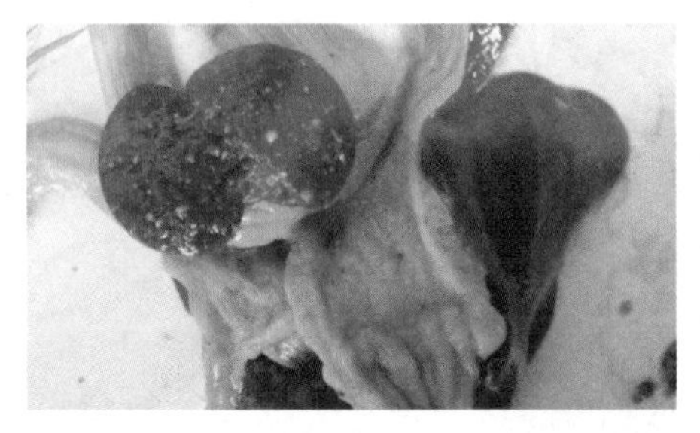

图2-17　鸡新城疫（五）

腺胃乳头水肿、贲门肿胀并轻度水肿。脾脏有坏死灶

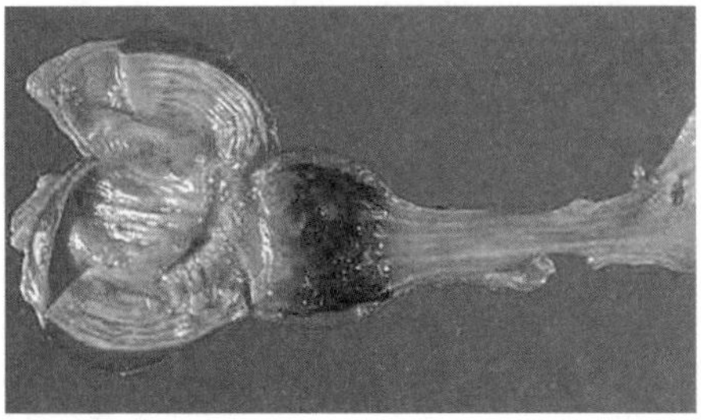

图2-18　鸡新城疫（六）

腺胃乳头的严重出血、淤血病变

（1）典型型　全身黏膜、浆膜出血，腺胃乳头、肌胃角质层下出血（图2-19），肠黏膜（十二指肠、空肠、回肠）水肿、出血，纤维素性溃疡、坏死（图2-20～图2-25）。盲肠扁桃体肿胀出血、坏死，直肠也有广泛性出血（图2-26～图2-29）。肺淤血、水肿。

图2-19　鸡新城疫（七）

腺胃乳头出血，小肠出血、溃疡

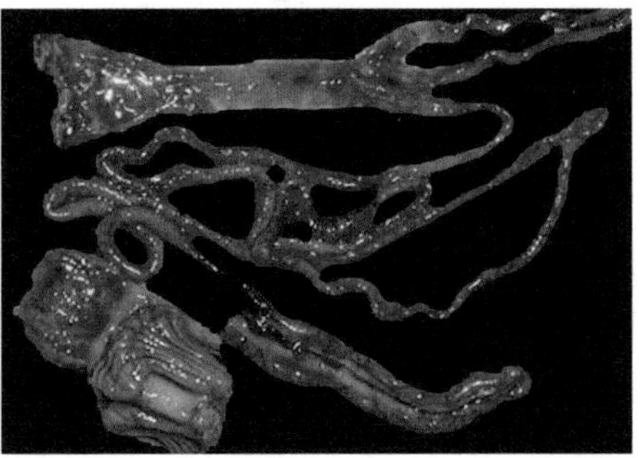

图2-20　鸡新城疫（八）

腺胃有出血点或溃疡。整个肠道黏膜发炎出血，并以十二指肠以及小肠与盲肠的交界处黏膜为显著

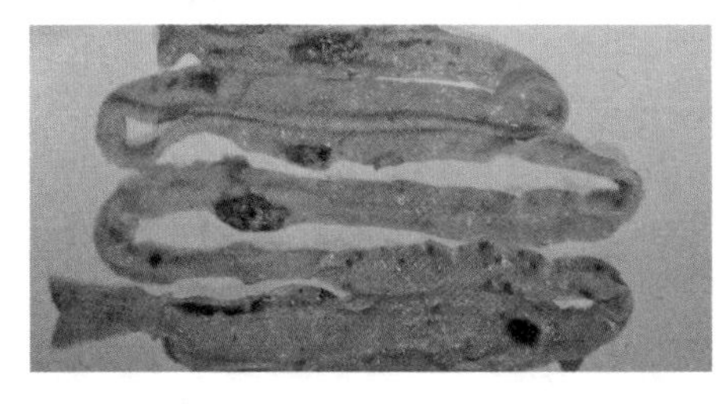

图2-21　鸡新城疫（九）

剖检可见肠管浆膜面的十二指肠升支、卵黄蒂附近和后段的回肠有淋巴集结及溃疡

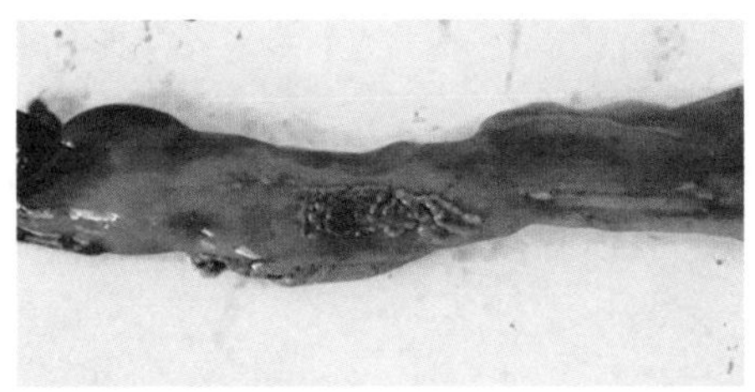

图2-22　鸡新城疫（十）

十二指肠黏膜上的局灶性岛屿状坏死

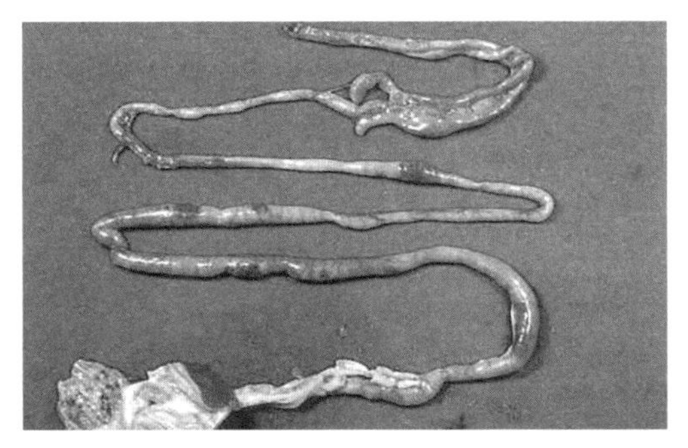

图2-23　鸡新城疫（十一）

小肠有圆形或枣核形的坏死或溃疡病灶

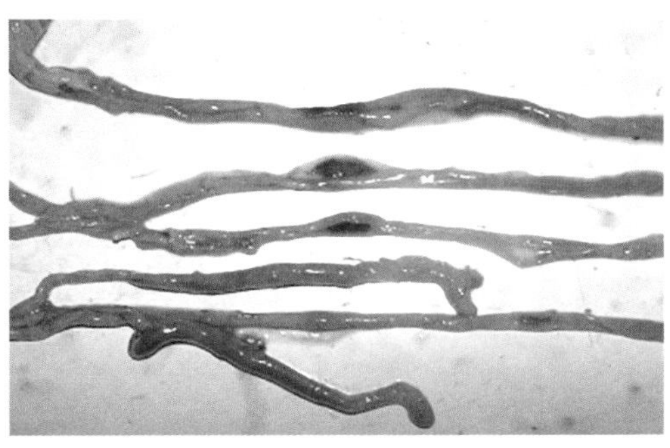

图2-24　鸡新城疫（十二）

小肠淋巴滤泡肿胀、出血、坏死

图2-25　鸡新城疫（十三）

小肠纽扣状溃疡

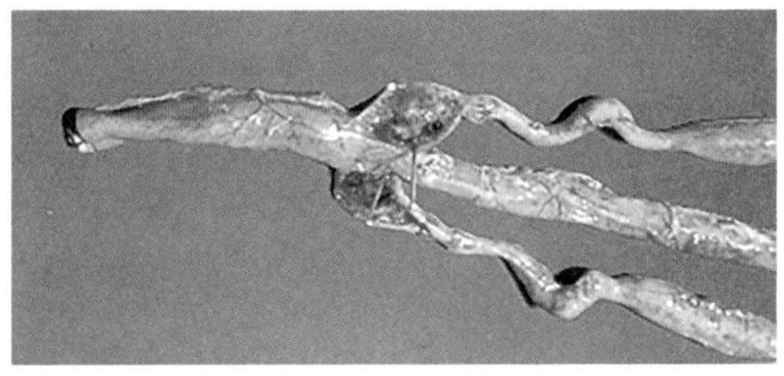

图2-26　鸡新城疫（十四）

盲肠扁桃体肿大，出血

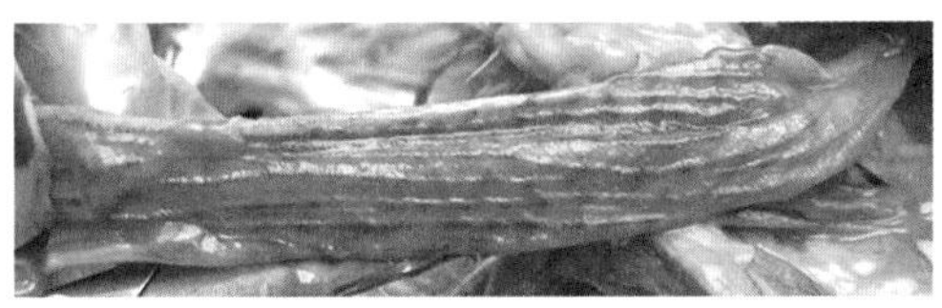

图2-28　鸡新城疫（十六）

直肠黏膜条纹状出血

图2-27　鸡新城疫（十五）

盲肠扁桃体肿胀、出血、溃疡、坏死

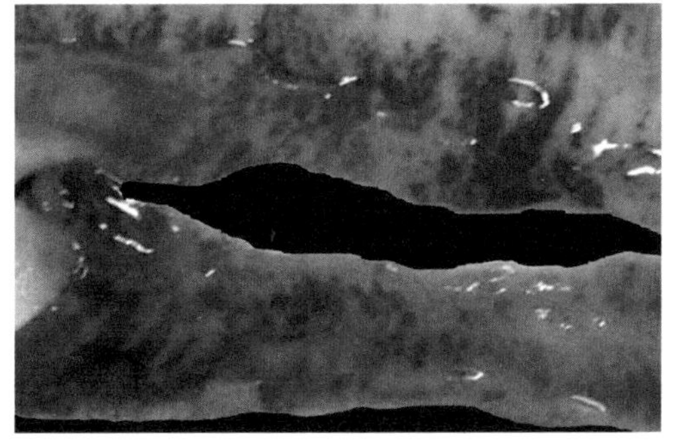

图2-29　鸡新城疫（十七）

直肠黏膜条纹状出血或点状出血

（2）其他型　主要病变见于呼吸道，如喉头、肺脏有卡他性或浆液性渗出物，黏膜出血、水肿（图2-30、图2-31）。雏鸡常见气囊炎，气囊膜增厚，内有卡他性或干酪样渗出物。脾脏常常也有坏死（图2-32）。

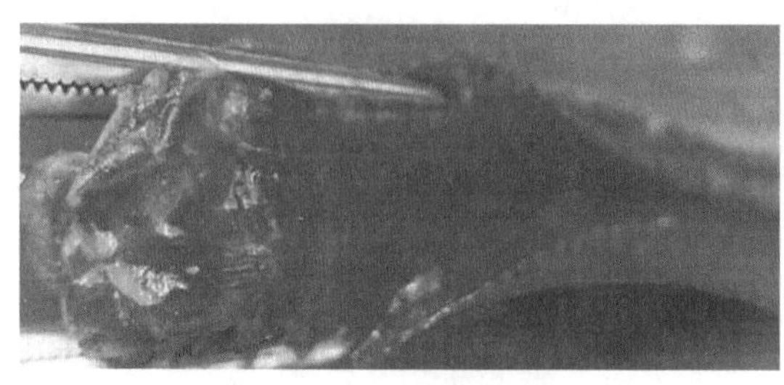

图2-30 （急性）鸡新城疫（三）

喉头气管黏膜充血、出血

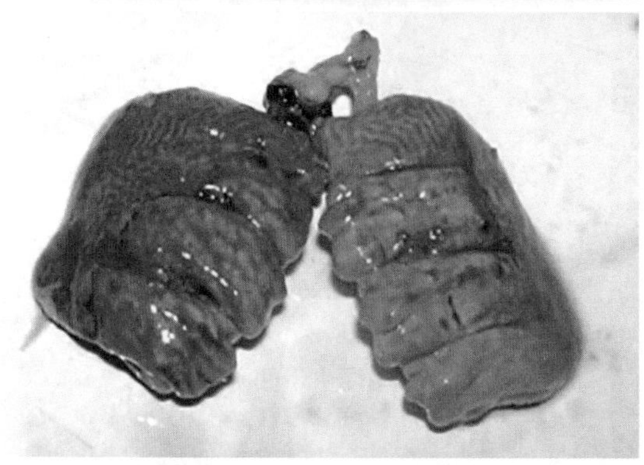

图2-31　鸡新城疫（十八）

肺脏肿胀、出血

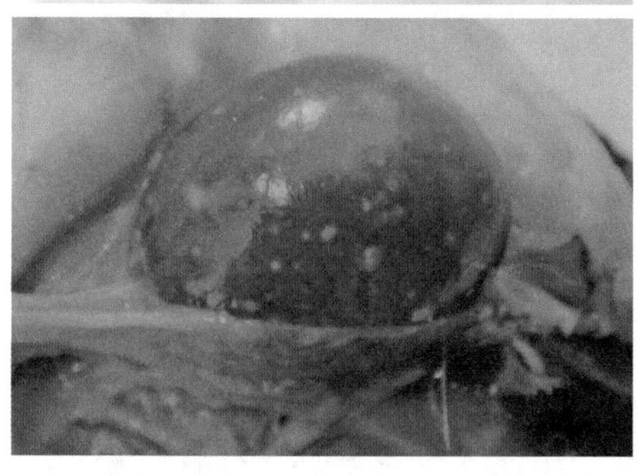

图2-32　鸡新城疫（十九）

脾脏灰白色坏死灶

【防治措施】鸡新城疫属于国家规定的一类传染病，一旦发生必须上报。目前本病尚无特效治疗药物，必要时注射卵黄抗体，但效果不可靠，尤其是对混合感染效果不明显。只能靠预防，采取严格消毒、隔离等综合性防治措施和疫苗接种。本病一旦发生后，情况通常都比较紧急，损失也较大，因此必须采取有效措施尽快将其扑灭。

一定要防止带毒鸡（包括野鸟）和污染物品进入鸡场。不从疫区引进种鸡、种蛋。饲料来源要确保安全。

严格执行隔离、消毒措施，有完善的消毒设施。鸡场进出口应设消毒池，所有人员进入生产区首先要经过严格消毒和更换工作服后方可进入。进入鸡场的车辆和用具也要经过严格消毒。养鸡环境和鸡舍要定期带鸡消毒。发现病鸡要及时隔离、淘汰并做无害化处理。对于非典型新城疫，可紧急预防注射（用新城疫Ⅳ系紧急接种）。

免疫程序最好按实际测定的抗体水平来确定。鸡新城疫的疫苗有以下几种类型。

Ⅰ系（印度系）：属中等毒力，可引起2个月龄以内的小鸡，特别是未做基础免疫的鸡发病，对大鸡非免疫的则有5%的不良反应，但免疫效果最好。适于紧急接种。

Ⅱ系（HB1株）：常用于小鸡首免，应用较广。

Ⅲ系（F株）：主要用于小鸡。

Ⅳ系（Lasota株）：大鸡、小鸡均可用，应用最广，而且灭活苗也多用该毒株。

以下是蛋鸡鸡新城疫的4种免疫方式，仅供参考。

1. 免疫方式一

首免，5日龄：新肾支苗滴鼻、点眼或饮水。

二免，22日龄：新城疫克隆30或Ⅳ系苗滴鼻、点眼或饮水。

三免，60日龄：Ⅰ系苗肌内注射。

110～120 日龄：新城疫克隆30 或Ⅳ系苗饮水。

2. 免疫方式二

首免，5日龄：新肾支苗滴鼻、点眼或饮水。

二免，22日龄：新城疫克隆30 或Ⅳ系苗滴鼻、点眼或饮水。

三免，60日龄：鸡新城疫灭活疫苗肌内注射。

110～120日龄：肌内注射新肾减三联油苗。

3. 免疫方式三

8～10日龄，用“新威灵”滴鼻，同时皮下注射半羽份油剂苗；30日龄新威灵滴鼻二免；17周龄用油剂苗加强免疫1次。也可8～10日龄，用新威灵滴鼻免疫；20日龄皮下注射油剂苗二免；60～70日龄用鸡新城疫Ⅰ系疫苗注射免疫；17周龄用油剂苗加强免疫1次，以后每2个月监测1次免疫抗体，根据免疫抗体水平适时接种疫苗。

4. 免疫方式四

首免：5～10日龄，用鸡新城疫Ⅱ系苗100头份兑冷水或生理盐水100mL，溶解摇匀后拌碎米或玉米粉或鸡颗粒料150g，于早晨一次喂给，可免疫70～100羽。

二免：25～30日龄，用鸡新城疫Ⅱ系苗100头份兑冷开水150mL，溶解摇匀后，再用200g饲料拌匀，于早晨一次饲喂，可免疫50～70羽。

三免：60～90日龄，用鸡新城疫Ⅰ系苗100头份兑冷开水250～300mL，溶解摇匀后，拌入350～400g饲料中，于早晨一次饲喂，可免疫50～70羽。

疫苗使用时的注意事项如下。

① 看清疫苗标签上的厂名、型号、批号和有效期。运输、保存时要保持低温，以防疫苗失效。

② 拌料要湿润均匀，一次吃完，现配现喂。药料可放在食槽中或撒在铺在地面上的塑料布上供鸡啄食，不宜直接撒在地面上。

③ 药料应避免日光照射。气温高时，投放必须在早晨进行。

④ 对大小不一和吃食较少的鸡只，可在第2天重复饲喂1次，以确保足够的剂量。

本病的治疗可用抗鸡新城疫血清和鸡新城疫高免抗体，但抗鸡新城疫血清成本高，一般生产上不使用。目前以鸡新城疫和鸡传染性法氏囊病二联高效卵黄抗体注射液做紧急预防接种，体重0.5kg以下每只肌内注射0.5mL；体重1kg以上每只肌内注射1mL，早期使用效果较佳。由于鸡新城疫常常并发大肠杆菌等病，在饲料或饮水中加入适量的抗生素和电解多维，可减少病鸡死亡，有助于鸡群康复。

二、禽流感

家禽流行性感冒简称禽流感（AI），又称真性鸡瘟或欧洲鸡瘟，是由A型禽流感病毒引起的禽类的一种急性、高度致死性的烈性传染病。鸡、火鸡、水禽和野鸟等均可感染。其发病情况取决于病毒亚型及毒力的强弱和宿主的易感染性。本病常引起败血症死亡。世界动物卫生组织（OIE）将其列为必须报告的动物传染病，我国将其列为一类动物疫病。

【流行病学】禽流感病毒能感染许多种类的家禽和野鸟。天然病例见于鸡、火鸡、水禽以及多种野鸟，其中以火鸡最敏感。鸭是禽流感的天然宿主，一般无症状或仅有轻微呼吸道症状，但病毒长期存在于鸭的肠道，并随粪便排出污染水源等，所以鸭在禽流感的流行病学中具有非常重要的作用。其他许多野鸟，包括迁移鸟等，也可能是禽流感病毒的传染源。

【临床症状】本病的潜伏期可由数小时至数天。分为最急性型和急性型。

（1）最急性型　是由高致病性毒株所引起，常无明显症状，突然死亡。

（2）急性型　此型病鸡潜伏期较短，一般为4～5d。常由中等致病性毒株所致，是目前发生禽流感常见的一种病型，以呼吸系统症状为主。病鸡出现咳嗽、喷嚏，气管有啰音和大量流泪。头部和面部水肿，冠、肉垂肿胀、出血、坏死、发绀，冠紫色、变硬（图2-33～图2-35）；头颈出现抽搐、震颤等神经症状。脚趾部鳞片下出血（图2-36～图2-39）。

图2-33　禽流感（一）

病鸡的头部、眼睑水肿、发绀、出血

图2-34　禽流感（二）

病鸡头面部肿胀，鸡冠和肉髯暗紫色、发绀，增厚2～3倍，表面结痂，严重时坏死

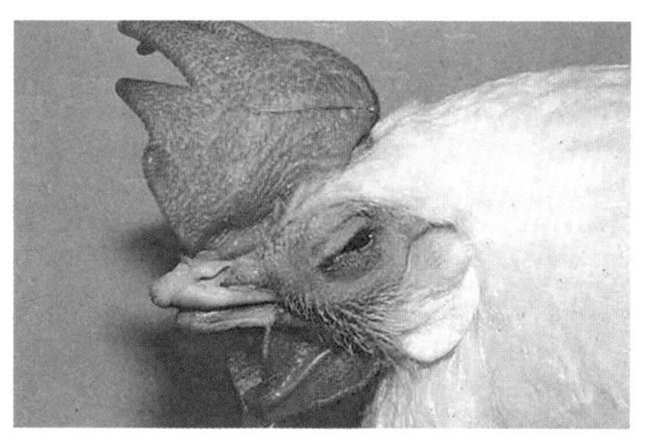

图2-35　禽流感（三）

鸡冠和肉髯增厚，面部浮肿，眼结膜炎、鼻窦炎

图2-36　禽流感（四）

病鸡脚部、爪部皮肤皮下严重出血

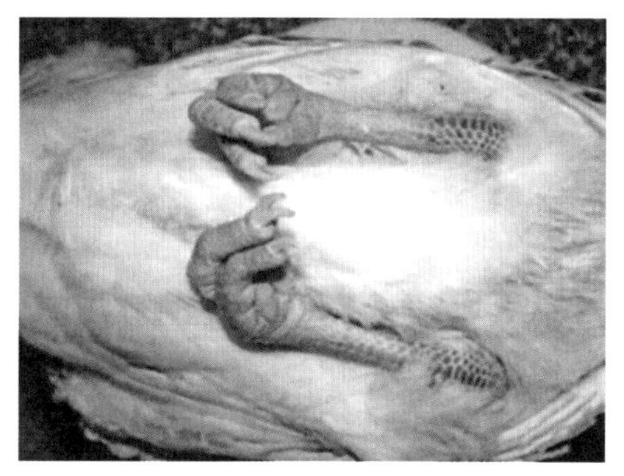

图2-37　禽流感（五）

病鸡脚部鳞片下严重出血，出现紫色出血斑

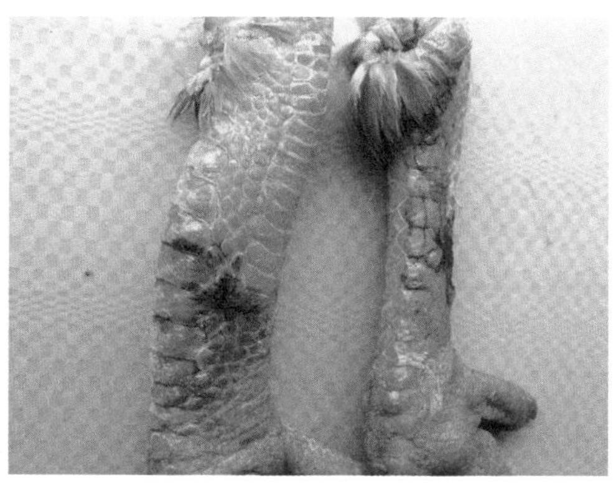

图2-38　禽流感（六）

病鸡脚鳞片有出血斑点、变紫、水肿

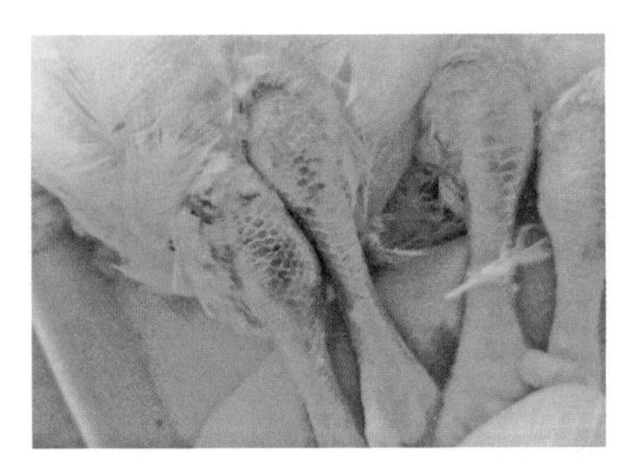

图2-39　禽流感（七）

跗关节周围鳞片出血

有的病毒主要感染产蛋鸡，而雏鸡、育成鸡一般不表现临床症状，产蛋率下降20%～50%，蛋壳粗糙、软壳蛋、褪色蛋增多。

【病理变化】肺脏出血是本病典型的病理变化，出血严重时呈青铜色坏死（图2-40）。肠道黏膜、呼吸道黏膜广泛充血、出血。气管有大量黏液渗出，甚至有严重出血（图2-41）。腺胃出血，肌胃角质层下出血，肌胃与腺胃交界处呈带状或环状出血（图2-42～图2-45）。心脏冠状脂肪出血，心肌坏死（图2-46、图2-47）。胸肌、腿肌条纹状出血（图2-48、图2-49）。胰脏出血、坏死（图2-50～图2-52）。肾脏肿大出血，呈花斑状（图2-53）。输卵管的中部可见乳白色分泌物或凝块，卵泡充血、出血、萎缩、破裂，有的可见“卵黄性腹膜炎”（图2-54～图2-56）。如果继发大肠杆菌病，剖检时可见到肝周炎、心包炎、腹膜炎等变化。

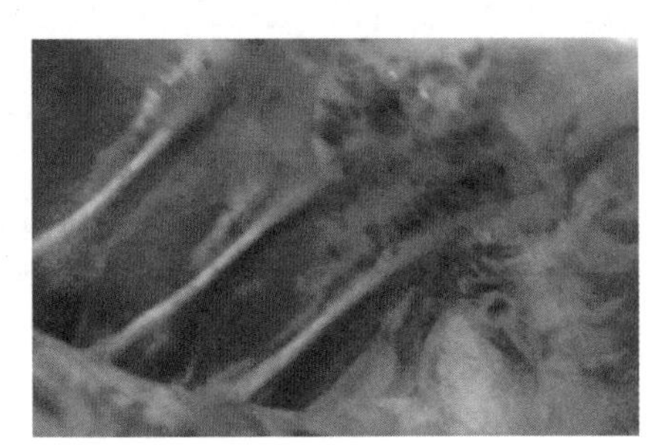

图2-40　禽流感（八）

剖检肺脏出血、胸腔内侧的脂肪出血

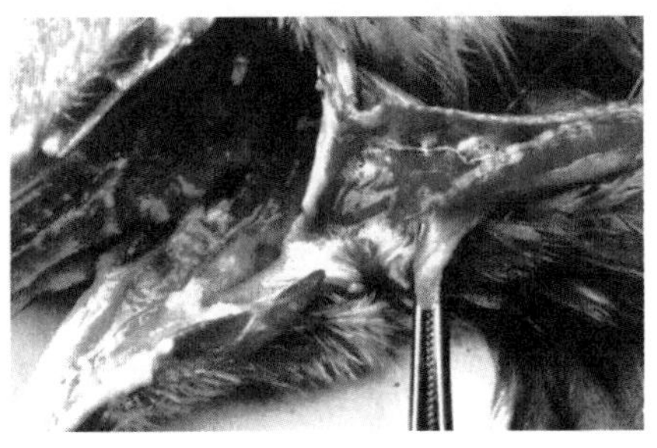

图2-41　禽流感（九）

气管黏膜严重出血

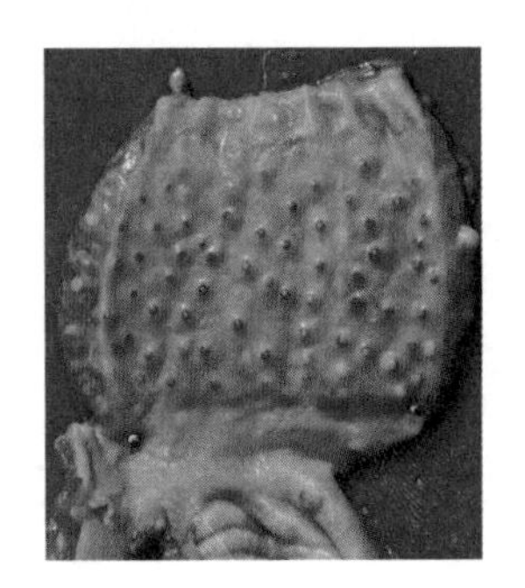

图2-42　禽流感（十）

腺胃乳头水肿、出血，后期坏死

图2-43　禽流感（十一）

腺胃肿胀、腺胃乳头出血变化

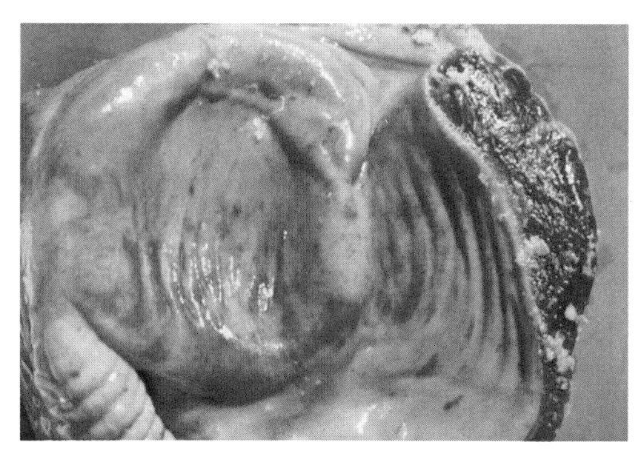

图2-44　禽流感（十二）
肌胃角质层下出血

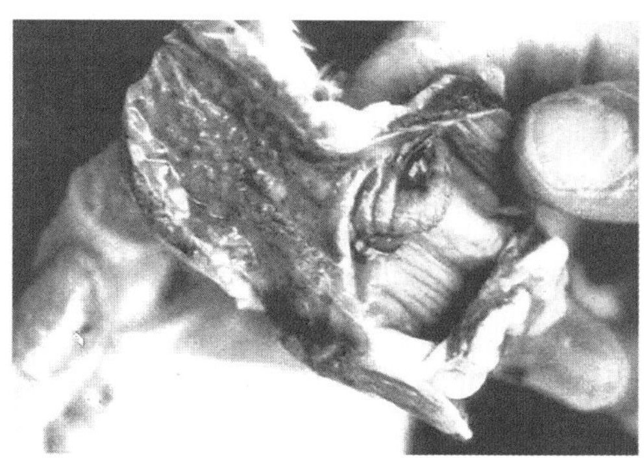

图2-45　禽流感（十三）
腺胃出血，腺胃与肌胃交界处黏膜严重出血

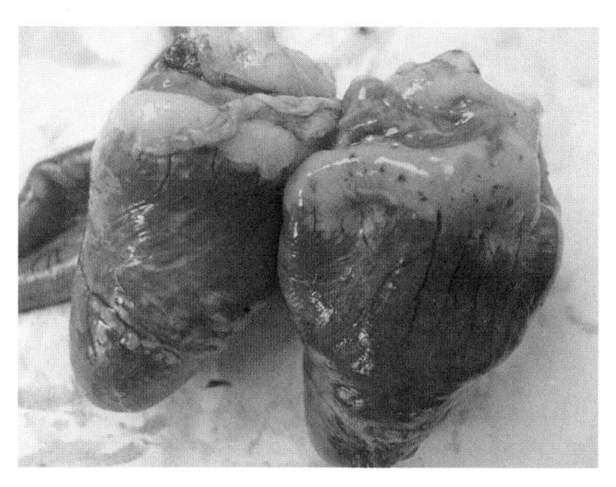

图2-46　禽流感（十四）
心冠脂肪出血变化

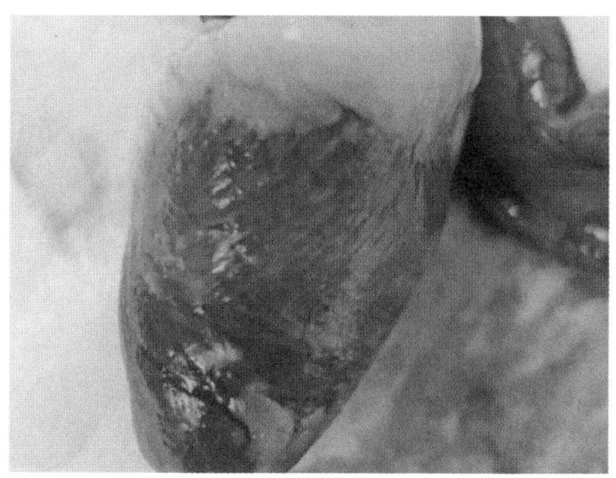

图2-47　禽流感（十五）
心肌有黄白色条纹状坏死

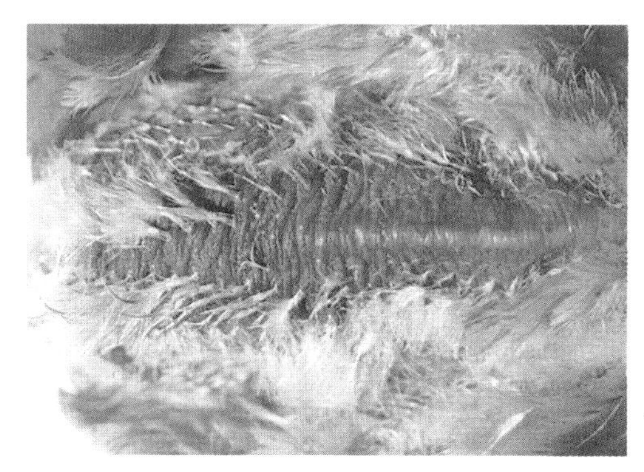

图2-48　禽流感（十六）
胸腹部皮肤淤血，皮下水肿

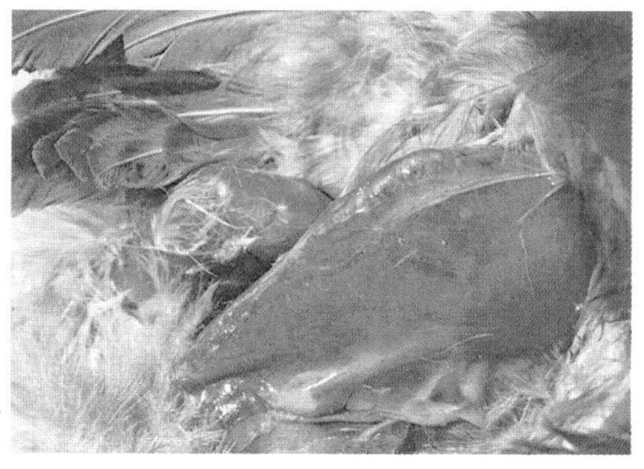

图2-49　禽流感（十七）
胸肌淤血，胸骨滑液囊组织黄色胶样浸润

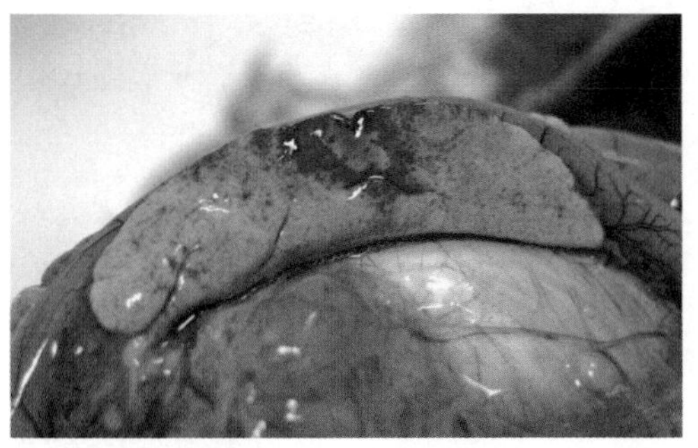

图2-50 禽流感（十八）

胰腺坏死，表面有灰白色点状坏死灶

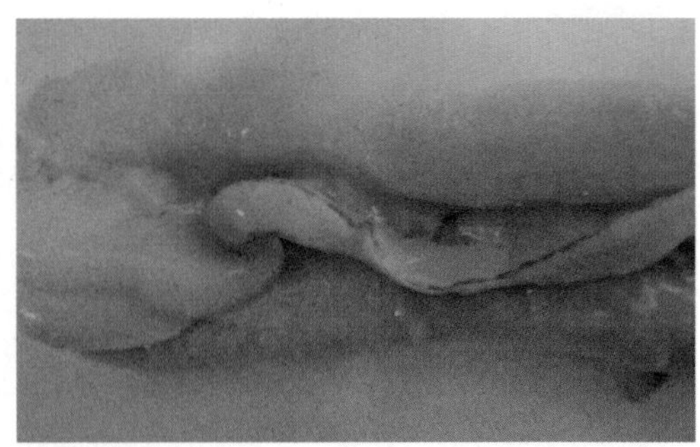

图2-51 禽流感（十九）

胰腺边缘出血

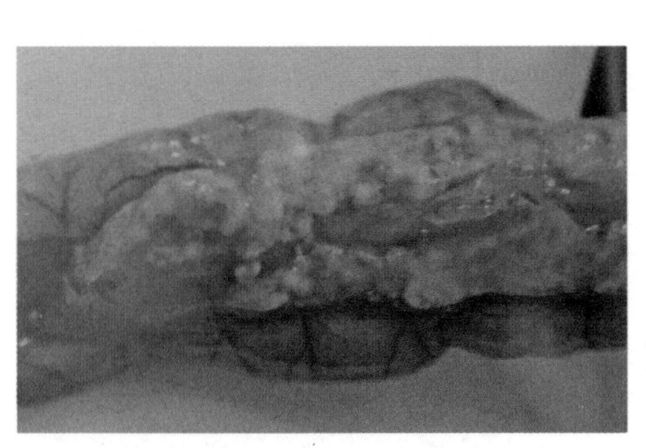

图2-52 禽流感（二十）

胰腺出血、坏死

图2-53 禽流感（二十一）

蛋鸡感染后，肾脏肿胀呈花斑样，卵泡液化形成卵黄腹膜炎

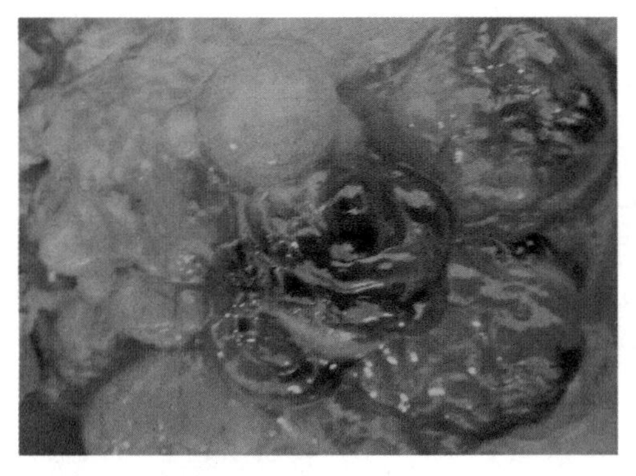

图2-54 禽流感（二十二）

卵泡出血、液化

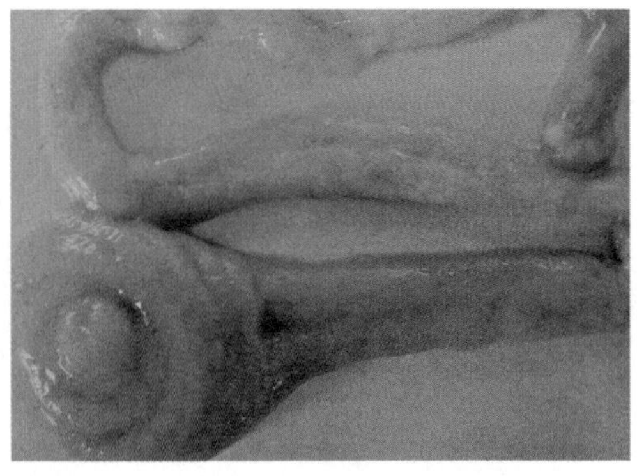

图2-55 禽流感（二十三）

输卵管及子宫黏膜水肿

【防治措施】因为禽流感属于国家规定的一类传染病，发现后一般都是进行扑杀，不再进行治疗。主要是加强饲养管理，提高鸡的抗病力和对免疫的应答。严格隔离消毒，切断传播途径。鸡场应执行“全进全出”制度，工作人员、车辆进出必须经严格消毒处理。

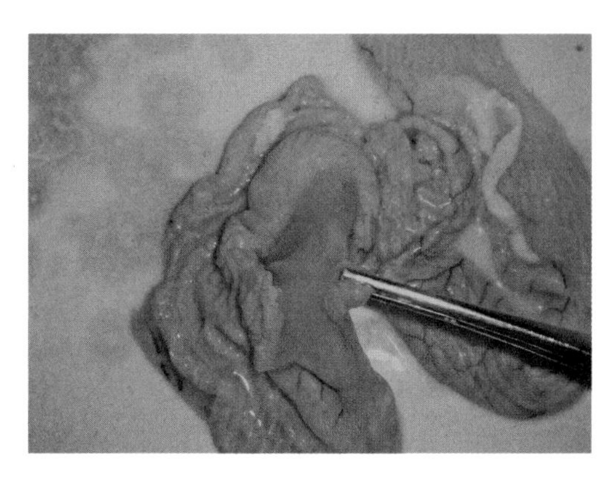

图2-56 禽流感（二十四）

输卵管系带水肿，管腔内有蛋清样分泌物

严防高致病性禽流感传入，对禽类、种蛋、禽加工产品和生物制品要进行严格的检疫，防止引入病原。预防可进行免疫接种，在雏鸡25～30日龄和110～120日龄接种禽流感疫苗。

经确诊为高致病性禽流感（H5N1）时，或发现可疑病鸡，就应及时采取隔离、封锁、消毒和严格处理病禽、死禽等措施。对疫区内可能受到污染的场所、设备、病禽的排泄物、人员的工作服等进行严格消毒，以防疫情扩散，将损失控制在最小范围内。

三、鸡传染性法氏囊病

鸡传染性法氏囊病（IBD）又叫囊病、法氏囊炎、腔上囊病、甘布罗病（冈博罗病）等，是由法氏囊病病毒引起的以危害鸡的中枢免疫器官——法氏囊为特征的急性或亚急性传染病，是一种中、幼雏鸡的急性、高度致死性、免疫抑制性、高度接触性的病毒性传染病。本病是一种免疫抑制病。临床特征是发病急、传播快、感染率高、病程短、呈典型的尖锋状死亡。病鸡白色水泻、极度虚弱、急性败血症死亡。突出病变是胸肌、腿肌、法氏囊及腺胃和肌胃交界处出血，肾脏高度肿大呈花斑状。本病可导致多种疫苗免疫失败。自1979年在我国首次发现以来，目前已成为养鸡业的主要疫病之一。

【流行病学】在自然状态下，本病只感染鸡，没有发现其他禽类感染，但能带毒传播。

（1）易感动物 鸡传染性法氏囊病在自然条件下，只感染鸡，所有品种的鸡均可感染。一般仅发生于2周龄至开产前的小鸡，以3～6周龄鸡最易感。

（2）传染源 主要是病鸡及带毒鸡，麻雀等也可带毒散毒。

（3）传播途径 可直接或间接多途径感染。病毒主要随病鸡粪便排出，污染饲料、饮水和环境，使同群鸡经消化道、呼吸道和眼结膜等途径受到感染。

（4）流行特点 发生突然，传播迅速，感染率、发病率高，病程短，死亡快，呈现典型的尖锋式死亡曲线。新疫区或新鸡群往往呈现暴发流行。本病易与其他疫病（如鸡新城疫、大肠杆菌病等）混合感染。

（5）免疫抑制　病毒不仅破坏鸡的体液免疫中枢器官——法氏囊，而且会导致免疫抑制，使病鸡对马立克疫苗、新城疫疫苗等的免疫应答降低，并且对大肠杆菌、沙门氏菌、腺病毒和球虫等更易感染。年龄越小，感染后产生的免疫抑制越严重。

【临床症状】本病的潜伏期较短，一般为2～3d。根据发病情况，可分为以下类型。

（1）急性型　病初少数鸡突然发病，很快便波及全群（12～24h），出现全身症状：精神高度沉郁、缩头呆立、不饮不食、畏寒发抖、挤堆、闭目嗜睡、打盹、垂翅。病初鸡有啄食自己肛门现象，随后出现羽毛松乱。随即表现出特征症状：排白色黏稠如同蛋清样稀粪或水样下痢，或带白石灰样的蛋清样物，或绿色带有泡沫的稀便，肛门周围的羽毛被粪便严重污染。病鸡严重脱水，鸡爪干瘪无光泽（图2-57），口渴，最后多在发病3d内衰竭死亡，呈尖峰式死亡曲线。3d后死亡迅速减少，病鸡很快康复。由于本病发病急，康复快，因此又称为“三日病”。整个病程一般在5～7d。

（2）温和型　本型多在一个小范围或一定区域内流行，在鸡群中流行较缓慢。刚开始鸡群中仅个别鸡发病。病鸡颜面部苍白无色，精神不振、缩头、闭眼、乍毛，受到惊扰后可打起精神混入鸡群中不易被发现（图2-58）。随后病鸡逐渐增多，全群采食量下降，如不采取相应措施，本病可在鸡群中缓慢流行10d以上。部分毒力稍强的毒株感染时，有部分鸡突然发病，全群采食量下降，病鸡呆立、精神差、不食、排出灰白色或石灰水样稀便，胫爪脱水干瘪。

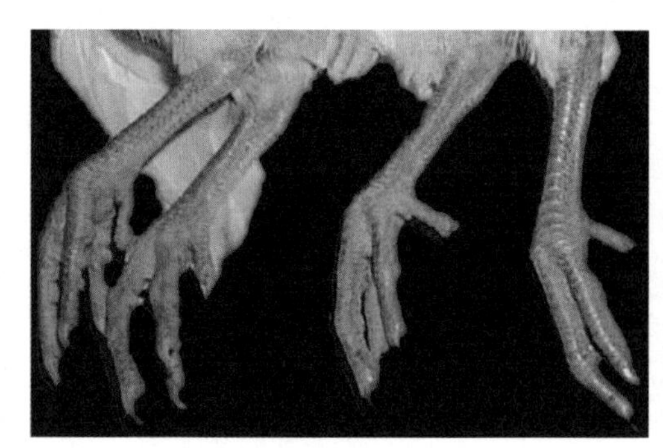

图2-57　传染性法氏囊病（一）

病鸡全身脱水，爪干瘪无光

图2-58　传染性法氏囊病（二）

成年蛋鸡发病后，鸡冠小且薄，颜面部苍白

【病理变化】本病的特征变化是法氏囊变化及骨骼肌变化。

骨骼肌脱水明显，胸肌色泽发暗。病死鸡的腿肌和胸肌有块状或条状出血，常出现血斑或血条。肠黏膜与腺胃出血。肾脏苍白肿大，肾小管有尿酸盐沉着。

法氏囊的变化具有诊断意义。病初法氏囊明显肿大，超出正常2～3倍，约樱桃大，甚至达鹌鹑蛋大，外观变圆，浅黄色。由于法氏囊肿大，可见泄殖腔上缘明显突出。法氏囊普遍水肿，浆膜面呈胶冻样，之后出现肿胀、充血、坏死等变化。剖开囊壁可见奶油样、干酪样，有出血点或出血斑，出血严重时法氏囊呈紫葡萄样。感染后4d后肿胀最大；感染5d后法氏囊开始缩小；8d后仅为原来重量的1/3左右。此时法氏囊呈纺锤状，因炎性渗出物少而变为深灰色，可见法氏囊萎缩，体积缩小，变硬，坏死，囊壁变薄，囊内积存干酪样物。剖检病理变化的特征总结如下。

① 法氏囊高度肿大，浆膜下有黄色胶冻样物或严重出血呈紫葡萄状。剖开法氏囊腔，内有黏液或有黄白色干酪状物，囊壁皱褶出血（图2-59～图2-65）。

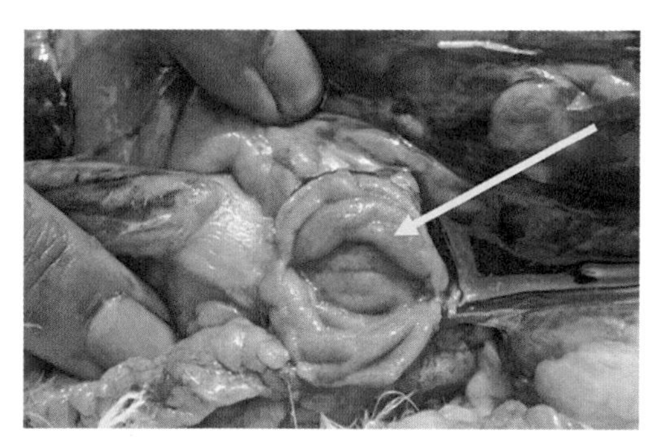

图2-59　传染性法氏囊病（三）

法氏囊充血，周围呈胶冻样水肿，失去弹性

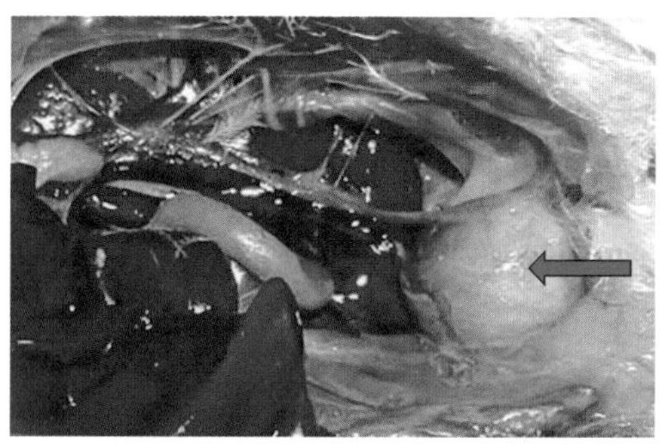

图2-60　传染性法氏囊病（四）

法氏囊全面水肿，浆膜面呈现胶冻样（箭头所指处）

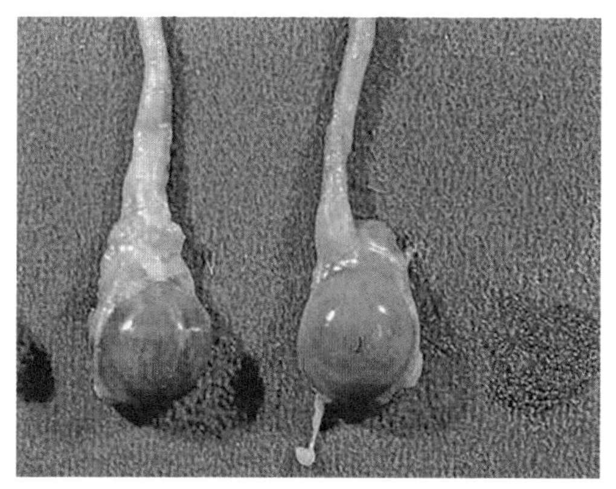

图2-61　传染性法氏囊病（五）

病鸡的法氏囊肿大，表面水肿，浆膜有淡黄色胶冻样渗出物

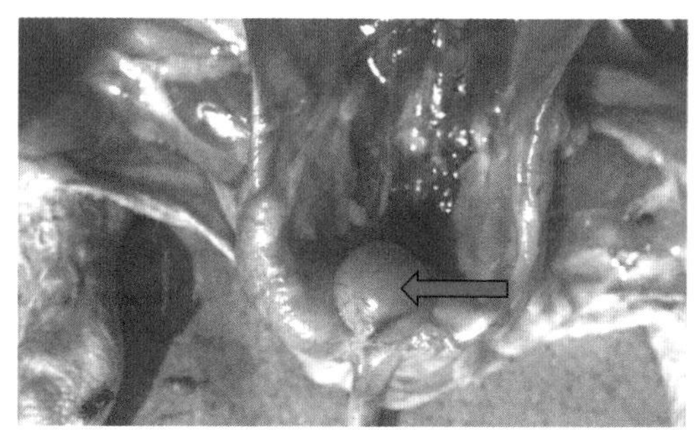

图2-62　传染性法氏囊病（六）

法氏囊肿大，浆膜水肿

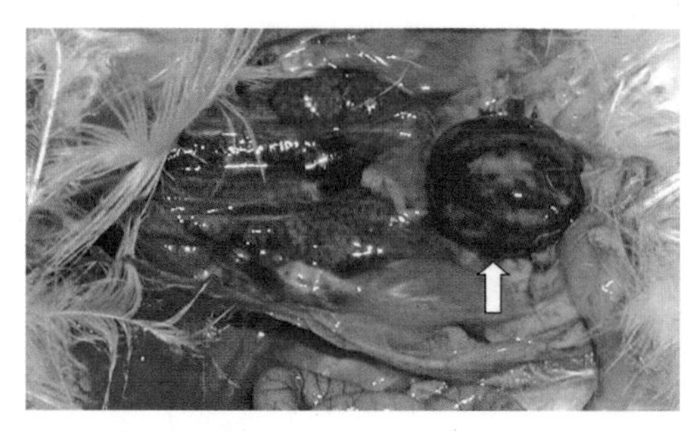

图2-63　传染性法氏囊病（七）

法氏囊黏膜点状出血，黏膜变性、坏死，呈紫葡萄样（箭头所指处）

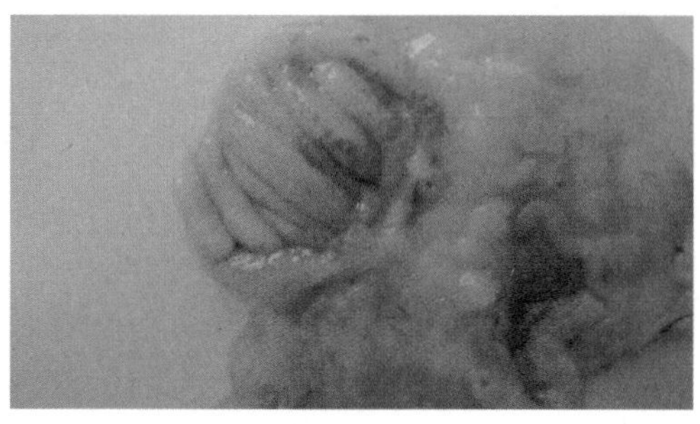

图2-64　传染性法氏囊病（八）

成年蛋鸡感染后的法氏囊出血病变

② 胸肌、腿肌有明显的斑点状出血（图2-66～图2-72）。

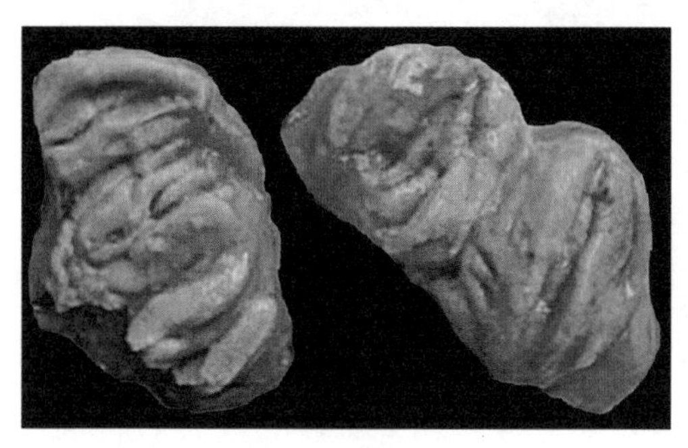

图2-65　传染性法氏囊病（九）

病程较长者，可见法氏囊萎缩，表面有干酪样坏死物质

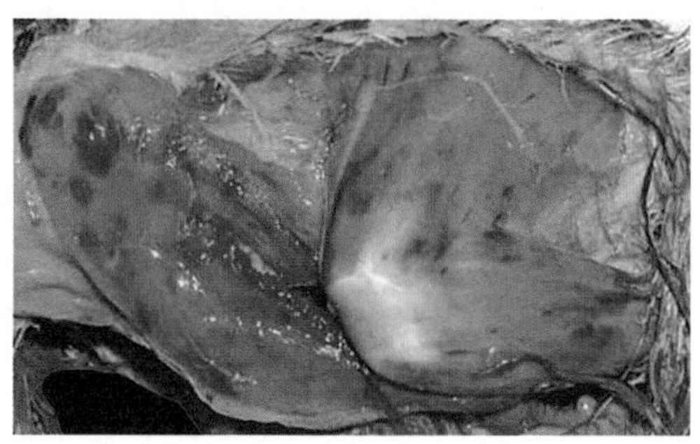

图2-66　传染性法氏囊病（十）

腿肌和胸肌出血，呈块状或条状

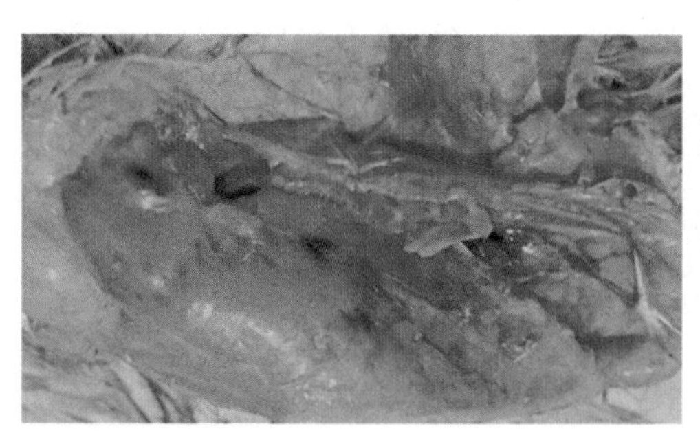

图2-67　传染性法氏囊病（十一）

胸肌、腿肌严重出血

图2-68　传染性法氏囊病（十二）

病死鸡的腿肌和胸肌颜色变得灰暗，有条纹状或斑点状出血

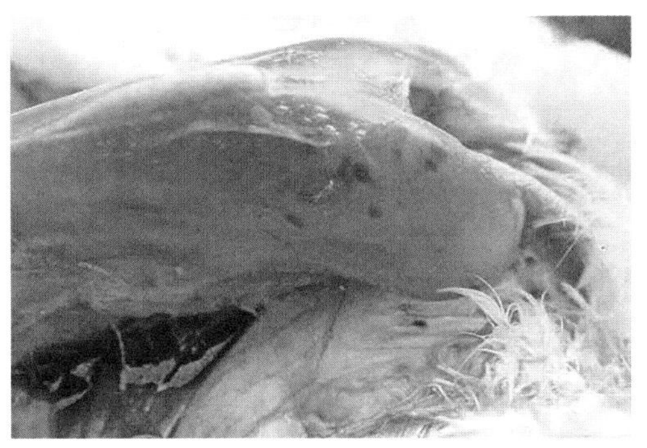

图2-69　传染性法氏囊病（十三）

胸部肌肉的出血斑

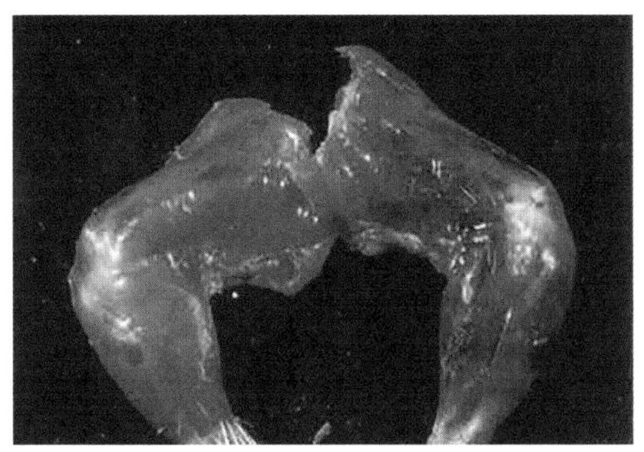

图2-70　传染性法氏囊病（十四）

腿部肌肉的斑点性出血

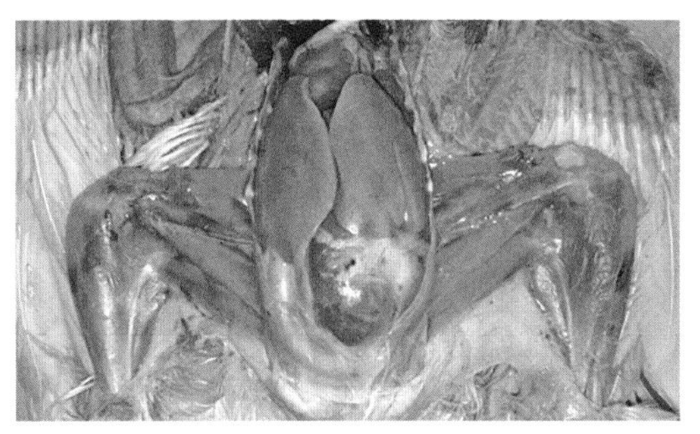

图2-71　传染性法氏囊病（十五）

病鸡腿部肌肉有出血点，肝脏呈土黄色

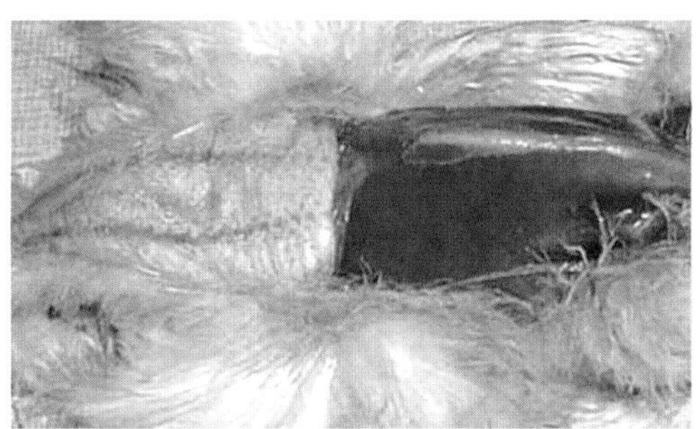

图2-72　传染性法氏囊病（十六）

病鸡严重脱水，皮下组织干燥，胸肌色泽发暗，呈紫红色

③ 腺胃与肌胃交界处有出血斑、出血带（图2-73、图2-74）。

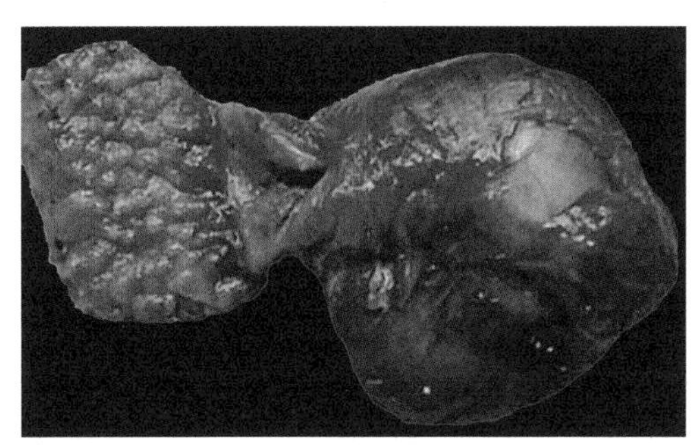

图2-73　（急性）传染性法氏囊病

急性死亡的病鸡，肌胃和腺胃的交界处有明显的出血带

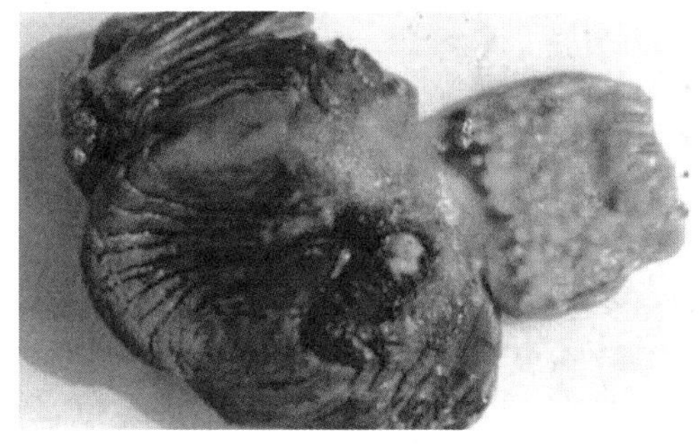

图2-74　传染性法氏囊病（十七）

腺胃与肌胃交界处有明显的出血带

④ 肾脏肿大、淤血或有尿酸盐沉积，呈花斑肾（图2-75、图2-76）。

图2-75　传染性法氏囊病（十八）

法氏囊有淡黄色干酪样坏死；肾脏有尿酸盐沉积，呈花斑样（箭头所指处）

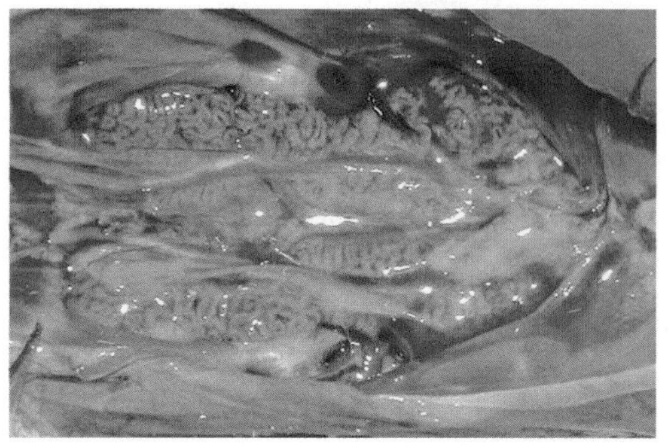

图2-76　传染性法氏囊病（十九）

肾脏严重肿胀、苍白，有大量的尿酸盐沉积，呈花斑样

⑤ 肝脏呈出血、黄染变化（图2-77、图2-78）。

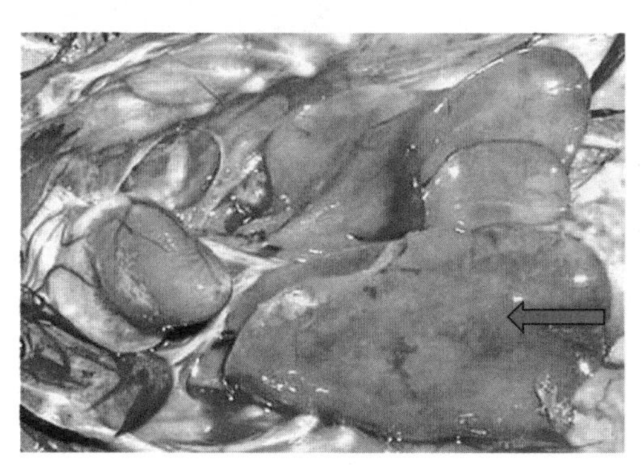

图2-77　传染性法氏囊病（二十）

肝脏出血、黄染，呈斑驳状；心脏色淡苍白

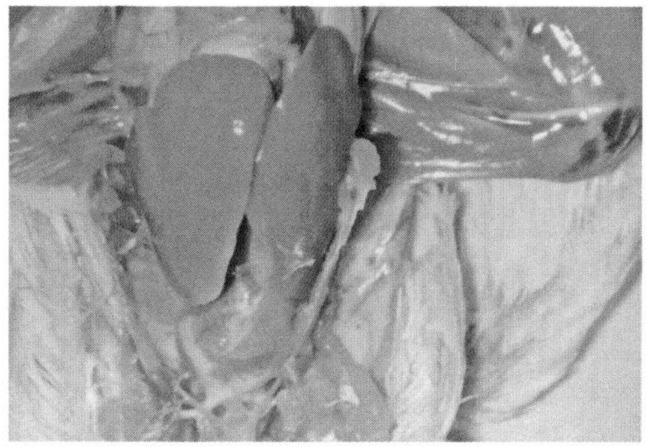

图2-78　传染性法氏囊病（二十一）

肝脏颜色变浅、变黄

【防治措施】

（1）预防措施　制定合理的免疫程序进行疫苗接种。疫苗有很多种，可分成两大类：一是弱毒活苗（弱毒苗、中毒苗、中等偏强毒力的鸡胚苗、细胞苗等）；二是灭活强毒囊苗（效果最好）。常规免疫接种程序是：12～14日龄首免，滴口或饮水；28日龄二免，中等毒力疫苗2～3倍量饮水。对于来源复杂或情况不清的雏鸡免疫可适当提前。在严重污染区及本病高发区的雏鸡可直接选用中等毒力的疫苗。

（2）治疗措施　可用高免蛋黄注射液预防和治疗。这比用高免血清（成本高，制作繁，来源少）和某些药物治疗要好得多。

① 高免蛋黄注射液，每千克体重1mL肌内注射，有较好的治疗作用。

② 高免血清注射液，3～7周龄鸡，每只肌注0.4mL，大鸡酌加剂量，成鸡注射0.6mL，注射一次即可，疗效显著。

③ 丙酸睾酮，3～7周龄的鸡每只肌注5mg，只注射1次。

④ 盐酸吗啉胍（每片0.1g）8片，拌料1kg为20～25只鸡一日量，3d一个疗程。

⑤ 蒲公英200g，大青叶200g，板蓝根200g，金银花100g，黄芩100g，黄柏100g，甘草100g，藿香50g，生石膏50g。水煎两次，合并药汁得3000～5000mL，为300～500只鸡一天的用量，每日一剂，分4次灌服，连用3～4d。

⑥ 黄芪300g，黄连、生地黄、大青叶、白头翁、白术各150g，甘草80g。混合加水适量，煎后取其汁，加入白糖50g，调合均匀，供500只鸡1日饮用，每日1次。

为提高治疗效果，在选用以上治疗方法的同时，应给予辅助治疗和一些特殊管理。如给予口服补液盐，每100g加水6000mL溶解，让鸡自由饮用3d，可以缓解鸡群脱水及电解质平衡问题。或以0.1%～1.0%小苏打水饮用3d，可以保护肾脏。如有细菌感染，可投服对症的抗生素，但不能用磺胺类药物。

四、鸡痘

鸡痘（POX）是由鸡痘病毒引起的鸡在70日龄至开产阶段常发的一种慢性接触性传染病。本病广泛分布于世界各国，它使幼鸡生长迟缓，蛋鸡产蛋率下降，若并发其他传染病和寄生虫病或发生白喉型鸡痘时，常可引起鸡大批死亡，造成严重损失。如果是放养鸡一般饲养在林地、果园、草地等处，这些环境中蚊虫等较多，更易患该病，故在生产中应引起足够的重视。

本病在临床上可分为皮肤型和黏膜型两种类型。皮肤型以在不同部位的裸露皮肤（尤以头部）上发生结节性痘疹为特征；黏膜型引起口腔、咽喉和上呼吸道黏膜的纤维素性坏死性炎症，常形成假膜，故本病又名鸡白喉。

【流行病学】

（1）易感动物　家禽中以鸡和火鸡最易感，其他如鸭、鹅、鸽等也可感染发病。鸡不分年龄、性别和品种均可感染，但以雏鸡最常发病，且常引起大批死亡。

（2）传播途径　痘病多通过健康鸡与病鸡接触，经受损伤的皮肤和黏膜而感染。蚊子（如库蚊、伊蚊）等双翅目昆虫及体表寄生虫（如鸡皮刺螨）可传播病毒。蚊子的带毒时间可达10～30d。人工授精也可传播病毒。

（3）传染源　主要是病鸡和带毒的鸡。

（4）流行特点　本病一年四季均可发生，但以夏秋蚊子活跃的季节多发。拥挤、通风不良、阴暗潮湿、维生素缺乏和饲养管理恶劣可使病情加重。若伴有葡萄球菌病、传染性鼻炎及慢性呼吸道病等并发感染时，可造成病鸡大批死亡。鸡和火鸡发病率不定，死亡率较低，但发病严重时死亡率可达50%。

【症状】人工感染的潜伏期为4～8d，临床病程3～4周。鸡痘以70日龄至开产前后多发，其症状主要有皮肤型和黏膜型两类，少见混合型和败血型。

（1）皮肤型鸡痘　一般无明显的全身症状，表现在身体的各个部位的皮肤，如冠、肉髯、喙角、眶周、两翅内侧、胸腹部和泄殖腔皮肤，形成一种特殊的痘疹。起初为细薄的灰色麸皮状覆盖物，并迅速长出结节。结节起初表现湿润，后变为干燥，外观呈圆形或不规则形，初期颜色呈灰色，后呈黄灰色，最后才转为棕黑色。随后痘疹逐渐增大，如豌豆状，表面凹凸不平，呈干而硬的结节，内含黄脂状糊块。有时结节数目很多，会互相连接融合。2～4周后，痘疤干化成痘痂或痂癣，产生大块的厚痂。如果发生在眼部，可使眼睑完全闭合（图2-79、图2-80）。但温和型的仅在冠和肉髯上出现局灶性小结节。

图2-79　（皮肤型）鸡痘（一）

痘疹常发生于鸡冠、眼周围和嘴角，如蔓延至眶下窦和眼结膜，引起脸部肿胀和角膜炎，以致失明，最后因不能采食而日渐消瘦以致死亡

图2-80　（皮肤型）鸡痘（二）

鸡冠部位的痘斑

（2）黏膜型鸡痘　黏膜型也称白喉型，多发生于雏鸡和育成鸡，病死率可高达50%。病初呈鼻炎症状，病鸡反应迟钝、厌食、流鼻液。鼻液初为浆性黏液，后转为脓性。如蔓延至眶下窦和眼结膜，则眼睑肿胀，结膜充满脓性或纤维蛋白性渗出物，甚至引起角膜炎而失明。鼻炎症状出现后2～3d，在口腔、食道或气管黏膜表面形成微隆起、白色不透明的痘疹结节，初呈圆形黄色斑点，以后迅速增大并常融合而成黄色奶酪样坏死，形成纤维性假膜——伪白喉或白喉样膜，随后变厚成棕色痂块，不易剥落。如果强行撕脱则留下易出血的糜烂面。炎症继续蔓延可引起眶下窦肿胀和食道发炎。假膜有时伸展至喉部，可引起呼吸和吞咽困难，甚至窒息而死（图2-81）。

有时可见皮肤和黏膜均被侵害的病例，这可称为混合型。偶尔还可见有严重全身症状的败血型。

【病理变化】口腔黏膜的病变有时可蔓延到喉头、气管、食道和肠道。气管黏膜增生，形成痘斑（图2-82、图2-83）。肠黏膜可有点状出血。肝、脾、肾常肿大。心肌有时呈实质性病变。

图2-81 （黏膜型）鸡痘（一）

鸡冠、眼睑及嘴角有痘疣，初期为灰色或黄色小点，后为小丘疹，之后体积增大，汇合成大而厚的棕色痂块，与皮下组织结合紧密，剥离时易出血，并出现溃疡面

【防治措施】

（1）预防　主要是加强饲养管理，搞好鸡舍内外的清洁卫生，减少各种应激，防止发生外伤。发生鸡痘时，要严格隔离病鸡，剥除的鸡痘结痂不能随便乱丢，要用纸包好后再淋上煤油集中烧毁。对鸡舍、用具要用2%的烧碱水进行消毒。

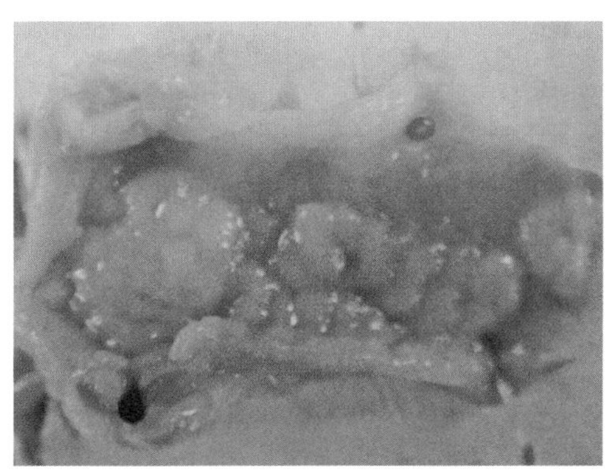

图2-82　鸡痘

剖检可见喉头部位湿润而光滑的痘斑

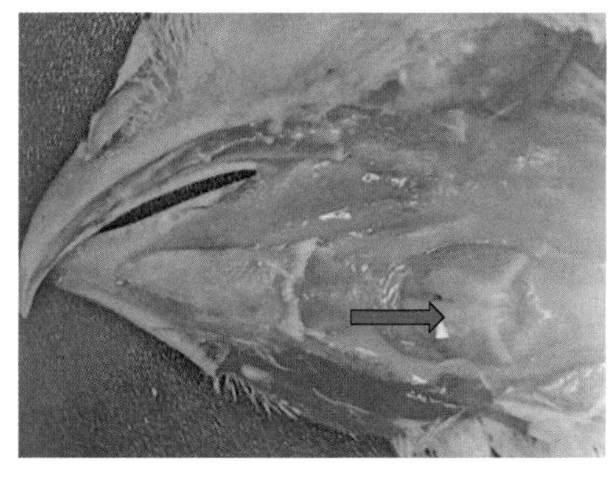

图2-83 （黏膜型）鸡痘（二）

病鸡咽喉的喉裂处黏膜增生，喉裂狭窄（箭头所指处）

预防鸡痘最可靠的方法是进行免疫接种。目前多用鸡痘鹌鹑化弱毒疫苗50倍稀释，对10日龄以上的鸡进行刺种。刺种时用消毒钢笔尖蘸取疫苗在鸡的翅膀内侧无血管处的皮下刺种1～2下（一般是1月龄内雏鸡刺种一下，1月龄以上的鸡刺种两下）。每刺种几只鸡后，应用脱脂棉擦拭笔尖，以免油脂过多造成蘸取的药液不足而影响免疫效果。刺种后1周左右可见接种部位产生绿豆大小的红疹或红肿，10d后有结痂产生即表示疫苗生效。结痂经2～3周脱落。如果刺种部位不见反应，

需要重新刺种疫苗。该疫苗免疫期为2个月，较大的鸡免疫期可达5个月，免疫效果较好。

（2）治疗　本病目前尚无特效治疗药物，主要采用对症疗法，以减轻病鸡的症状和防止并发症。对症治疗可剥除痂块，在伤口涂擦紫药水或碘酊。口腔、咽喉处可用镊子除去假膜，涂上碘甘油（碘化钾10g、碘片5g、甘油20mL，混合搅拌，再加蒸馏水至100mL）。眼部肿胀的可用2%硼酸溶液洗净，再滴1～2滴氯霉素眼药水。

对于症状严重的病鸡，除局部治疗外，为防止并发感染，可在饲料或饮水中添加抗生素。如在饲料中添加0.08%～0.1%的土霉素连喂3d，或在饮水中添加0.2%的金霉素连饮3d。为促进组织和黏膜的再生，增进饮食和提高机体抗病力，应改善鸡群的饲养管理，在饲料中增加含维生素A和胡萝卜素丰富的饲料。还可以用病毒灵+维生素C+土霉素同时内服，一般这三种药物各1片，每天1～2次，连服5～7d即愈。有报道说，用患过鸡痘的康复鸡血液每天给痘鸡注射0.2～0.5mL，连用2～5d，疗效也很好。

① 皮肤型病鸡：皮肤上的痘痂，一般不做治疗。如果发病数量较少或必要时，可用清洁的镊子小心剥离，伤口涂碘酊或紫药水。

② 黏膜型病鸡：如果是白喉型鸡痘时，喉部黏膜上的假膜用镊子剥掉，用0.1%高锰酸钾溶液洗后，再用碘甘油或氯霉素软膏、鱼肝油涂擦，可减少窒息死亡。如果是眼部发生鸡痘，可挤出干酪样物质，用2%硼酸水冲洗消毒，再滴入5%蛋白银溶液，也可将眼部蓄积的干酪样物质挑出，然后用2%硼酸溶液或0.1%高锰酸钾液冲洗。

剥离下的假膜、痘痂和干酪样物都应烧掉，严禁乱丢，以防散毒。

中药方剂和土方治疗方法如下。

① 菜籽油里拌入少量食盐，拌匀，先用镊子剥除病鸡的痘痂，再用药棉蘸取菜油盐剂在痘痂处反复涂擦，每天早、晚各1次，2～3d即痊愈。如病情严重，可反复涂擦4～5d，也可根治。

② 涂鲜丝瓜叶汁：取鲜丝瓜叶捣烂取汁，涂患处。每天早、晚各1次，连续7d可治愈。

③ 烧灼患部：把烙铁烧红，烙平皮肤痘，致结一层黑痂，然后涂碘酒，1次即愈。

④ 取独头蒜几个，捣成蒜泥，然后按1∶1的比例加入食醋调稀，将调和液涂于患部。眼睑部痘痂涂抹药物要注意，不要涂到眼睛里。开始早、晚各1次，3d后痘痂一般不再扩展，以后视鸡的病情改为每天1次，直至痂皮开始脱落，就不再用药。或者将大蒜捣烂，按饲料与大蒜10∶1比例拌入饲料喂鸡，每天早、晚各1次，连续5d，疗效好。

⑤ 涂鲜草木灰：先将鸡痘刺破，然后将鲜草木灰涂于患处，一般连续3d，痘

痂即可脱落。

⑥ 灌服六神丸：每只每次2～3粒，填入病鸡口中，连服2d即愈。如病鸡数量大，可按用药量将药化开拌食一次投服，连喂2d。或剥去咽喉凝结物，并用1%高锰酸钾水溶液擦洗患部，再用六神丸5粒研成细末敷患处，2～3次即愈。

⑦ 用硫黄软膏治鸡痘：此药医药部门均有售，先用稀盐水洗脱痘痂，然后涂上软膏，每日早、晚各1次，2d即愈。

⑧ 对白喉型病鸡，可用火柴棒挑一块火柴头大小的清凉油填入鸡口中，如此3～5次病鸡即可痊愈。或用喉症丸2～3粒填入病鸡口中，连服2d。若病鸡多，可在服丸药的同时，取2～3粒药丸，用1滴水研成糊外敷，每日2次。

⑨ 将50g花椒放入50kg水中，煮沸20min，然后滤去花椒粒，待凉后让鸡自饮，隔日1次，连饮3次。

五、鸡传染性支气管炎

鸡传染性支气管炎（IB）简称传支，是一种由传染性支气管炎病毒引起的鸡的一种急性、高度接触性呼吸道传染病。本病的特征是病雏表现咳嗽、打喷嚏、流鼻涕、气管啰音、呼吸困难、发育不良。本病死亡率较高，尤其是肾型和腺胃型，能引起雏鸡肾脏病变。剖检可见肾肿大、尿酸盐沉积。

鸡传支的传染性强，传播快，潜伏期短，对养鸡业危害极大。成年蛋鸡产蛋下降严重及产软壳蛋、畸形蛋，蛋清稀薄等。呼吸系统和肾脏损伤是感染死亡的主要原因。肾型传支除死亡率高外，还造成发育不良，长期不愈，产蛋率严重下降。

【流行病学】本病传播迅速，常在1～2d内波及全群。

（1）易感动物　本病只发生于鸡，各种年龄均可感染，但以5周龄以内雏鸡感染后发病最严重，死亡率可达15%～19%。产蛋鸡感染后症状较为明显。

（2）传染源　主要是病鸡和康复带毒鸡。

（3）传播途径　主要是通过空气飞沫传播，经呼吸道感染，其次是消化道感染。此外，人员、用具及饲料等也是传播媒介。

（4）诱因　环境因素主要是过度拥挤、卫生太差、营养不良、过冷或过热、密闭潮湿、通风不良、维生素和矿物质及其他营养素缺乏等。特别是强烈的应激作用，如疫苗接种、转群等可诱发本病发生。

（5）流行特点　本病传播快、发病率高，雏鸡发病，特别是肾型传支和腺胃型死亡严重。成年鸡主要表现产蛋下降及蛋质低劣。发病季节多见于秋末至次年春末，但以冬季最为严重。

【症状】自然感染的潜伏期一般为36h。本病的发病率高，雏鸡的死亡率可达25%以上，但6周龄以上的死亡率一般不高。病程多为1～2周。患病鸡的特征性呼吸道症状是喘息、咳嗽、打喷嚏、呼吸啰音和流鼻涕。由于日龄不同，病变类型不同，症状都有所差异。

（1）雏鸡　前期无症状，全群几乎同时突然发病。最初表现呼吸困难、流鼻涕、流泪、鼻肿胀、咳嗽、打喷嚏、伸颈张口喘气（图2-84）。夜间可听到明显嘶哑的叫声，气管啰音，个别鸡低头、嗜睡。随着病情发展，症状加重，缩头闭目、垂翅挤堆、食欲不振、饮欲增加。如治疗不及时，有较高的死亡率，死亡率达30%～50%。

（2）中雏（生长鸡）　突出症状是啰音、呼吸困难，伴有一定程度的咳嗽和喘息，一般只有抓鸡贴耳听或夜深人静时才听得到"丝伊丝伊"声（图2-85）。这种年龄的鸡死亡率明显下降，可能会出现增重减慢或减重现象，这对肉用鸡威胁很大。

图2-84　传染性支气管炎（一）
雏鸡精神差，张口伸颈呼吸

图2-85　传染性支气管炎（二）
病鸡张口喘气，呼吸困难症状

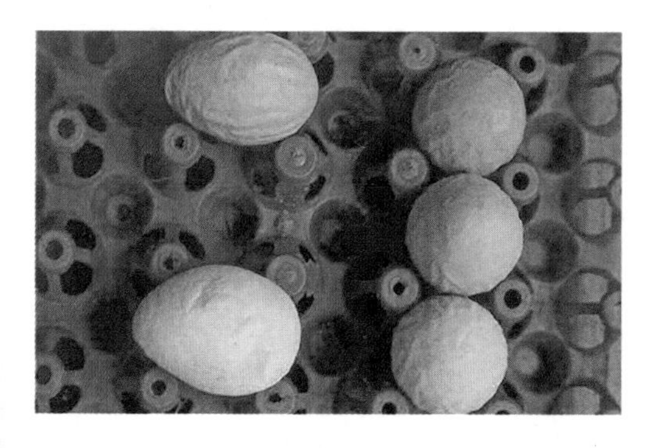

图2-86　传染性支气管炎（三）
产软壳蛋、畸形蛋、沙壳蛋

（3）产蛋鸡　表现轻微的呼吸困难、咳嗽、气管啰音，有"呼噜"声。精神不振、减食、排黄色稀粪，症状不很严重，有极少数死亡。突出表现是产蛋突然下降，可减少10%～50%。发病第二天产蛋开始下降，1～2周下降到最低点，有时产蛋率可降到一半。蛋的质量改变，产软蛋和畸形蛋，蛋清变稀，蛋清与蛋黄分离，种蛋的孵化率也降低（图2-86～图2-88）。

（4）肾病变型传支　多发于20～50日龄的幼龄鸡。呼吸道症状较轻，主要表现肾炎及肠炎症状，白色或水样下痢、脱水、消瘦、饮水增加，肉髯发绀，病鸡

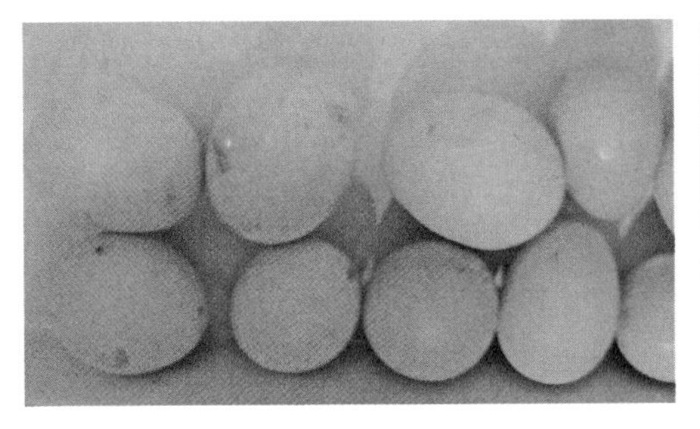

图2-87　传染性支气管炎（四）

病鸡产畸形蛋，鸡蛋的大小异常

图2-88　传染性支气管炎（五）

蛋白稀薄如水

死前卧地不起。发病日龄越小，死亡率越高，一般可达25%。病程3～4周，耐过鸡可形成肾结石（故名肾病变型），长期发育不良。

【病理变化】主要病变在呼吸道。在鼻腔、气管、支气管内可见淡黄色半透明的浆液性、黏液性渗出物，病程稍长的变为干酪样物质并形成栓子。肾病变型支气管炎除呼吸器官病变外，可见肾肿大、苍白，肾小管内因尿酸盐沉积而扩张，肾呈"花斑状"，输尿管因尿酸盐沉积而变粗。心、肝表面也有沉积的尿酸盐，似一层白霜。有时可见法氏囊有炎症和出血症状。

（1）呼吸道病变　重点在气管下1/3处和支气管。气管黏膜充血、出血，往往有干酪样渗出物，往往形成栓塞（图2-89、图2-90）。鼻腔及上部气管也可看到浆液或黏性渗出物。气囊混浊，支气管周围可见局灶性炎症。

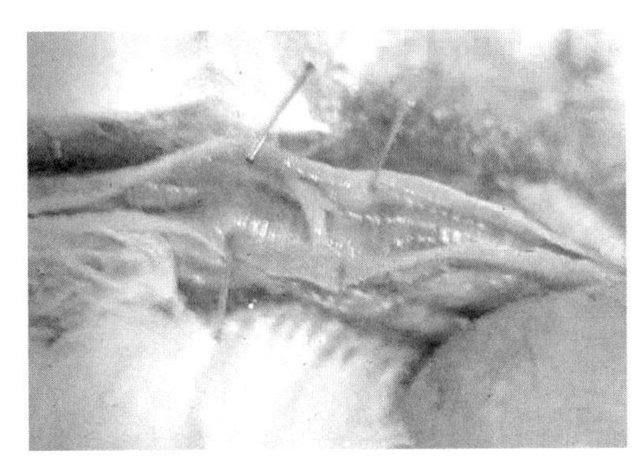

图2-89　传染性支气管炎（六）

气管和支气管有黏液性分泌物，有黄白色干酪样栓塞

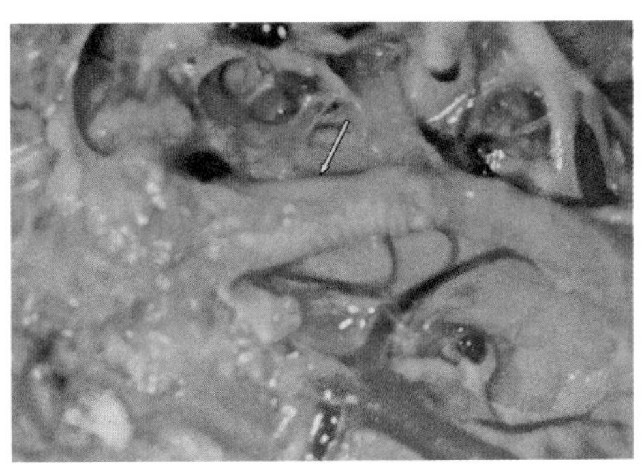

图2-90　传染性支气管炎（七）

一级支气管处形成干酪样栓塞（箭头所指处）

（2）肾脏病变　主要表现"花斑肾"。肾肿大、隆起，表面有红白相间的花斑，内有尿酸盐沉淀。输尿管变粗，内有肉眼明显可见的尿酸盐沉积（图2-91～图2-94）。有时在心、肝表面及泄殖腔内也可见到尿酸盐沉积。

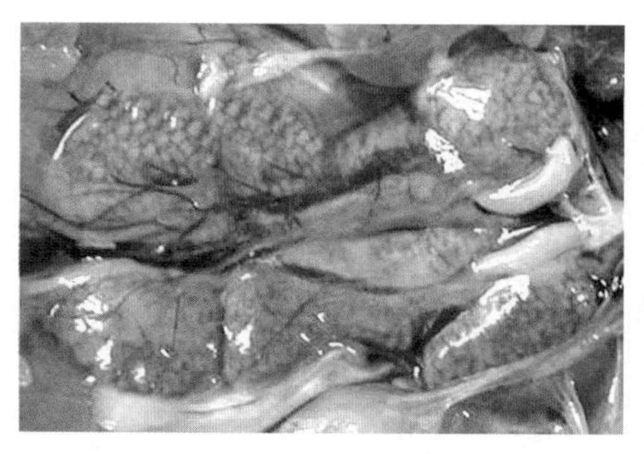

图2-91 （肾型）传染性支气管炎（一）
肾脏有大量尿酸盐沉积，肾脏颜色苍白，严重肿胀

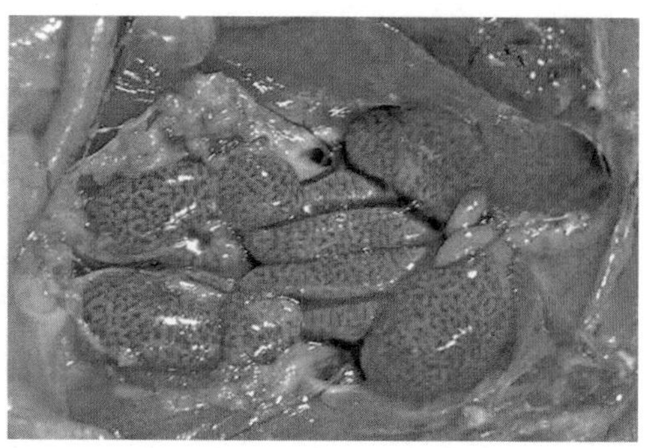

图2-92 （肾型）传染性支气管炎（二）
肾脏肿大、褪色，呈槟榔状花纹（花斑肾），输尿管膨大变粗，内部充满白色的尿酸盐

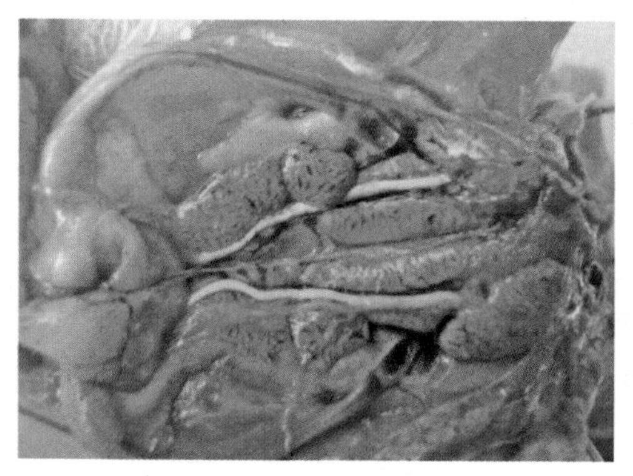

图2-93 （肾型）传染性支气管炎（三）
肾脏肿胀，花斑状，输尿管积聚尿酸盐

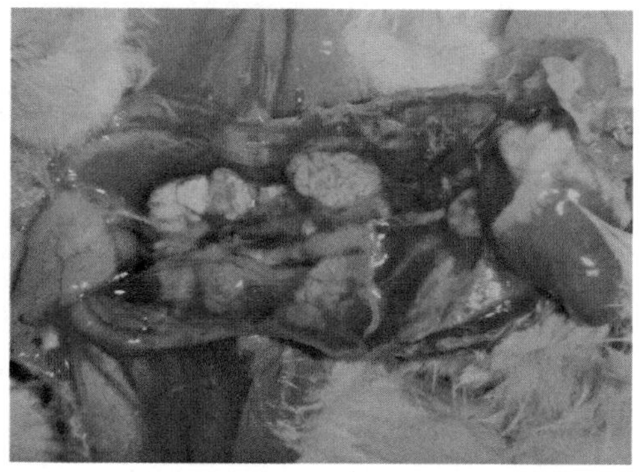

图2-94 （肾型）传染性支气管炎（四）
7日龄雏鸡感染本病后，肾脏严重肿胀，呈花斑状

（3）腺胃病变型 急性期表现为腺胃高度肿胀似糖葫芦状或球状。切开后可见腺胃乳头肿胀、出血，切面有黏液或脓性分泌物，酷似新城疫的病变，乳头尖部有凹陷。急性期过后腺胃则除了球状肿胀外，主要表现坚硬，切面有石榴籽状组织结构，主要为增生的结缔组织（图2-95、图2-96）。

（4）生殖系统病变 卵泡充血、出血、变形。输卵管不发育或间断性发育，萎缩、变短、变细（图2-97、图2-98），或输卵管内充满透明的液体（图2-99）。卵泡系带松弛（图2-100）。子宫黏膜水肿（图2-101）。卵黄落入腹腔，腹膜混浊，时间长后则呈现腹膜炎。

【鉴别诊断】呼吸道型应与传染性喉气管炎、鸡慢性呼吸道病、曲霉菌病、新城疫等相区别。肾型传支主要与鸡白痢和法氏囊病相区别。成鸡传支主要与非典型新城疫、流感、脑脊髓炎、传喉及减蛋综合征相区别。

（1）传支与鸡新城疫 鸡新城疫一般要比传支感染严重，可见典型症状，如

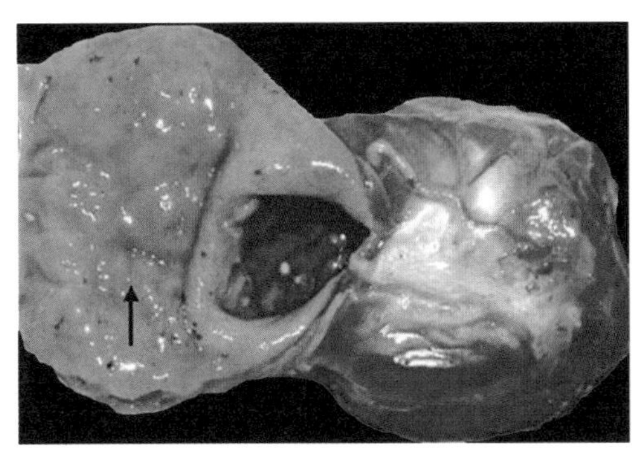

图2-95 （腺胃型）传染性支气管炎（一）

病鸡的腺胃肿胀，黏膜水肿，腺胃乳头界线不清

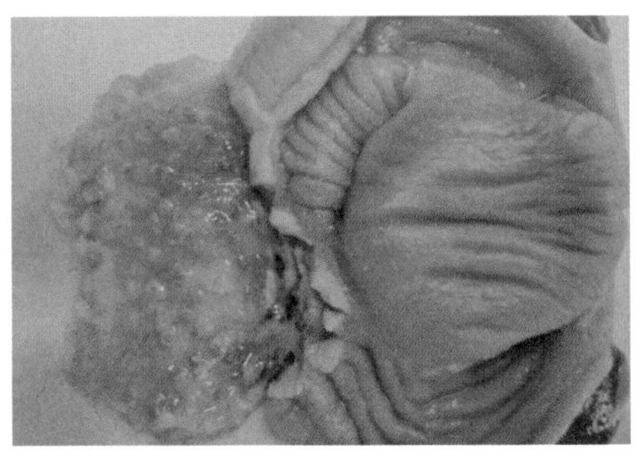

图2-96 （腺胃型）传染性支气管炎（二）

腺胃肿胀，黏膜的乳头周围环状出血

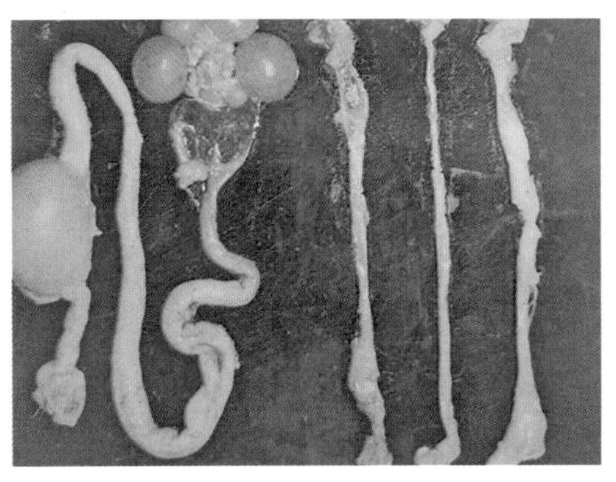

图2-97 传染性支气管炎（八）

卵巢、输卵管萎缩、变短、变细（左侧为正常）

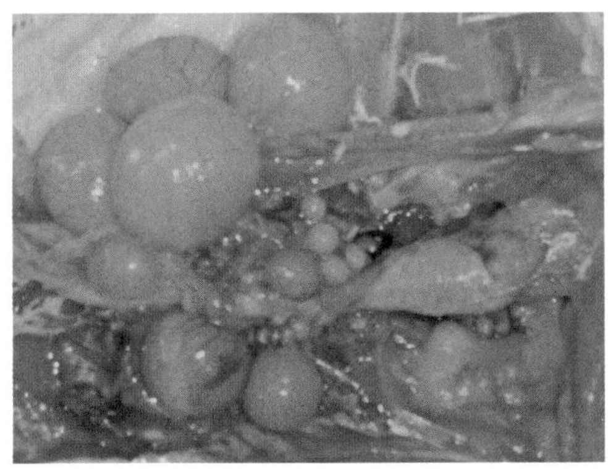

图2-98 传染性支气管炎（九）

剖检后见到的卵巢发育良好，但输卵管伞部、膨大部缺失，峡部、子宫部发育不良的病变

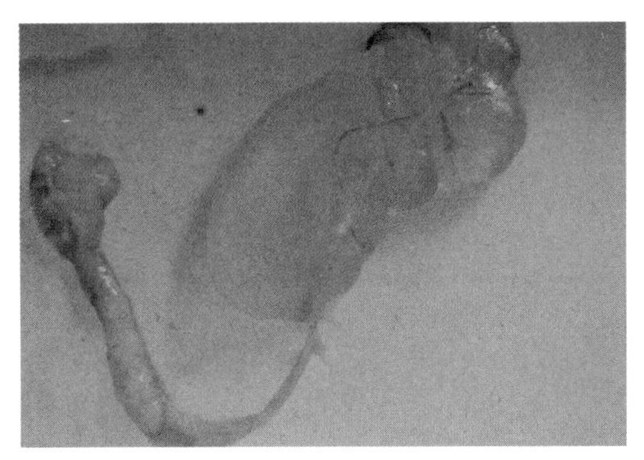

图2-99 传染性支气管炎（十）

输卵管峡部以上闭锁，并形成水疱，水量甚至可达几百毫升或以上

图2-100 传染性支气管炎（十一）

卵泡系带松弛

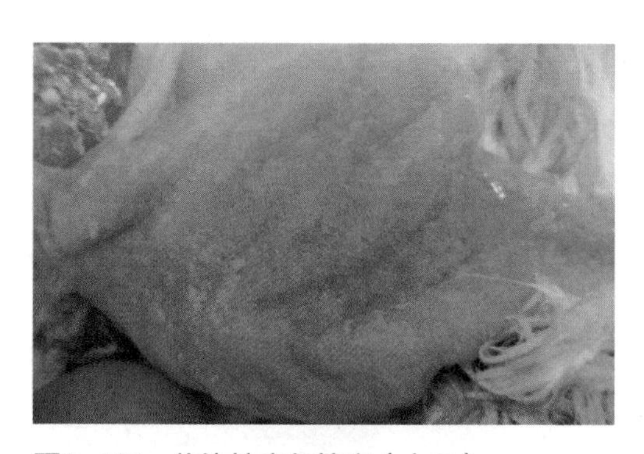

图2-101 传染性支气管炎（十二）
病鸡的子宫黏膜水肿，酷似柚子粒样

腺胃及肠道变化、产蛋率下降幅度更大。

（2）传支与鸡传染性喉气管炎 鸡传染性喉气管炎比传支传播慢，且呼吸道症状和病变较为严重，主要侵害成年鸡（4～12月龄）。

（3）传支与鸡传染性鼻炎 鸡传染性鼻炎的特征是脸部肿胀，流鼻涕，多发于4～12月龄鸡，产蛋鸡也常发生。

（4）传支与鸡产蛋下降综合征 产蛋下降综合征不影响蛋的内部质量，且无明显呼吸道症状。

【防治措施】加强饲养管理，做好消毒，减少过冷、过热、拥挤、通风不良等诱发因素。加强卫生防疫工作，鸡场定期消毒，防止感染鸡进入鸡群。小鸡要按时接种疫苗，成年鸡可经常在饲料中添加一些电解多维等。

（1）预防 在免疫预防中，要选择合适的疫苗，单价弱毒苗目前应用较为广泛的是引进荷兰的H_{120}、H_{52}株。H_{120}对14日龄雏鸡安全有效，免疫3周保护率达90%；H_{52}对14日龄以下的鸡会引起严重反应，不宜使用，但对90～120日龄的鸡却安全，故目前常用的程序为H_{120}于10日龄、H_{52}于30～45日龄接种。

（2）治疗 对传染性支气管炎目前尚无有效的治疗方法，人们常用中西医结合的对症疗法。由于实际生产中鸡群常并发细菌性疾病，故发生本病后采用一些抗菌药物有时非常有效，可降低细菌感染并发症。

① 咳喘康，开水煎汁0.5h后，加入凉开水20～25kg作饮水，连服5～7d。同时，每25kg饲料或50kg水中再加入盐酸吗啉胍原粉50g，效果更佳。

② 强力霉素原粉1g，加水10～20kg，任鸡自饮，连饮3～5d。

③ 每千克饲料拌入病毒灵1.5g、板蓝根冲剂30g，任雏鸡自由采食。少数病重鸡单独饲养，并辅以少量雪梨糖浆，连服3～5d，可收到良好效果。

六、鸡传染性喉气管炎

鸡传染性喉气管炎（ILT）简称传喉或喉气，是由传染性喉气管炎病毒（鸡疱疹病毒I型）引起的鸡的一种急性、接触性呼吸道传染病。本病的典型症状是高度呼吸困难、喘气、咳嗽，咳出血样的渗出物。特征性病变是喉头和气管黏膜上皮肿胀、出血甚至糜烂、坏死和大面积出血。本病发病率高，传播快，病死率多在10%～20%，对产蛋有较大影响。目前本病广泛流行于世界各地。

【流行病学】本病主要侵害成年鸡。另外，鸡舍通风不良、密度过大、维生素A缺乏、注射疫苗等可诱发本病，增加死亡率。

（1）易感动物　各种年龄鸡均可感染，但主要是4～10月龄成年鸡易感，发病后症状典型。

（2）传染源　病鸡和无症状的带毒鸡（或康复带毒鸡）是主要传染源。

（3）传播途径　主要经呼吸道间接传播，也可经黏膜感染（饲料、饮水等）。接种过本病弱毒疫苗的鸡也可排毒传染。病鸡各种分泌物污染的垫草、饲料、饮水及用具可成为传播媒介。

（4）流行特点　本病传播较快，感染率高，一旦发病很快就波及全群。但一般情况下病死率较低，不超过20%，但如果是严重的咯血型则死亡率可高达70%。一年四季均可发生，但以秋、冬寒冷季节多发，呈地方流行性或流行性。一旦传入鸡群，感染率高达90%～100%。

【临床症状】自然感染的潜伏期一般为6～12d。临床症状可分为急性型、亚急性型、慢性型三种类型。

（1）急性型　突然发病，很快传至全群，发病率高达90%～100%。病初精神萎靡，鼻流浆液性分泌物，发出“呼噜、呼噜”湿性啰音，呼吸困难，常摆头，咳嗽，喘息，试图甩出黄白色黏痰。进而闭目呆立，眼结膜发炎，分泌物将上、下眼睑粘连，眶下窦肿胀。头下垂，蹲伏伸颈，呈犬坐姿势。鸡冠、肉髯发紫，每次吸气时伸颈、张口尽力吸气，发生强咳，咳出带血黏液（图2-102、图2-103）。若气管中黏液过多时，一旦渗出物堵塞气管，可造成窒息死亡。口腔、喉部周围黏膜上有淡黄色凝固块状物附着，不易擦掉。继之病鸡很快消瘦，排绿色稀粪，最后衰竭死亡。病程一般为2～3d，产蛋鸡产蛋量迅速下降。死亡率高达50%～70%。不死鸡的临床症状可逐渐减轻至消失，成为带毒鸡。

图2-102　传染性喉气管炎（一）

病鸡呼吸困难，表现为张口伸颈，眼流泪症状，常发出啰音或喘鸣音

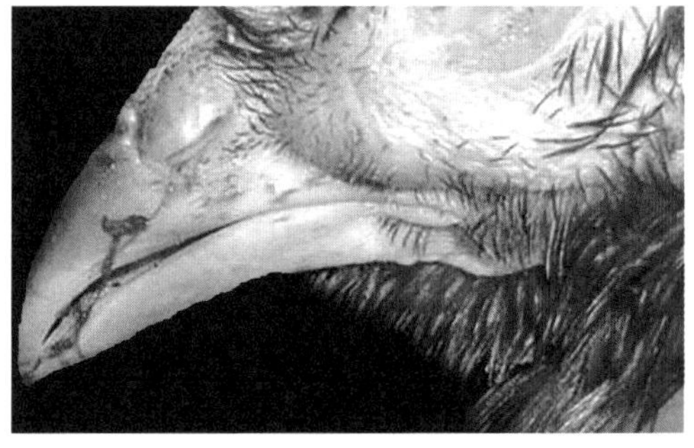

图2-103　传染性喉气管炎（二）

病鸡剧烈甩头或呈痉挛性咳嗽，常咳出血性分泌物，多因窒息死亡

（2）亚急性型　此型比急性较缓慢，症状较轻，病程较长，5～7d。病鸡咳嗽，可咳出带血的渗出物（图2-104）。发病率较高，但死亡率较低，

10%～20%，多于7d左右恢复。

（3）慢性型　也被称为地方流行性眼结膜型。以2个月以内仔鸡多发，表现为结膜炎，结膜充血、出血，眶下窦肿胀（图2-105）。病鸡流泪，流出浆性鼻液，咳出浆液性无色痰液。生长缓慢，产蛋减少。病程多为2～3周，长的可达1个月。若无继发感染则很少死亡，死亡率在10%以下，多数于15d左右恢复。

图2-104　传染性喉气管炎（三）

病鸡咳嗽，咳出带血的渗出物，挂在笼网上

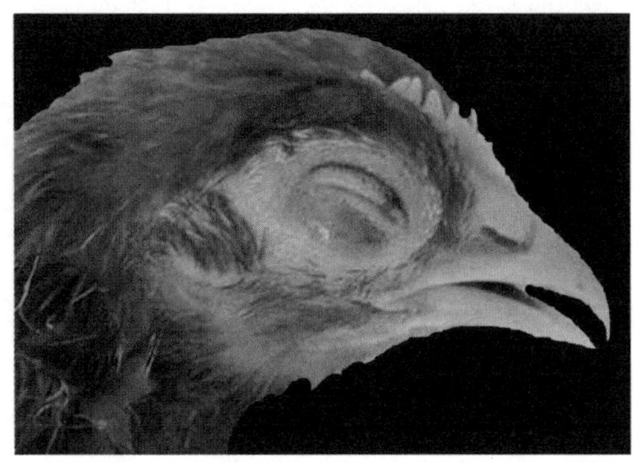

图2-105　传染性喉气管炎（四）

病鸡表现为体弱、精神沉郁，结膜炎，眼睑、眶下窦肿胀

【病理变化】本病的病变仅局限于呼吸系统及眼部。急性型和亚急性型大体相同，只是病变程度不同。病鸡眼结膜肿胀，眼角膜混浊（图2-106）。喙周围常有带血的黏液。鼻腔有多量黄白色或带血黏稠分泌物，有的干燥成灰褐色凝块，阻塞鼻腔。喉部周围黏膜肿胀，有多量带血黏液或黄白色块状假膜附着。喉头和气管黏膜肿胀、充血、出血甚至糜烂坏死，并有大量针尖状出血点，特别是在喉头至气管的上1/3处病变明显，严重者呈弥漫性肿胀出血，俗称“红气管”，带血样黏液或黄白色干酪样块状渗出物或附着有凝血块（图2-107、图2-108），气管腔内常含有多量的血性黏液及血凝块（图2-109），或淡黄色干酪样渗出物。

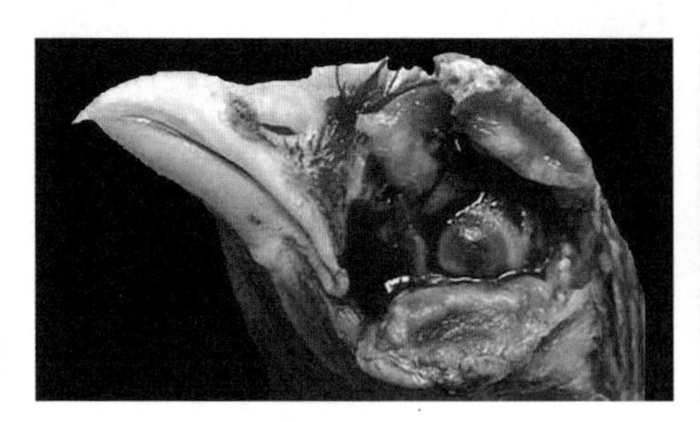

图2-106　传染性喉气管炎（五）

眼结膜肿胀、增生、坏死，角膜混浊

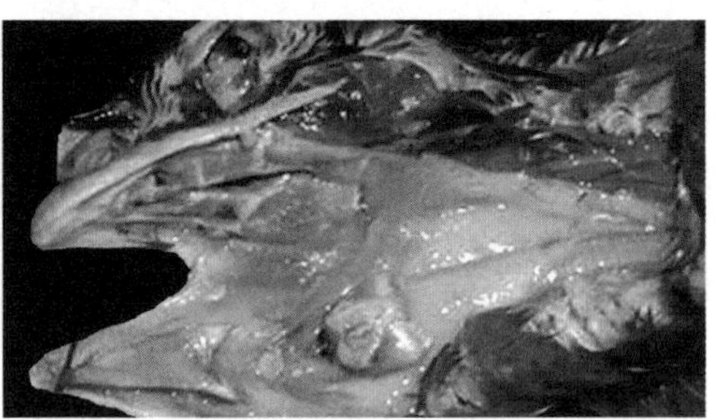

图2-107　传染性喉气管炎（六）

病鸡的鼻咽部有多量黄白色分泌物，且喉头常常被黄色干酪样的栓子堵塞

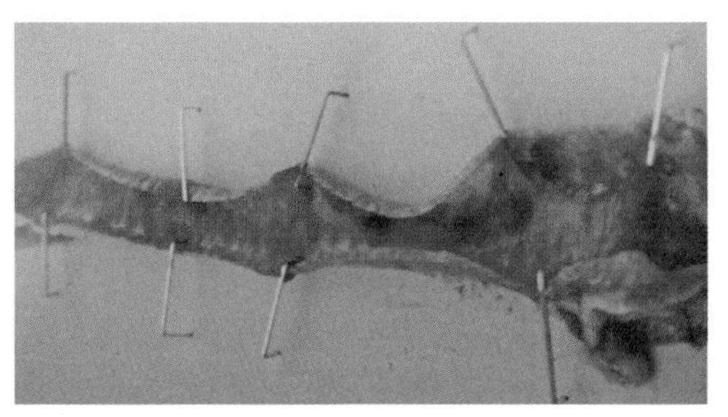

图2-108　传染性喉气管炎（七）

喉头、气管黏膜肥厚，充血、出血，气管内有血凝块

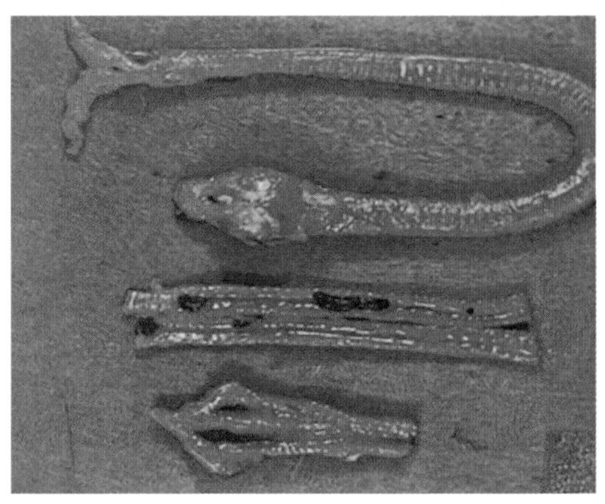

图2-109　传染性喉气管炎（八）

病鸡气管黏膜肿胀，严重充血、出血，管腔内积有血凝块

慢性型的鼻腔、气管内有浆性黏液。眼结膜、鼻腔和眶下窦水肿、充血，有干酪样渗出物（图2-110～图2-113）。

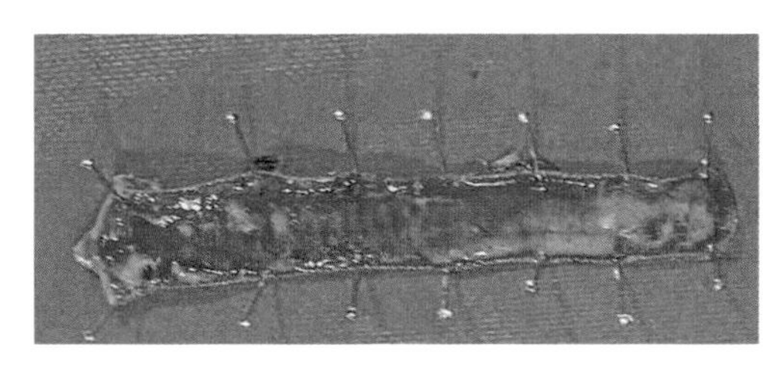

图2-110　传染性喉气管炎（九）

病鸡气管内有多量出血性黏液及黄白色假膜，并带有血凝块

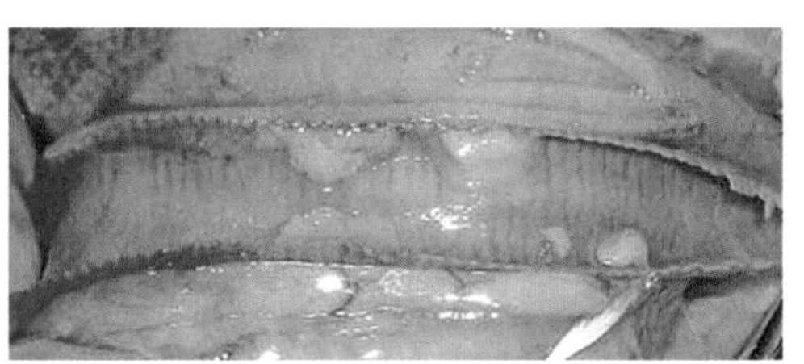

图2-111　传染性喉气管炎（十）

病程较长时，气管内有黄白色干酪样物质

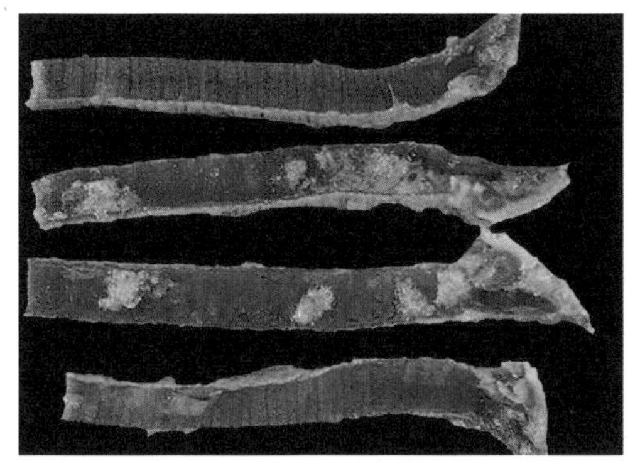

图2-112　传染性喉气管炎（十一）

气管出血，表面粗糙甚至溃疡、糜烂，有黄白色的块状物

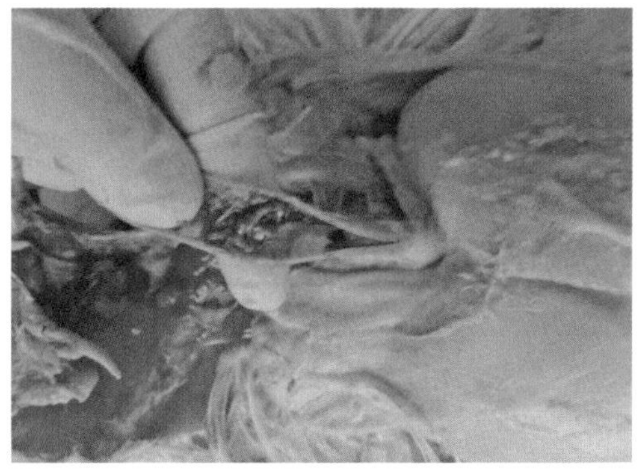

图2-113　传染性喉气管炎（十二）

血凝块堵塞气管造成死亡，胸肌苍白

【诊断】

（1）根据本病特有的临诊症状，伸颈张口吸气，发出大且长“咯”鸣声，咳出黄白色带血黏液，剖检有典型的出血性喉气管炎病变——“红气管”，以及传播速度等，即可做出诊断。

（2）传染性喉气管炎与传染性支气管炎的鉴别诊断　传染性支气管炎的传播速度更快，几乎同时全群发生。不咳出带血样黏痰。喉头、气管黏膜苍白。

【防治措施】

（1）预防　疫苗有弱毒苗和强毒苗之分。前者为喉气管炎弱毒冻干疫苗，按瓶签注明的剂量，用生理盐水或蒸馏水稀释后，4～6周龄点眼、滴鼻为首免，14周龄二免，免疫期3个月；强毒苗则易散毒，仅限于发病鸡场使用。

一旦发现病鸡，立即隔离、封锁、消毒。可用3%来苏儿或0.3%菌毒敌等带鸡喷雾消毒，每天1～2次，连续消毒3～7d。栖架可用1%～2%氢氧化钠消毒。鸡舍地面、运动场可用生石灰粉撒布消毒。死亡鸡焚烧或深埋。

（2）治疗　本病尚无有效治疗方法，用红霉素类、泰乐菌素等药物防止继发感染可加速本病的康复。也可用磺胺类（但影响产蛋）。对症可用化痰止咳的中药（喉症丸、牛黄解毒丸）。

① 抗喉气管炎高免血清肌内注射，每千克体重每次0.5～1mL，每天1次，连用2～3次。

② 喉炎灵片口服，雏鸡1片，中鸡2片，成鸡3～4片，每天1次，连用2～3次。

③ 喉气通丸口服，雏鸡1丸，中鸡2丸，成鸡3～4丸，每天1次，连用2次。

④ 喉瘟散口服或拌少量料自食，按说明书使用。

七、鸡马立克病

马立克病（MD）是由马立克病毒引起的鸡的一种淋巴组织增生性疾病，即肿瘤和神经麻痹性传染病。病理特征是病鸡的外周神经、性腺、虹膜等多种内脏器官、肌肉和皮肤的单核细胞浸润，产生淋巴细胞性肿瘤。病鸡常发生急性死亡、消瘦和肢体麻痹。本病广泛存在于世界各地，传染性极强，危害极大，曾经给养鸡业造成过毁灭性打击。

【流行病学】

（1）易感动物　鸡、火鸡、鹌鹑、野鸡等均可感染，但只有鸡发病。一般2周龄以内感染的发病率较高，而成年鸡感染后只带毒、排毒而不发病。

（2）传染源　主要是病鸡和带毒鸡。其毛囊及其脱落的毛囊上皮、毛屑、灰尘中含有大量感染性极强的病毒。

（3）传播途径　可通过呼吸道、消化道传播，人员及昆虫也可成为传播媒介。

（4）流行特点　马立克病毒对外界环境具有很强的抵抗力，因此，它是一种会造成重大经济损失的流行广泛的疾病，其特点如下。

① 早期感染，中后期发病。即小鸡在2周龄内感染后短期内并不发病，而要等到2月龄后发病，开产后一段时间自然平息。

② 感染不同毒力的毒株可表现不同的临床症状，例如神经型、肿瘤型、皮肤型或眼型等。强毒力易引发肿瘤形成，弱毒力则主要损伤外周神经。

③ 发病率和死亡率在不同地区或鸡群变化较大，可从10%～80%不等，这主要与饲养管理、卫生、免疫状况、病毒毒力及应激因素有关。

④ 马立克病是一个典型的慢性病，但又可呈现急性爆发（神经型或肿瘤型）。

⑤ 免疫抑制，可增加其他病的发生率（如法氏囊病、传染性贫血）。

【临床症状】本病是一种肿瘤性疾病，从感染到发病有较长的潜伏期，往往在1个月以上。一般于10周龄开始出现症状，早的为3～4周龄。根据症状和病变发生的主要部位不同，本病可分为4种类型：神经型、内脏型、眼型和皮肤型。有时呈混合发生。

（1）神经型　主要侵害外周神经，最常见的是坐骨神经，表现一侧轻另一侧重，特征症状是"劈叉"姿势。病鸡步态不稳，一条腿或两条腿麻痹（瘫痪），较常见的是一条腿麻痹。当一条正常腿向前走时，麻痹的腿跟不上来，拖在后面，形成"劈叉"的特殊姿势，常向麻痹的一侧横卧。本型往往发现较晚，特别是笼养鸡。当臂神经受害时，病鸡的翅膀麻痹下垂，为不可逆性变化。当支配颈部的神经受害时，引起扭头、仰头或下垂等症状（图2-114～图2-117）。当迷走神经受损时则失声、呼吸困难、嗉囊肿胀扩张、腹泻及脱水等。

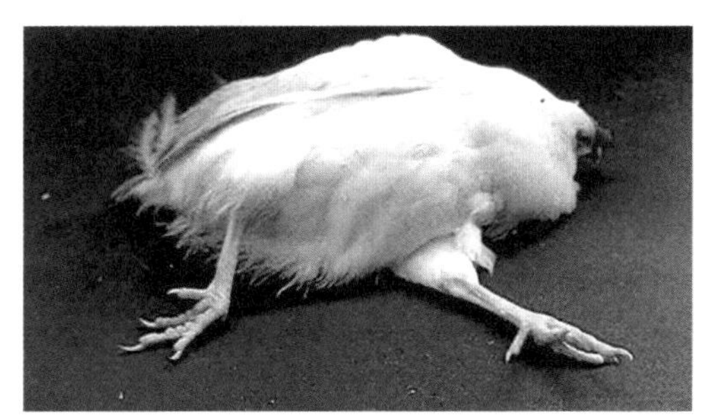

图2-114　马立克病（一）

病鸡的外周神经（腿神经）受损害麻痹，腿前后叉开，呈劈叉症状

图2-115　马立克病（二）

病鸡的神经症状，头颈弯曲、垂翅

此型的病程比较长，病鸡有一定的食欲，但表现消瘦，贫血，体重极轻，羽毛蓬松干燥无光泽。往往因行动和采食困难，最后饥饿、口渴、衰弱或被其他鸡踩踏而死。

（2）内脏肿瘤型　内脏肿瘤型又称为急性型，其特征是一种或多种内脏器官

图2-116 马立克病（三）

坐骨神经受侵害，双腿麻痹，呈“劈叉状”张开

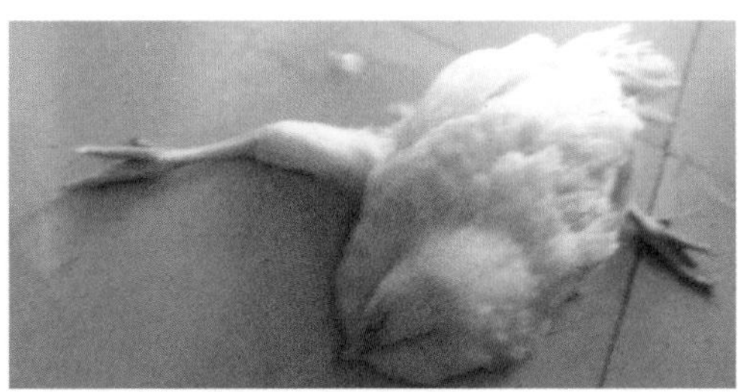

图2-117 马立克病（四）

感染的鸡只双腿麻痹，呈现劈叉症状

图2-118 马立克病（五）

鸡冠萎缩，颜色变淡，无光泽

及性腺发生肿瘤。病鸡起初不像神经型那样明显，不易被发现，呈进行性消瘦，冠髯萎缩，颜色变淡，无光泽，羽毛脏乱（图2-118）。多数在晚期才表现出症状。精神委顿，伏地，腹泻，极度消瘦，羽毛蓬松而无光泽，脱水，最终衰竭死亡。部分鸡胸骨突出，有些腹部肿胀。内脏肿瘤型的发病和死亡比较集中，多呈急性暴发。

（3）眼型　眼型马立克病眼球收缩呈锯齿状，虹膜变灰色或蓝灰色，因此被称为灰眼病或蓝眼病。单眼或双眼发病，表现为虹膜（眼球最前面的透明部分称为角膜，角膜后面是橘黄色的虹膜，虹膜中央是黑色瞳孔）的颜色变浅，以后色素褪色或消失，由金色或橘红色变为灰白色，俗称“灰眼病”，呈同心圆（环）、斑点状。瞳孔缩小，边缘不整齐，严重者瞳孔只剩下一个针尖状孔（图2-119、图2-120）。病的后期，由于组织增生，视力丧失，单眼或双眼失明。

图2-119 （眼型）马立克病（一）

病鸡的瞳孔由圆形变为锯齿状、边缘不整齐，虹膜色素变淡甚至消失

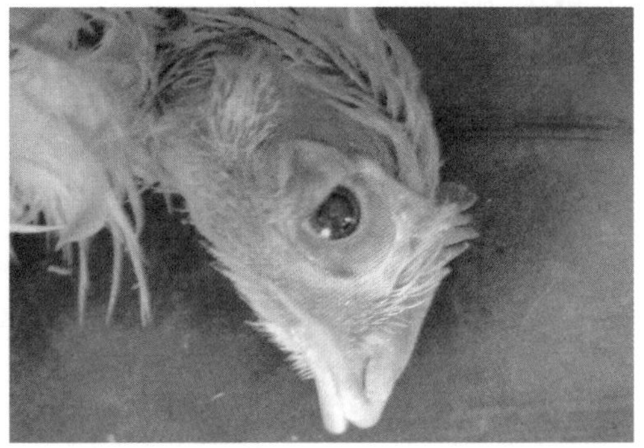

图2-120 （眼型）马立克病（二）

虹膜呈圆环状或斑点状，颜色变淡褪色，呈浅灰色混浊，瞳孔边缘不整齐

（4）皮肤型　皮肤肿瘤大多发生于翅膀、颈部、背部、尾部上方及大腿的皮肤。表现为羽囊肿大，并以此羽囊为中心在皮肤上形成玉米粒至蚕豆大的结节及瘤状物。瘤状物较硬，少数破溃（图2-121、图2-122）。本型病程较长，病鸡最后多因瘦弱而死亡。

图2-121　（皮肤型）马立克病（一）

病鸡腿部和爪部皮肤的肿瘤病变

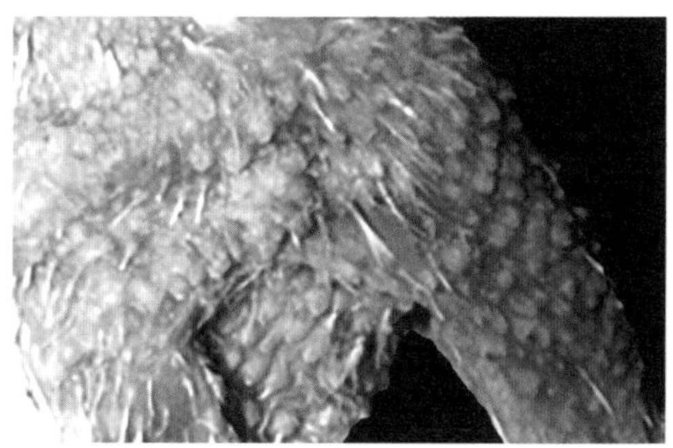

图2-122　（皮肤型）马立克病（二）

病鸡的羽毛毛囊肿大，形成结节（瘤状物），肿瘤性增生

以上四型中，以内脏型发生最多，神经型也很常见，但发病率比内脏型低。眼型、皮肤型及混合型发生的较少。混合型是指在同一病例既有神经型又有内脏型或眼型等两种以上的病型。对一个发病鸡群来讲，往往各型均可见到，只是各型的表现程度及发病率有所不同而已。

图2-123　（神经型）马立克病（一）

坐骨神经出现肿胀，明显变粗，肿大2～3倍，似水中浸泡过一样。神经干丧失光泽，颜色灰暗，纹理不清，横纹消失。一般为单侧神经的肿大变粗（左侧的箭头所指处）

【病理变化】

（1）神经型　剖检本型病死鸡时，可见受害的神经由于淋巴细胞浸润而肿胀。主要是较粗大的外周神经，如坐骨神经。坐骨神经肿胀，颜色由正常的银白色变为灰白色或灰黄色，如水煮样，横纹消失，同一条神经上有大小不同的结节，使神经变得粗细不均。病变神经可比正常者变粗2～3倍，多为不对称性，通常是一侧受害，可与对侧正常神经做对比有助于诊断（图2-123～图2-125）。

（2）内脏型　剖开腹腔可见多个脏器发生的肿瘤。肿瘤呈块状或结节状，灰黄白色，质硬，细腻，切面平整，表面平滑、有光泽，呈油脂样。也有的肿瘤组织浸润在脏器实质中，使脏器异常增大，甚至增大2倍多，弥漫性肿瘤使组织红中

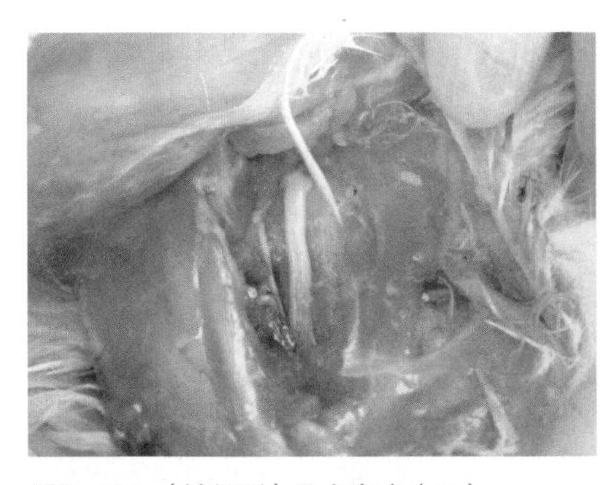

图2-124 （神经型）马立克病（二）

病鸡右侧肿胀的坐骨神经横纹消失

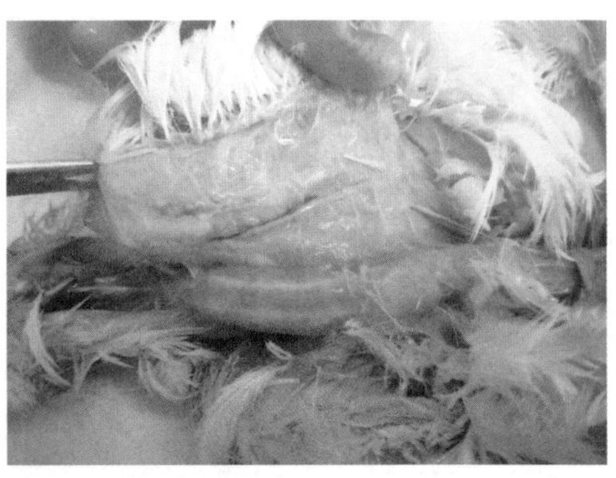

图2-125 （神经型）马立克病（三）

左侧迷走神经肿胀、横纹消失

透白，呈大理石状。

内脏型马立克病鸡的肿瘤以肝、脾、卵巢最常见，其次是肾、心、肠、肺等器官组织。不同脏器发生肿瘤的常见表现如下。

① 心脏：肿瘤单个或数个，芝麻至南瓜子大小，外形不规则，稍突出于心肌表面，淡黄白色，较坚硬（图2-126）。需要注意的是，正常鸡的心尖常有一点脂肪，不要误以为是肿瘤。

② 腺胃：肿瘤组织常浸润在整个胃壁中，使胃壁增厚2～3倍，较硬，使得腺胃外观肿大。剪开腺胃可见黏膜潮红，有时局部溃烂坏死。腺胃乳头变大或消失，顶端溃烂（图2-127、图2-128）。

③ 卵巢：青年鸡卵巢发生肿瘤时，整个卵巢肿大几倍至十几倍，有的可达核桃大，如肉团样，灰白色质硬而脆。也有的只是少数卵泡发生肿瘤（图2-129）。

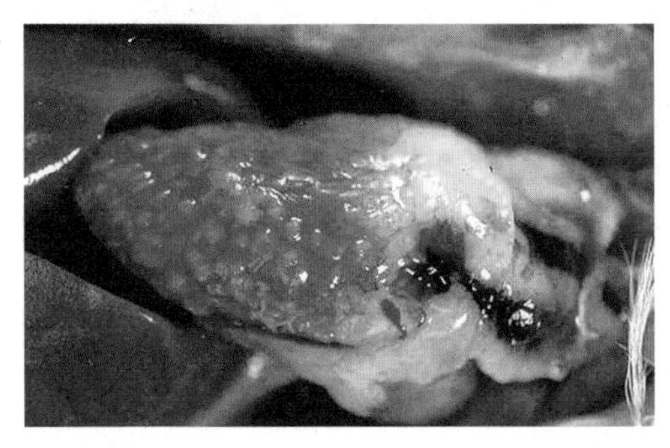

图2-126 马立克病（六）

心脏表面有大量的肿瘤病灶，稍突出于表面，呈弥漫性浸润生长

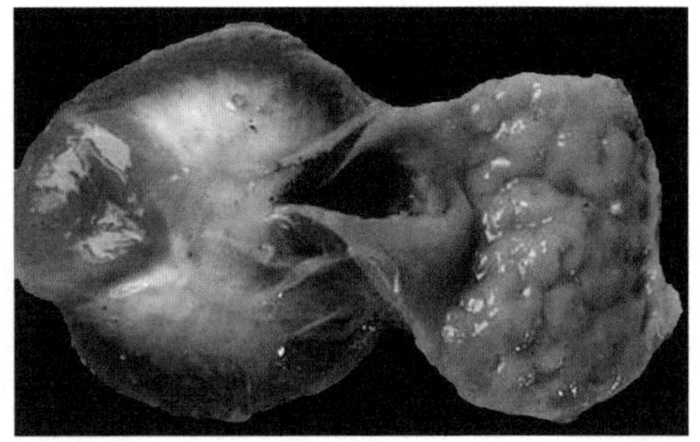

图2-127 马立克病（七）

剖检病鸡可见腺胃乳头融合

④ 睾丸：睾丸发生肿瘤时可肿大十几倍，外观与肿瘤混为一体，灰白色较坚

实（图2-130）。

⑤ 肝脏：肿瘤组织浸润在肝脏实质中，使肝明显肿大、质脆，颜色变淡且深浅不匀。还常见有数量、大小不等的灰黄白色肿瘤病灶，往往稍突出于肝表面（图2-131～图2-134）。

⑥ 脾脏：肿瘤组织浸润在脾实质中，使脾脏大数倍，可达蛋黄大小，质脆，表面光滑呈浅紫色，局部可因为有肿瘤灶而呈灰白色。

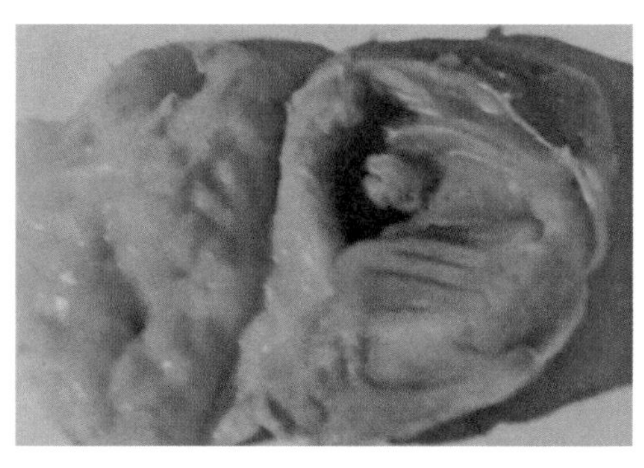

图2-128　马立克病（八）

腺胃肿厚，乳头消失，黏膜坏死

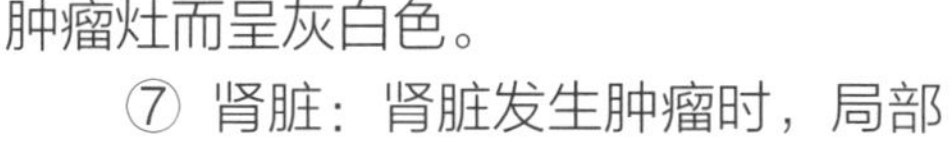

⑦ 肾脏：肾脏发生肿瘤时，局部形成灰白色肿瘤巨块，肾的其他部分因肿瘤组织浸润而胀大、褪色（图2-135）。

图2-129　马立克病（九）

卵巢和肾脏的肿瘤

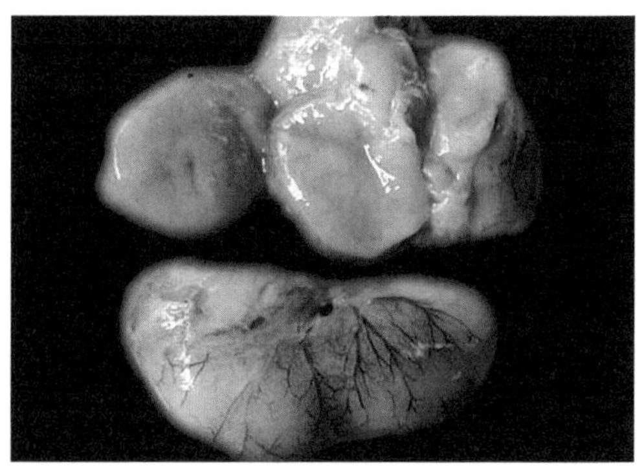

图2-1-130　马立克病（十）

睾丸肿胀变形

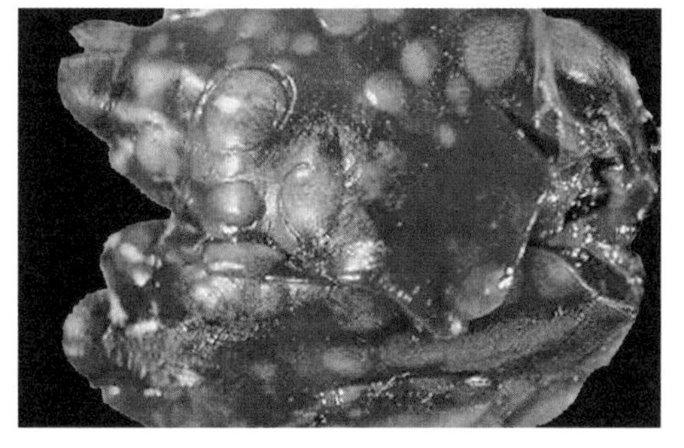

图2-131　马立克病（十一）

肝脏肿大，布满了大小不等的灰白色肿块或结节，肿瘤结节呈浅灰色或灰白色。肿瘤组织呈弥漫性生长

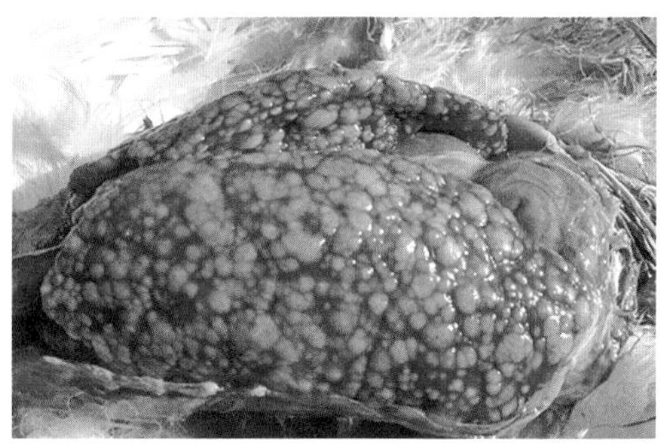

图2-132　马立克病（十二）

病鸡肝脏肿大，几乎占据整个腹腔，密布大量大小不等的、略突出于肝脏表面的、界线清晰的肿瘤结节

⑧ 肺、胰、肝、脾脏病变：肺上的肿瘤灰白色，质硬，挤在肋窝或胸腔中。肺的其他部分常硬化而缺乏弹性。胰脏发生肿瘤时一般发硬发白，比正常稍大。肝脏和脾脏有灰白色的肿瘤结节（图2-136）。

图2-133　马立克病（十三）

肝脏表面的肿瘤

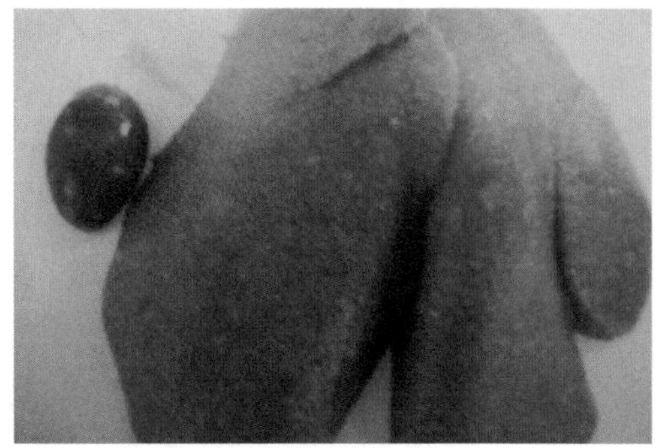

图2-134　马立克病（十四）

肝脏、脾脏布满大小不等的肿瘤结节

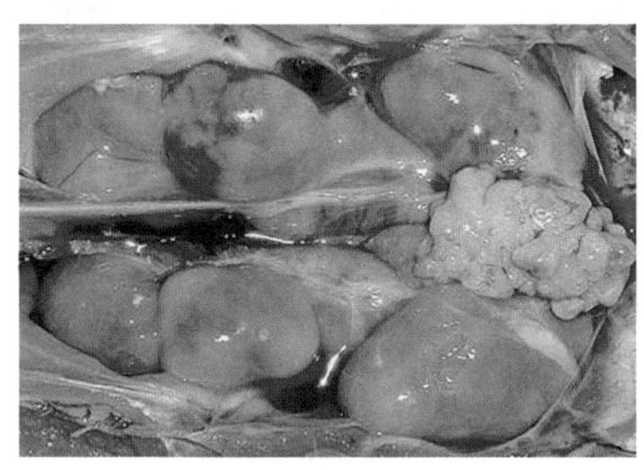

图2-135　马立克病（十五）

肾脏肿胀、弥漫性肿瘤增生

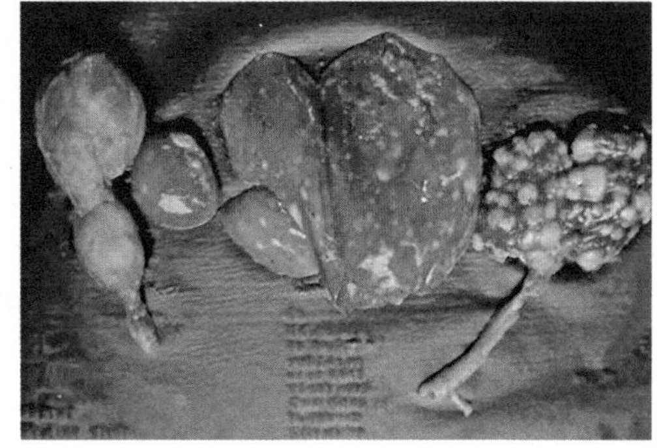

图2-136　马立克病（十六）

肝、脾等多个脏器有灰白色肿瘤结节

其他任何脏器都可能发生肿瘤，但病鸡法氏囊却呈不同程度的萎缩，不会形成结节状肿瘤，这是马立克病与鸡淋巴细胞性白血病的重要区别。

（3）眼型　可见虹膜增生，瞳孔变小，边缘不整（图2-137、图2-138）。

（4）皮肤型　比较少见。其病理变化特征为：以皮肤的羽毛毛囊为中心，形成半球形隆起的肿瘤，其表面有时可见鳞片状棕色痂皮（图2-139、图2-140）。

【诊断】神经型马立克病根据病鸡特征性麻痹症状以及病理变化即可确诊。

鉴别诊断。内脏型应与鸡淋巴细胞白血病相区别，两者眼观变化很相似，主要不同点在于马立克病侵害外周神经、皮肤、肌肉和眼的虹膜，法氏囊常萎缩，而淋巴细胞白血病则不同。这两个病的主要区别见表2-1。

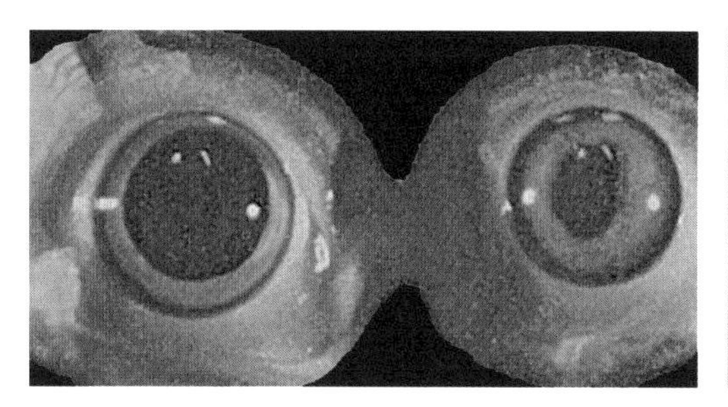

图2-137　马立克病（十七）

虹膜增生，虹膜色素消失，变为灰色或蓝灰色，因此被称为灰眼病或蓝眼病。瞳孔变小，边缘不整齐，收缩成锯齿状。病的后期，由于组织增生，眼睛失明

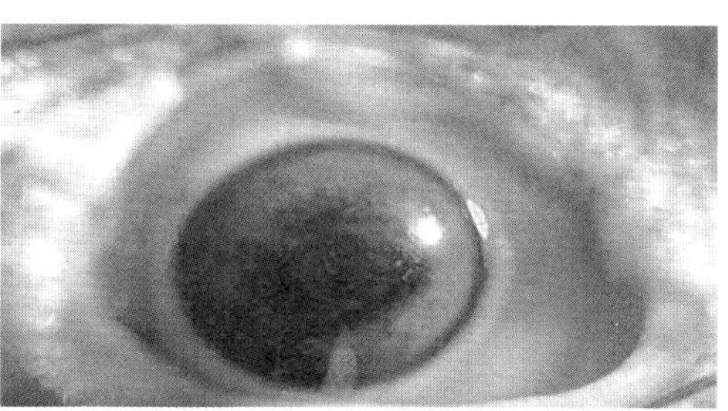

图2-138　马立克病（十八）

病鸡的虹膜灰黄色，边缘不整齐

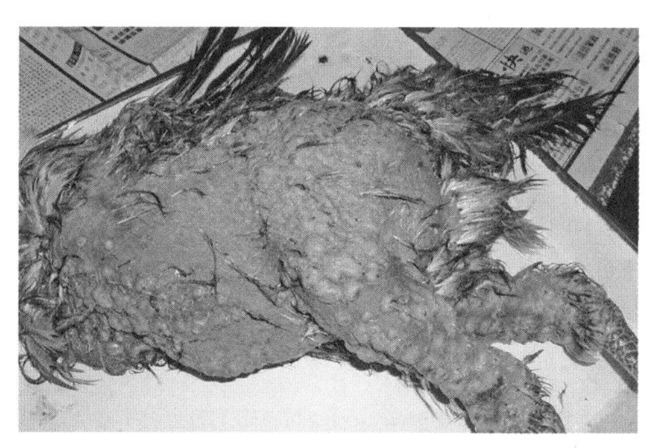

图2-139　（皮肤型）马立克病（三）

皮肤可见大小不一的弥漫性肿瘤结节

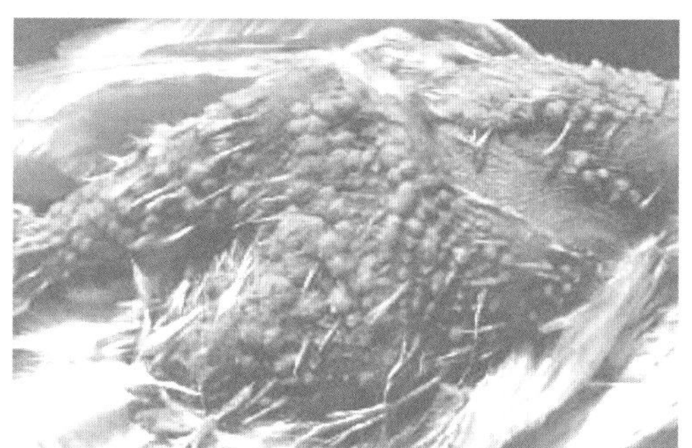

图2-1-140　（皮肤型）马立克病（四）

毛囊有肿瘤样结节，以羽毛毛囊为中心，呈半球状，突出于表面，或融合为丘状

表2-1　鸡马立克病与淋巴细胞白血病的比较

项目	马立克病（MD）	淋巴细胞白血病（LL）
发病日龄	4周龄以上	16周龄以上
症状	常有麻痹和瘫痪	无特征性症状
神经肿大	经常发现	无
法氏囊	弥漫性增厚或萎缩	常有结节性肿瘤
皮肤、肌肉肿瘤	可能有	无
消化道肿瘤	常有	无
性腺肿瘤	常有	很少
虹膜混浊	经常出现	无
肝脾肿瘤	浸润性增生	一般呈结节状增生
出现肿瘤细胞的种类	成熟、未成熟淋巴样细胞	主要为淋巴细胞

【防治措施】目前对于马立克病尚无有效治疗药物，主要靠疫苗预防，同时要做好以下防制工作。

（1）预防接种　预防接种是控制本病的有效措施。马立克病病毒在雏鸡出壳后即可感染，鸡龄越小越易感。因此要在早期通过接种疫苗使鸡群产生主动免疫，变成不易感染鸡群。

目前常用的疫苗有：火鸡疱疹病毒疫苗和新研制的马立克二价疫苗和三价疫苗。免疫效果三价苗好于二价苗。若用二价苗或三价苗给1日龄雏鸡接种，可使鸡提前产生免疫力，6日龄时就可免受强毒的攻击，保护率可达90%以上。接种疫苗时必须足量，增大注射剂量无副作用，尤其在有母源抗体的干扰时，剂量不足很易发生免疫失败。

（2）严格卫生消毒制度　要努力净化环境，防止雏鸡的早期感染，尤其是孵化场、育雏舍的消毒。种蛋要用甲醛熏蒸后入蛋库。种蛋装入孵化器后要用甲醛液熏蒸，在落盘时和出雏高峰时也要各熏蒸一次。要用新的或经过消毒的容器装运雏鸡。育雏室在进雏前必须严格消毒。

（3）加强饲养管理　坚持全进全出的饲养模式，减少应激因素。由于雏鸡和育成鸡对马立克病最易感，因此，必须与成年鸡分开饲养，防止不同日龄的鸡混养于同一鸡舍。饲养密度不要过大，保持通风良好，预防发生雏鸡白痢、球虫病和法氏囊病等，增强鸡体的抵抗力。

（4）淘汰病鸡和带毒鸡　发生马立克病的鸡场，检出的病鸡要予以淘汰，特别是种鸡场。

八、鸡传染性脑脊髓炎

鸡传染性脑脊髓炎（AE）俗称流行性震颤，是由一种属于小核糖核酸（RNA）病毒科的肠道病毒属的病毒引起的传染病，主要侵害雏鸡。以共济失调和头颈部震颤为主要特征。

【流行病学】

（1）易感动物　自然感染见于鸡、火鸡等，但雏鸡才有明显的临诊症状。鸡对本病最易感，各种日龄均易感。

（2）传播途径　传播方式有垂直传播和水平传播，但垂直传播是主要的传播方式。产蛋鸡感染后3周内所产的蛋带有病毒。易感鸡往往是接触到被污染的饲料、饮水、用具等而被感染。一些严重感染的胚蛋在孵化后期死亡，但大部分的鸡胚可以孵化出壳，出壳的雏鸡在出壳数天内陆续出现典型的临床症状。

（3）流行特点　本病一年四季均可发生，发病率及死亡率随鸡群的易感鸡只数多少、病原的毒力高低、发病的日龄大小不同而有所差异。

【临床症状】经垂直传播而感染的小鸡潜伏期1～7d，经水平传播感染的小鸡，其潜伏期为11d以上（12～30d）。此病主要发生于3周龄以内的雏鸡。在自然暴发的病例中，雏鸡出壳后就陆续发病。病雏最初表现为反应迟钝，精神沉郁，小鸡不愿走动或走几步就蹲下来，常以跗关节着地，继而出现共济失调，走路蹒跚，步态不稳，驱赶勉强运动时用跗关节走路，并拍动翅膀（图2-141）。

图2-141　传染性脑脊髓炎（一）

病鸡以跗部关节或胫部行走

病雏一般在发病3d后出现麻痹而倒地侧卧，头颈部震颤多在发病5d后才逐渐出现，一般呈阵发性音叉式的震颤。人工刺激时，如给水、加料、驱赶、倒提时可激发症状。有些病鸡趾关节卷曲、运动障碍、羽毛不整和发育受阻，平均体重明显低于正常水平。部分存活鸡可见一侧或两侧眼球的晶状体褪色、混浊或呈浅蓝色，眼球增大及失明（图2-142）。

发病早期小鸡食欲还正常，但因运动障碍，病鸡难以接近食槽和水槽而饥渴衰竭死亡。在大群饲养条件下，鸡只也会互相践踏或继发感染而死亡。

【病理变化】病鸡眼球晶状体混浊或褪色，眼球晶状体内有絮状物（图2-143）。一般内脏器官无特征性的肉眼病变，个别病例能见到脑膜血管充血、出血。如果仔细观察可偶见病雏肌胃的肌层有散在的灰白区。成年鸡发病无上述病变。病变主要病变集中在中枢神经系统和部分内脏器官，如肌胃、腺胃、胰腺、心肌和肾脏等，而周围神经无病变，这是一个重要的鉴别诊断要点。

图2-142　传染性脑脊髓炎（二）

病鸡的晶状体混浊或褪色，内有絮状物，瞳孔对光反射减弱，眼球增大失明

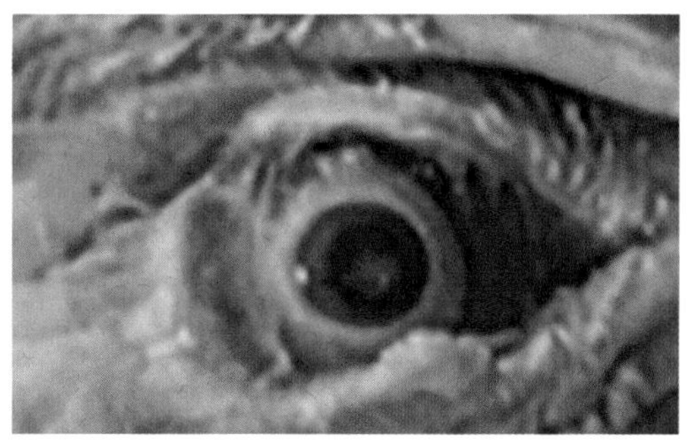

图2-143　传染性脑脊髓炎（三）

病鸡出现一侧或两侧眼球的晶状体混浊或褪色，内有絮状物，瞳孔对光反射弱，眼球增大失明

【治疗措施】治疗时在饮水中加芪康（主要成分为黄芪多糖、促生长因子等），每100g本品兑水100kg，每日投药2次，自由饮用，连用5d。

为防继发感染，饲料内混特效喘痢杀（主要成分为环丙沙星、利巴韦林、靶向制剂等）。同时应用清热解毒的中药治疗。方剂：蒲公英200g，大青叶200g，板蓝根200g，金银花100g，黄芩100g，黄柏100g，甘草100g，共研细末，按每只雏鸡0.5g，每天分2次拌料，连用5d。

九、鸡传染性贫血

鸡传染性贫血（CIA）原来叫贫血因子病，是一种由鸡贫血病毒引起的再生障碍性贫血和全身淋巴组织萎缩性免疫缺陷病。该病可垂直感染，也可水平感染。

【流行病学】鸡是本病的唯一自然宿主，至今还未发现其他禽类对本病易感。各年龄段的鸡都易感，但主要发生于雏鸡，其中1～7日龄雏鸡最易感。随着日龄的增加，其易感性、发病率和死亡率逐渐降低。

【临床症状】感染后是否表现出临床症状，与鸡的年龄、毒力大小及是否伴发或继发其他疾病有关。其主要的临床特征是贫血。病鸡皮肤苍白，发育迟缓，消瘦，喙、肉髯和可视黏膜苍白，翅膀皮炎或“蓝翅”，嗉囊黏膜出血（图2-144～图2-147）。全身点状出血，2～3d后开始死亡。濒死鸡可见腹泻。死亡率不一，通常为10%～50%。继发性感染可阻碍病鸡康复，加剧死亡。

【病理变化】病理组织学的特征性变化是再生障碍性贫血和全身淋巴组织萎缩，骨髓造血细胞严重减少，几乎完全被脂肪组织所代替。全身许多器官发生出血和褪色性病变。心脏的外膜广泛性出血（图2-148）。胸肌、腿部肌肉斑状或条状出血（图2-149）。肝脏肿胀，颜色变浅（图2-150、图2-151）。肾脏严重褪色（图2-152）。腺胃和肌胃发生出血和溃疡（图2-153）。血液凝固不良，血液稀薄（图2-154）。病鸡的胸腺萎缩（图2-155）。骨髓变得苍白（图2-156）。病鸡的脾脏、盲肠、扁桃体及其他器官的淋巴细胞严重缺失，网状细胞增生。

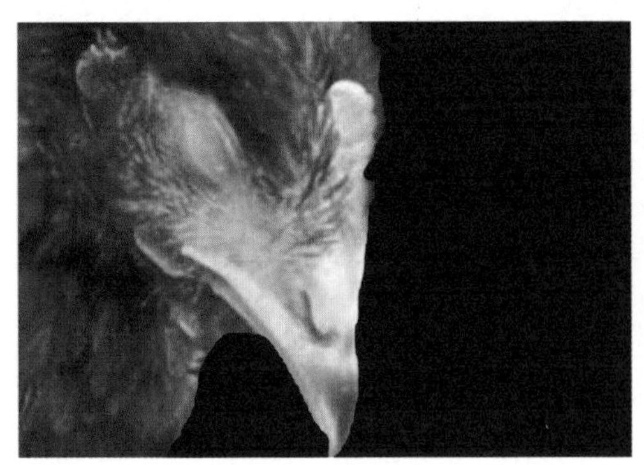

图2-144　鸡传染性贫血（一）

病鸡消瘦，鸡冠苍白

图2-145　鸡传染性贫血（二）

病鸡的全身皮肤出血、坏死、破溃，翅部出血性皮炎

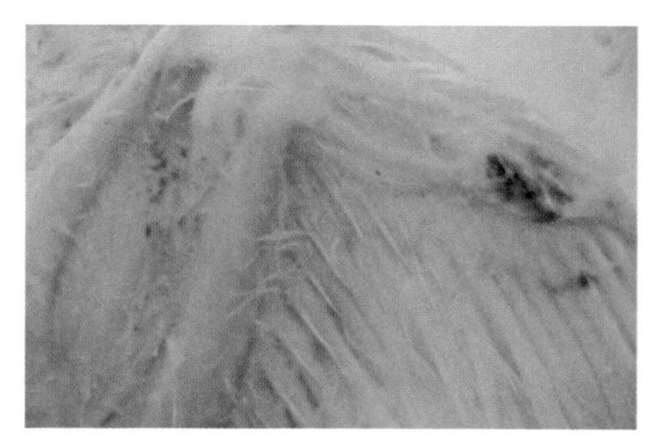

图2-146　传染性贫血（三）
病鸡翅膀内侧皮下和皮内出血变化

图2-147　传染性贫血（四）
患病鸡的嗉囊黏膜出血变化

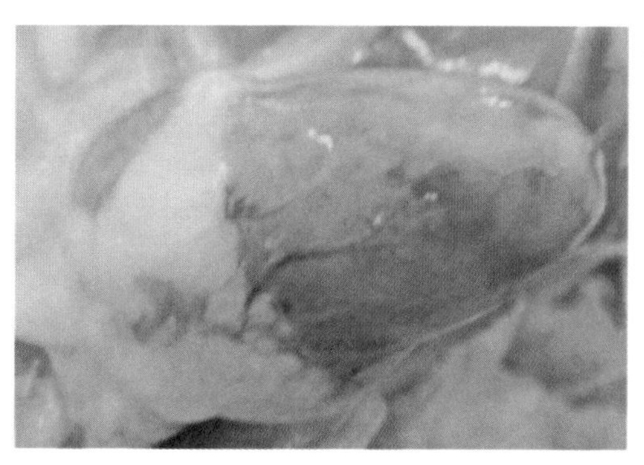

图2-148　传染性贫血（五）
病鸡的心外膜严重的广泛性出血

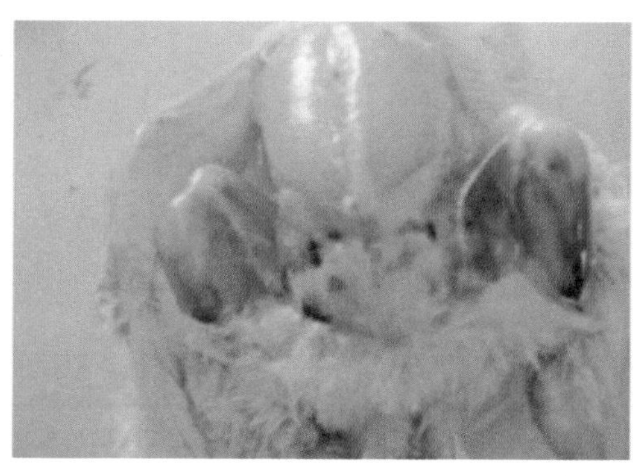

图2-149　传染性贫血（六）
病鸡的腿部、胸部呈斑片状或条状出血

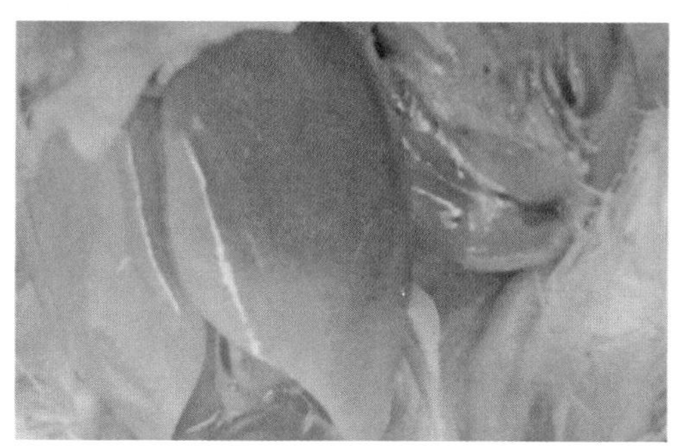

图2-150　传染性贫血（七）
病鸡肝脏肿胀、褪色，变成浅黄色

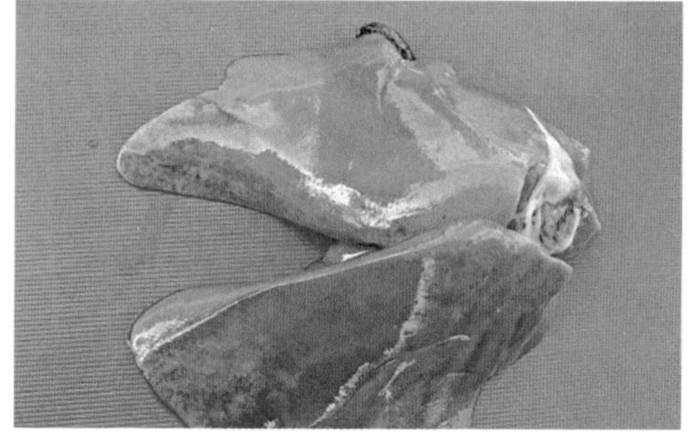

图2-151　传染性贫血（八）
病鸡肝脏肿大，颜色变浅变黄，上面有出现性斑点

【预防措施】本病目前尚无有效治疗方法。用鸡传染性贫血病弱毒冻干苗对12～16周龄鸡饮水免疫，能有效抵抗病毒的攻击，在免疫后6周产生强的免疫力，并持续到60～65周龄。

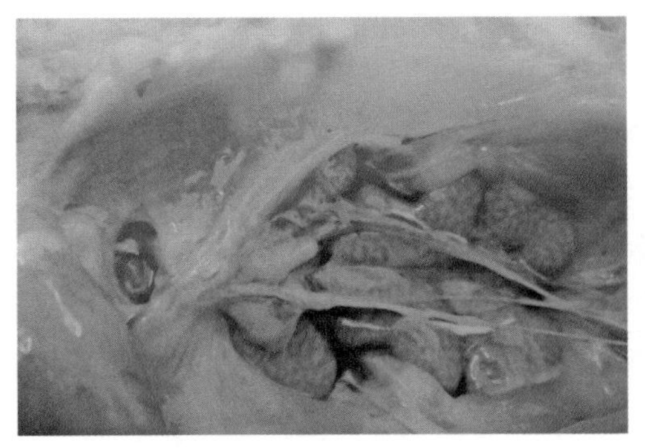

图2-152　传染性贫血（九）
剖检可见病鸡的肾脏严重褪色

图2-153　传染性贫血（十）
腺胃黏膜严重出血，肌胃角质层溃疡

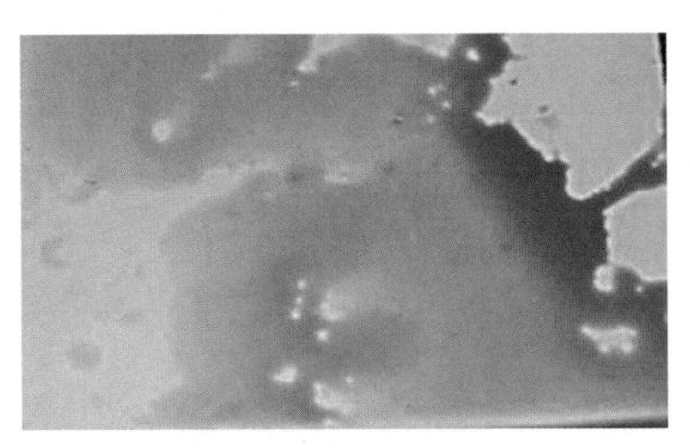

图2-154　传染性贫血（十一）
血液稀薄，凝固不良

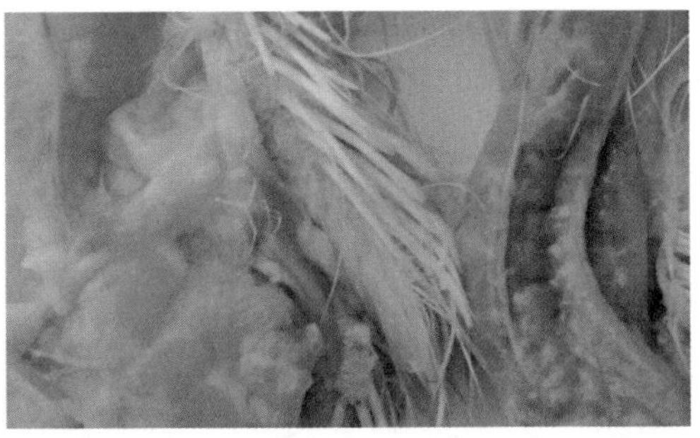

图2-155　传染性贫血（十二）
21日龄健康肉鸡与病鸡的胸腺对比，病鸡的胸腺萎缩（右侧为病鸡）

图2-156　传染性贫血（十三）
病鸡与健康鸡骨髓对照，病鸡的骨髓严重苍白（中间图）

十、鸡病毒性关节炎

鸡病毒性关节炎又称为病毒性腱鞘炎，是由呼肠孤病毒感染而引起的一种传染病，主要发生于肉用仔鸡。在急性发病群中，此病毒除了引起关节炎、腱鞘炎外，偶可致腱断裂。还可以导致免疫器官萎缩、免疫抑制、生长停滞、心包积液、肠炎、肝炎等综合征。由于病鸡死亡、淘汰、饲料利用率低等均可造成严重损失。

【流行病学】本病仅发生于鸡，尤其是肉鸡，一年四季均可发生，无明显季节性。自然感染主要是4～7周龄的鸡，也见于日龄更大的鸡。随着月龄的增大，对本病的抵抗力也增加。传播途径主要是通过呼吸道与消化道发生的水平传播，也可经种蛋而垂直传播。本病在肉鸡群中传播迅速，但在笼养蛋鸡中传播较慢。

【临床症状】本病的潜伏期因侵入途径不同而长短不等，大多数呈隐性感染或慢性感染，但可以引起免疫抑制和生长缓慢。病鸡食欲和活动减退，不愿走动，喜蹲坐在关节上，驱赶时可勉强移动，但步态不稳，继而出现跛行或单脚跳跃。当急性发作时，鸡首先表现跛行、站立困难。部分鸡生长受阻，发育迟缓。慢性感染期的跛行更加明显，单侧或双侧跗关节肿胀，病鸡跗关节不能活动，关节附近的皮肤触之有发热感。跟腱严重出血，关节处的皮肤发绿（图2-157、图2-158）。病鸡因得不到足够的水分和饲料而日渐消瘦、贫血，往往逐渐衰竭而死。

图2-157　病毒性关节炎（一）

病鸡关节肿胀，站立困难

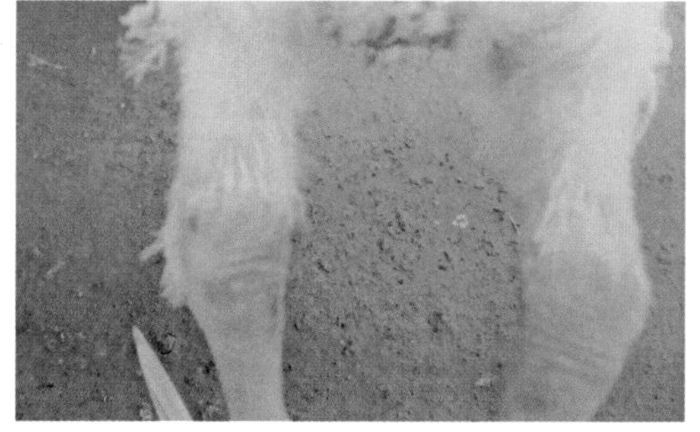

图2-158　病毒性关节炎（二）

病鸡的跗关节肿胀，皮肤发红、发青

在多数情况下，感染率可达100%，发病率仅5%～10%，死亡率不超过6%。种鸡群或蛋鸡群受感染后，关节的病变不显著，仅表现产蛋量下降10%～15%。

【病理变化】病变主要见于跗关节、趾关节、趾屈肌腱及趾伸肌腱。根据病程的长短，可分为急性和慢性。

（1）急性型　关节囊及腱鞘水肿、充血或点状出血。关节腔内含有少量淡黄色或带白色的渗出物，偶见脓性渗出物。有的可见周围组织与骨膜脱离。大雏或成鸡易发生一侧或两侧腓肠腱断裂，跖骨歪扭，趾后屈，导致顽固性跛行。可在患鸡皮肤外见到皮下组织呈紫红色。

（2）慢性型　关节腔内有淡黄色渗出液，关节硬固肿胀变形，表面皮肤呈褐色，甚至溃疡，腱鞘硬化和粘连（图2-159）。在跗关节远端关节软骨上出现凹陷的点状溃烂，然后变大、融合。关节表面纤维软骨膜过度增生，导致关节僵硬、

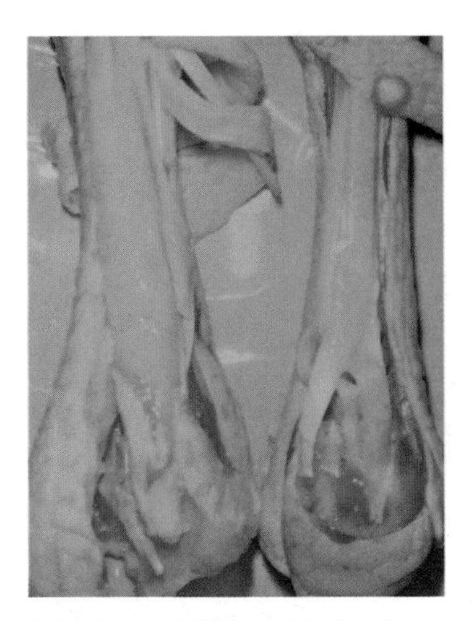

图2-159 病毒性关节炎（三）
病鸡剖检后可见跟腱明显肿胀，关节囊内有浅黄色渗出液

固化、无法伸曲。严重病例可见肌腱断裂、出血和坏死等。

【防治措施】鸡病毒性关节炎目前尚无有效治疗方法，只能依靠严格的卫生防疫制度，接种疫苗来防止本病。平时对鸡舍及环境进行彻底清扫、冲洗后，再用碱性消毒液或0.5%有机碘消毒，并加强饲养管理，防止本病传入。

呼肠孤病毒属于无囊膜的病毒，具有较高的稳定性，可以选用碱性消毒剂、复合酚类消毒剂和有机碘类消毒剂进行消毒。

在本病的高发地区，可考虑使用病毒性关节炎弱毒疫苗在1日龄进行接种免疫，但仅限于肉鸡。为了防止本病的垂直传播，肉种鸡可在开产前的2～3周注射油乳剂灭活疫苗免疫1次，这样母鸡产生的抗体可以通过蛋传给雏鸡，使雏鸡在出壳3周内受母源抗体的保护。在疫区，这种有母源抗体的鸡雏可在2周龄后接种1次弱毒苗。

十一、鸡腺病毒病（包涵体肝炎和产蛋下降综合征）

腺病毒是寄生在哺乳动物和禽类上呼吸道及结膜处的一类病毒，多数为长期潜伏的病毒，引起症状不明显的潜伏感染，少数可致病。腺病毒导致的疾病主要是包涵体肝炎、鹌鹑支气管炎、火鸡出血性肠炎和鸡产蛋下降综合征。下面介绍鸡包涵体肝炎和产蛋下降综合征。

（一）鸡包涵体肝炎（IBH）

鸡包涵体肝炎是鸡的一种急性腺病毒感染，主要发生于3～7周龄的小鸡，肉仔鸡更敏感。主要症状为肝脏肿胀、出血及核内出现包涵体。

【流行病学】本病发病率低，死亡率在10%～30%。一般多见于3～7周龄的肉仔鸡，1周龄及20周龄时也可见到。可通过种蛋垂直传播，也可通过存在于粪便、呼吸道、精液中的腺病毒进行水平传播。

【临床症状】鸡包涵体肝炎的潜伏期较短，一般为24～48h。感染3～4d后突然出现死亡高峰，随后很快停息，也有持续2～3周的。

病鸡表现发热，羽毛蓬乱，精神委顿，食欲减退，呈现蜷曲姿势，冠髯苍白，下痢，贫血和黄疸症状。排出灰白色或粉灰色水样粪便。两腿无力，甚至伏卧不起。本病死亡率较低，且多呈慢性经过，主要表现为生长缓慢。

【病理变化】病理变化主要集中在肝脏，可见肝脏颜色变淡，呈苍白色、黄色或黄褐色，质脆、肿大，有点状或斑状出血（图2-160、图2-161）。肾脏常肿胀，皮质出血。输卵管黏膜水肿、充血，腔内有分泌物（图2-162、图2-163）。骨髓（尤其长骨骨髓）发黄或黄白色胶冻状。皮肤苍白或黄染并有出血点。肌肉及浆膜也可见到出血斑点。法氏囊常萎缩变小，壁变薄，失去弹性。

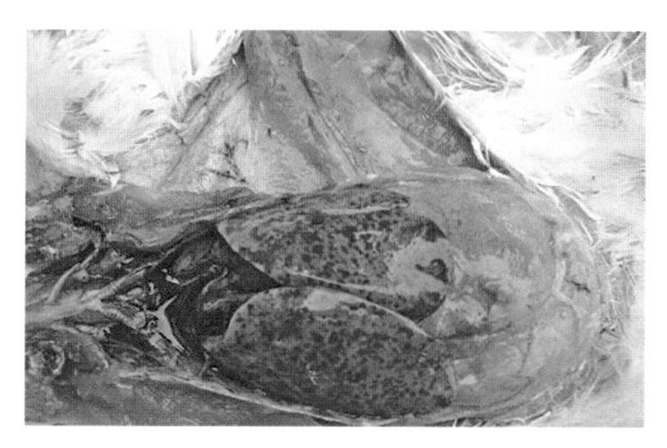

图2-160　鸡包涵体肝炎（一）
肝脏肿胀，呈点状或斑驳状出血，同时肝脏褪色

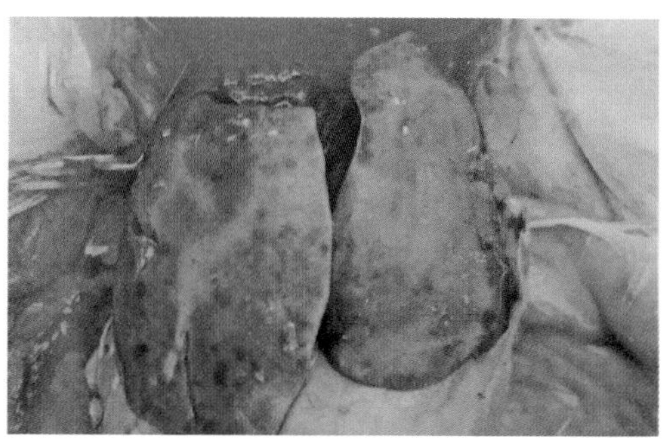

图2-161　鸡包涵体肝炎（二）
肝脏肿大，颜色发黄，被膜下有大小不一的出血斑

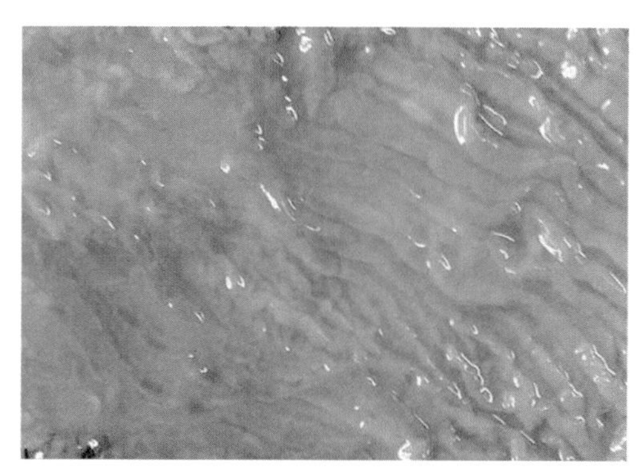

图2-162　鸡包涵体肝炎（三）
输卵管黏膜充血，有灰白色分泌物

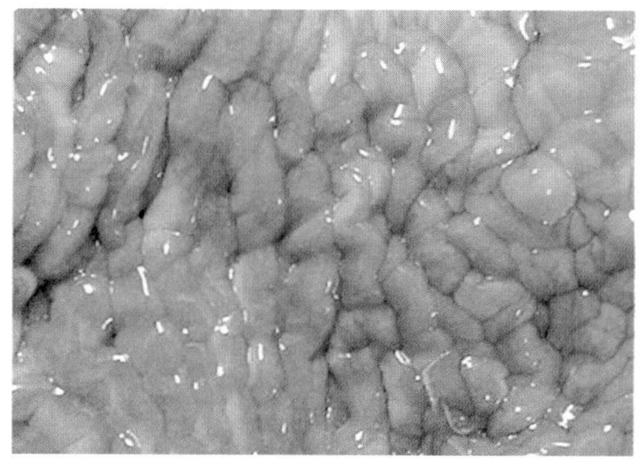

图2-163　鸡包涵体肝炎（四）
输卵管黏膜水肿，似众多的小水泡样

【防治措施】目前尚无有效疫苗和特殊有效的疗法。主要是加强饲养管理，适当添加抗生素及维生素，这有助于控制并发感染。由于传染性法氏囊病能加强腺病毒的致病性，因此要首先控制住传染性法氏囊病。

对于青年商品蛋鸡，在开产前后使用一段时间的维生素E和具有保肝作用的药物，对于生产性能的发挥与维持有很好的作用。

（二）产蛋下降综合征

产蛋下降综合征（EDS-76）是由腺病毒引起的产蛋鸡的一种特殊传染病。

主要表现产蛋急骤下降，蛋的质量变差。本病现已遍及世界各地，我国也有发生。

【流行病学】 EDS-76病毒是一种腺病毒，其抵抗力较强，病毒长期存在于子宫及输卵管上皮中。鸡、鸭、鹅均可感染，但是只有鸡发病，主要感染开产前后的母鸡。主要是垂直传播，但也有经消化道水平传播。感染后在开产前不发病，开产时因应激而使病毒活化而致病。

【临床症状】 突出的症状就是鸡群突然发生群体性产蛋下降，在几周内鸡群产蛋率可下降20%～50%。开始表现有色蛋的蛋壳色泽消失，蛋壳粗糙，接着产薄壳蛋、畸形蛋、软壳蛋或无壳蛋等可达15%～20%。病程一般1～3个月，病鸡没有其他症状，无死亡发生。自然情况下病毒对育成鸡并不致病，但外表健康的鸡群开产期有可能推迟。

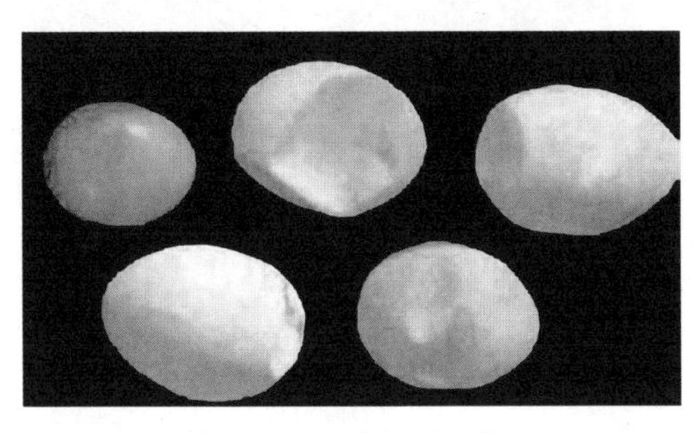

图2-164 产蛋下降综合征（一）
高产蛋鸡群突然出现产蛋量下降，畸形蛋显著增多，多为软壳 、白壳或无壳蛋

【病理变化】 本病缺乏特征性的肉眼病变，剖检可见生殖系统轻微炎症及其萎缩性变化，输卵管黏膜充血、水肿，有灰白色分泌物。个别鸡只卵巢发育停止和输卵管萎缩。病鸡产畸形蛋增多，蛋的品质变差（图2-164～图2-166）。

图2-165 产蛋下降综合征（二）
鸡群产蛋下降，畸形蛋增加，为软壳 、薄壳、砂壳或无壳蛋

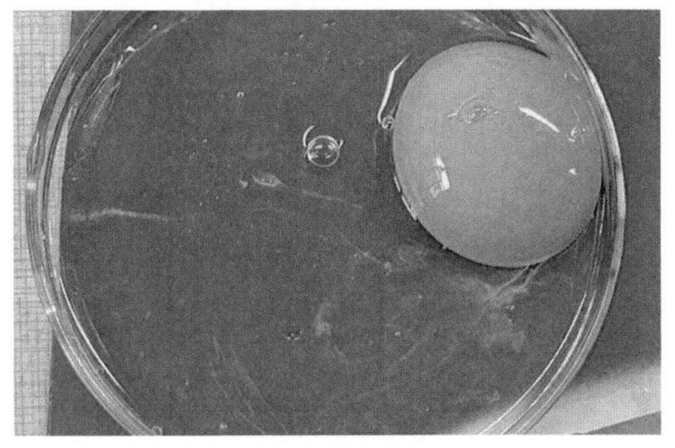

图2-166 产蛋下降综合征（三）
病鸡所产蛋的品质下降，蛋白稀薄如水

【防治措施】 本病无特效治疗方法，预防接种是防治本病的主要措施。主要在开产前3周使用灭活苗，多为三联苗（新-减-传），广泛使用的还有油乳剂活疫苗。

商品蛋鸡在120日龄左右时注射一次EDS-76油乳剂苗即可在整个产蛋期内维持对EDS-76的免疫力。在胸肌或股肌处注射0.5mL/只。种鸡可在35周龄时再接种一次，经两次免疫可使母鸡保持高水平的抗体。雏鸡也能获得高的母源抗体水平，以防止幼龄阶段感染EDS-76病毒。

由于EDS-76病毒可经蛋垂直传播感染雏鸡，雏鸡长至产蛋时出现排毒而污染全群，故应禁止从感染场引进种蛋或种雏。EDS-76病毒的水平传播也要引起高度重视，平时应加强环境卫生和对各种器具、人员、饮水的消毒。一旦发病，紧急接种油乳苗对缩短产蛋下降时间和尽快恢复具有积极作用。

十二、禽白血病

禽白血病（ALV）是禽类的一种病型很复杂的慢性、贫血性、增生性、淋巴性传染病。其特征是造血组织发生恶性的、无限制的增生，在全身的很多器官中产生肿瘤性病灶，死亡率很高，危害非常严重。本病是由白血病病毒引起的多种肿瘤，如淋巴细胞白血病、成红血细胞性白血病、成髓细胞性白血病和骨髓细胞瘤。其中以淋巴细胞白血病发生最为普遍。淋巴细胞白血病常发生在16周龄以上的鸡，公鸡比母鸡的发病率低，且随着日龄的增长，本病的发病率逐渐增加。

【临床症状及病理变化】本病根据发病部位的不同，症状及病理变化也有所差异。

（1）淋巴细胞白血病　病鸡表现精神沉郁，食欲不振，腹泻，逐渐消瘦。有些病鸡腹部膨大，鸡冠苍白、皱缩、偶见发绀。剖检可见肝脏肿大数倍，有结节型、果粒型或弥散型肿瘤。肝脏呈苍白色或灰黄色，有时有出血或坏死（图2-167～图2-171）。上述的肿瘤变化也可见于肾脏、卵巢、皮下、黏膜下、趾爪部、法氏囊、腺胃、胰脏、脾脏等器官和组织（图2-172～图2-181）。

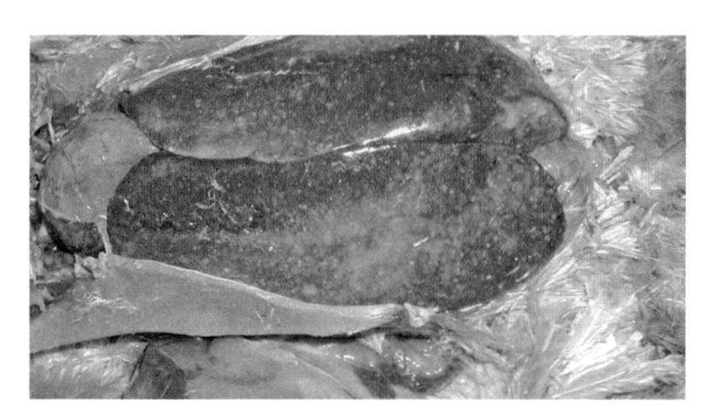

图2-167　鸡白血病（一）

肝脏严重肿大，所以本病又俗称为“大肝病”

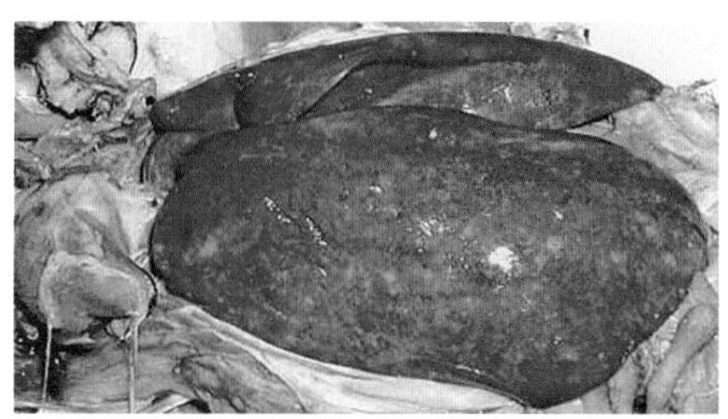

图2-168　鸡白血病（二）

肝脏增大数倍，一直延伸到耻骨，体外便可触摸到肿大的肝脏，故本病又称为“大肝病”

（2）骨髓细胞瘤　此型可见于头骨、肋骨、胸骨以及跗骨等处，有肿大增生（图2-182）。也可发生于软骨、骨表面及骨膜连接处，呈弥漫结节状。

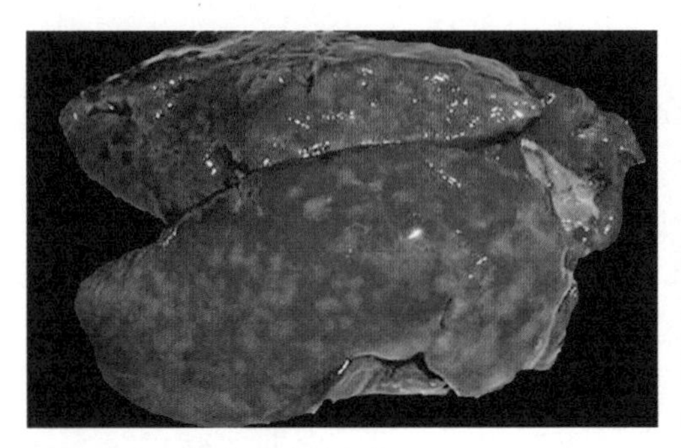

图2-169 鸡白血病（三）

肝脏肿胀，表面有弥散性肿瘤结节，甚至可因肿瘤增生而变形

图2-170 鸡白血病（四）

病鸡肝脏肿大，表面光滑，布满了大小不等的灰白色肿瘤结节

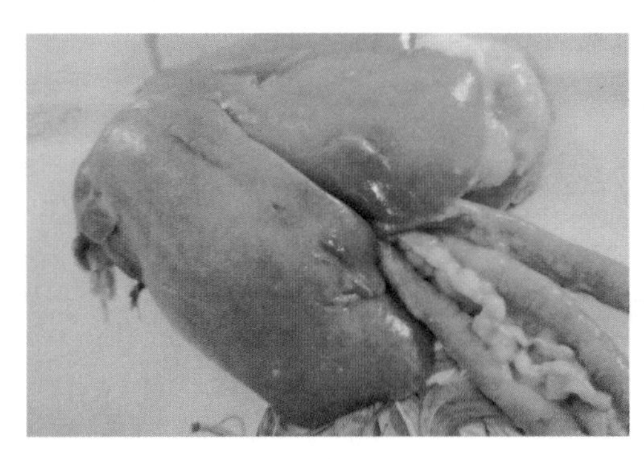

图2-171 鸡白血病（五）

肝脏表面可见大小不一的白色肿瘤结节；胰腺也布满肿瘤结节

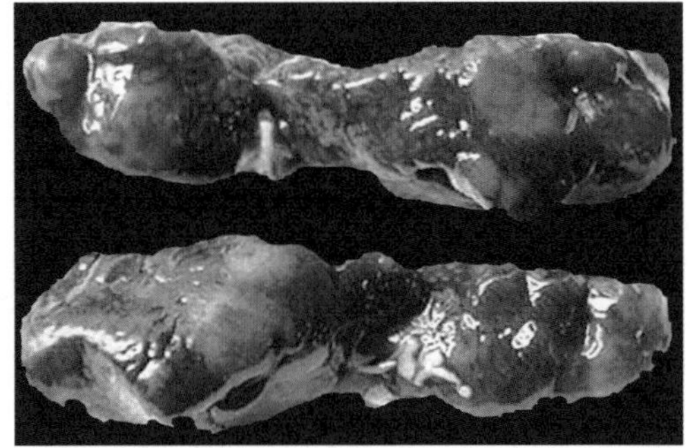

图2-172 鸡白血病（六）

肾脏可见灰白色肿瘤组织，呈肉样变

图2-173 鸡白血病（七）

卵巢包膜增厚，卵巢的卵泡变形，整个卵巢呈菜花样

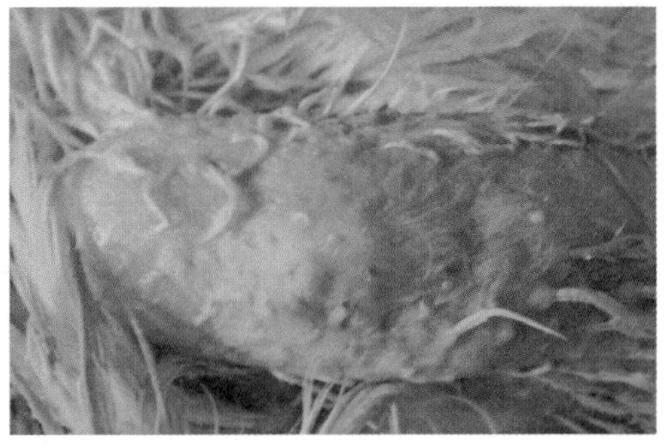

图2-174 鸡白血病（八）

病鸡颈部皮下的血管瘤

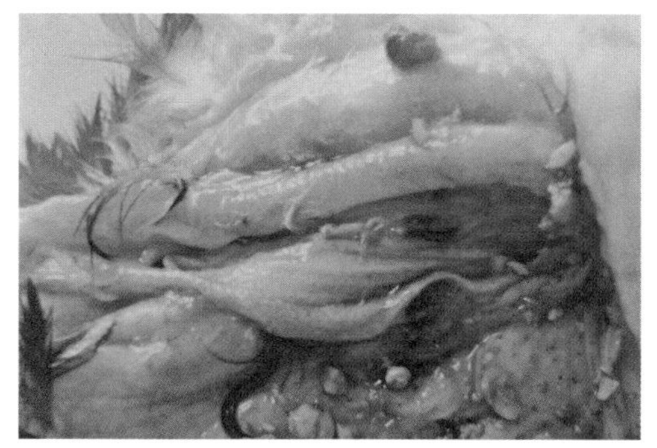

图2-175　鸡白血病（九）

病鸡食道黏膜下的血管瘤

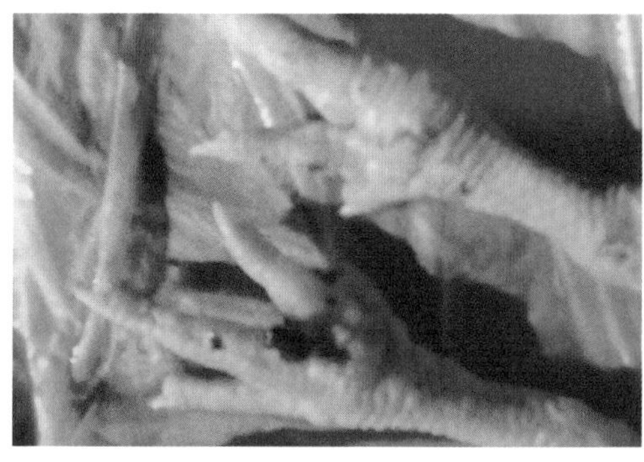

图2-176　鸡白血病（十）

病鸡趾爪部的血管瘤

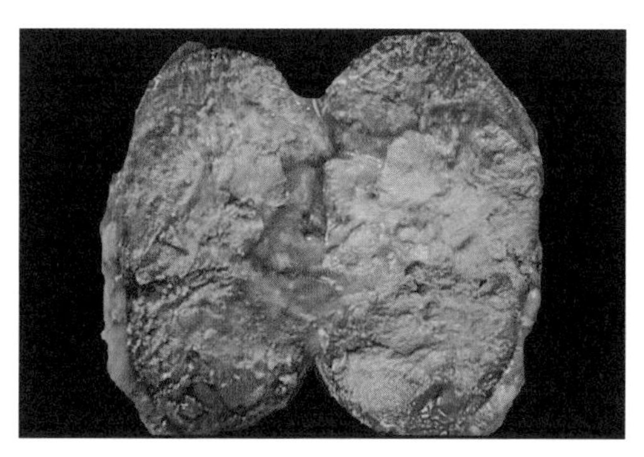

图2-177　鸡白血病（十一）

脾脏表面有弥漫性或结节性肿瘤增生，切面有干酪样坏死

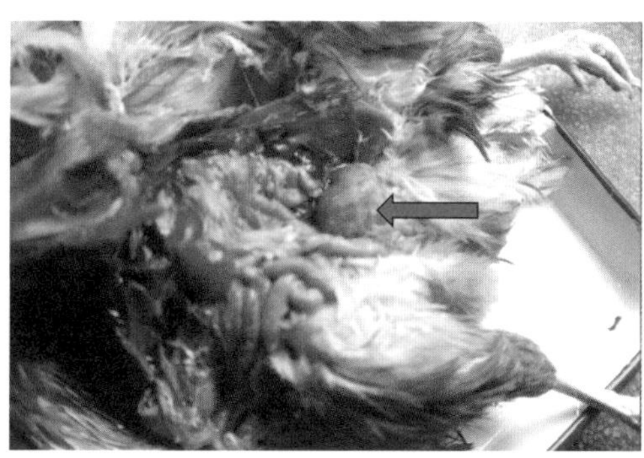

图2-178　鸡白血病（十二）

法氏囊严重肿大，有肿瘤性增生（箭头所指处），这也是本病的特征之一

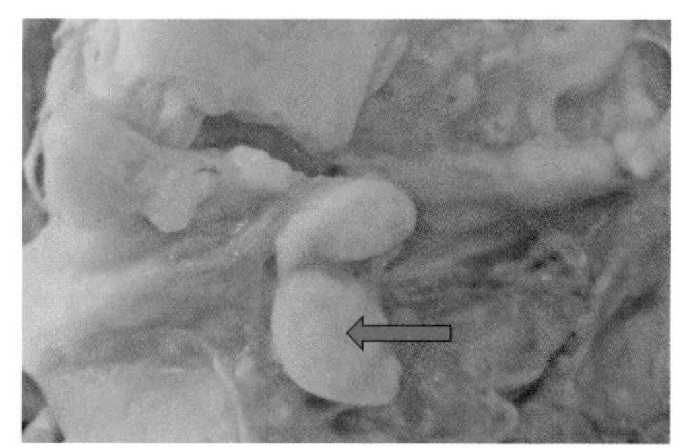

图2-179　鸡白血病（十三）

健康成年鸡的法氏囊在生理上已经萎缩或消失，但发病的鸡的法氏囊却肿大，切面呈乳白色（箭头所指处）

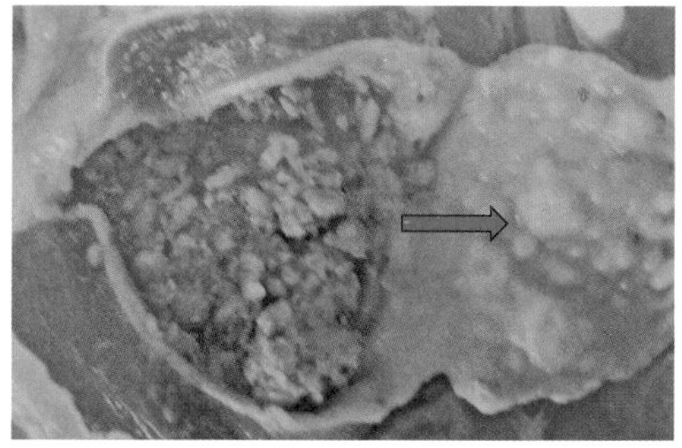

图2-180　鸡白血病（十四）

腺胃黏膜的肿瘤结节（箭头所指处）

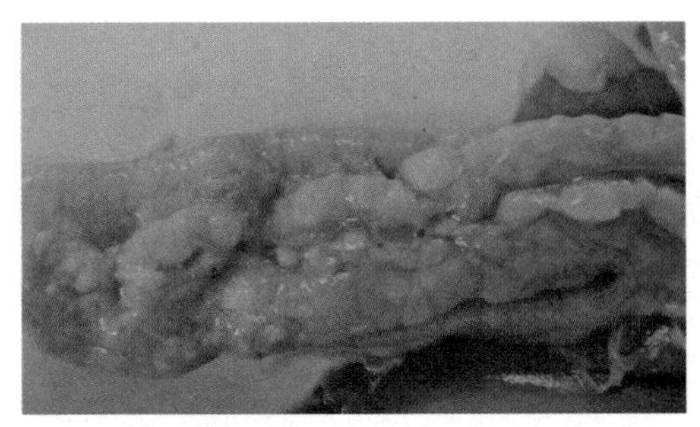

图2-181　鸡白血病（十五）

胰腺上的肿瘤结节

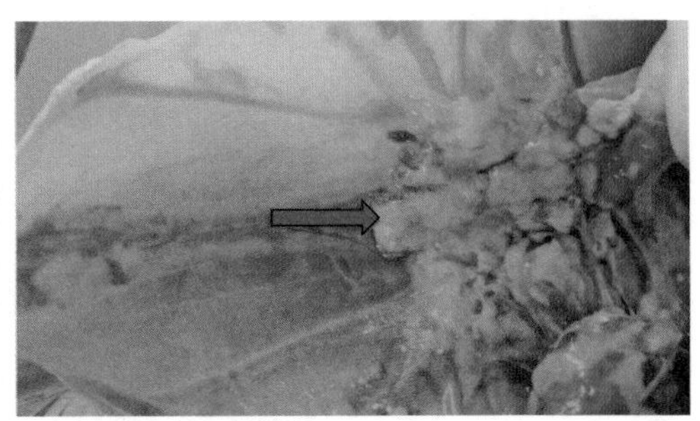

图2-182　鸡白血病（十六）

胸骨内侧骨髓细胞瘤（箭头所指处）

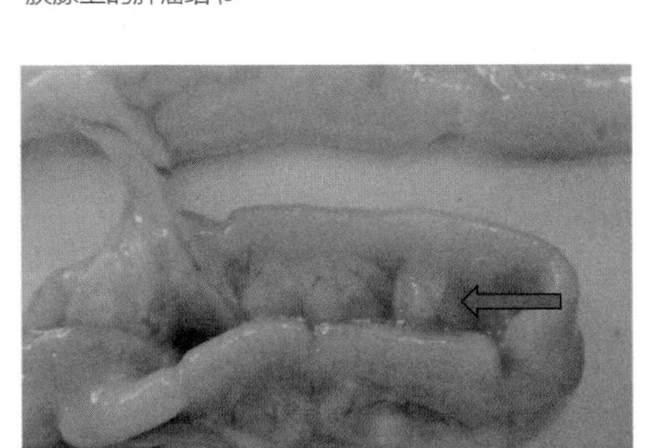

图2-183　鸡白血病（十七）

肠壁及肠系膜上的肿瘤结节（箭头所指方向）

（3）间皮瘤　病鸡食欲不振，消化不良，排黄白色稀屎。剖检在肠系膜、胃肠浆膜上形成大量米粒大至黄豆粒大的肿瘤结节（图2-183）。

（4）血管内皮瘤　在皮肤或内脏形成血泡，可单个或多个出现。瘤体破裂后，可导致流血不止，直至死亡。

（5）骨石化症　感染的骨骼通常为两侧胫骨、跗骨的骨干，表现为明显肿粗，呈“穿靴样”，随着病情的发展，会使趾爪坏死、脱落。

【防治措施】目前还无治疗方法，也没有合适的疫苗进行免疫预防，只有做好平时的防疫。

（1）注重鸡场的防疫消毒工作，防止水平传播和垂直传播。用不带病毒的母鸡产的种蛋去孵小鸡，以避免发生垂直传播。鸡场环境及鸡舍用具要定期消毒，对进出车辆、人员也要采取切实可行的方法进行消毒，这是最有效的预防办法。

（2）定期检查，发现病鸡随时淘汰，发现可疑鸡立即隔离观察。小鸡与成鸡要隔离饲养。因此病毒可随粪排出，所以病鸡和可疑鸡的粪便要堆沤，杀死病毒。

十三、鸡沙门氏菌病（白痢、伤寒、副伤寒）

鸡沙门氏菌病是由多种致病沙门氏菌所引起的一类鸡的急性或慢性传染病的总称。根据病原体的抗原结构不同可分为三种疾病：由鸡白痢沙门氏菌引起的称为鸡白痢；由鸡伤寒沙门氏菌引起的称为鸡伤寒；由其他沙门氏菌如带鞭毛、能运动的沙门氏菌所引起的禽类疾病则通称为禽副伤寒。

鸡沙门氏菌病普遍存在于集约化养鸡场，是重要的卵传播传染病之一。沙门氏菌不仅造成严重经济损失，而且其中的禽副伤寒还有重要的公共卫生意义。

（一）鸡白痢

鸡白痢（SP）是由鸡白痢沙门氏菌引起的传染病。一年四季均可发生，尤以冬、春出雏季节多见，主要侵害雏鸡。雏鸡以白痢为主要特征，并呈急性败血经过，全身感染，引起大批死亡；成年鸡多为慢性经过或隐性感染。

【流行病学】

① 传染源：病鸡和带毒鸡是主要传染源。成年鸡或为慢性经过，或为带菌鸡，成为最危险的传染源。

② 易感动物：鸡对本病具有易感染性，一般多发生于2～3周龄内的雏鸡，发病率和死亡率均很高。耐过本病的存活鸡中有相当部分仍保持感染状态。

③ 传播途径：经种蛋传染是本病最常见的传播方式。通过被病原菌污染的粪便、飞绒、羽毛、饲料、器具等通过消化道、呼吸道、眼结膜、泄殖腔在鸡群中水平传播。感染的母鸡有三分之一的蛋带菌。

④ 流行特点：本病的发病率、死亡率与鸡的年龄有关，死亡多限于2～3周龄以内的雏鸡。成年鸡的感染常局限于卵巢、卵子、输卵管和睾丸，呈慢性经过或隐性感染。鸡的发病率和死亡率受外界环境因素影响很多，如环境污染、卫生条件差、育雏室温度变化剧烈或温度偏低、潮湿、鸡群密度大、饲料营养成分不平衡或品质差，以及有其他疾病的混合感染等，均可导致本病发病率和死亡率增高。

【临床症状】病鸡下痢，发热，体温高至43～44℃。冠及肉髯苍白、皱缩，但有毒血症或败血症的严重病例则鸡冠和肉垂变黑。皮肤有时也变黑。

① 雏鸡白痢：孵出的鸡苗弱雏较多，脐部发炎，2～3日龄开始发病、死亡，4～7日龄为死亡高峰。雏鸡表现出不吃饲料，怕冷，身体蜷缩，闭目，打盹，毛松，挤堆，翅膀下垂，缩头，精神沉郁或昏睡。典型症状：排白色黏稠糊状或淡黄色、淡绿色糊状稀粪，呈白石灰状，糊肛，肛门有时被硬结的粪块封闭（图2-184）。排粪时发出“吱、吱”叫声。有的不见下痢症状，因肺炎病变而出现呼吸困难，伸颈张口呼吸。慢性者表现为绒毛松乱，闭眼昏睡，不愿走动，拥挤在一起。食欲减少，而后停食，多数呈现软嗉囊。耐过鸡生长缓慢，发育不良，羽毛不丰满，与同群健康雏相比体重相差悬殊，身体消瘦，腹部膨大。病雏有时还表现出关节炎、关节肿胀、跛行症状。幸存鸡成为带菌鸡。

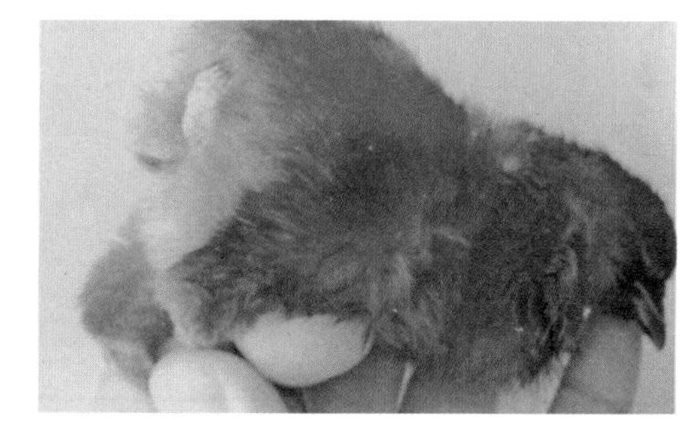

图2-184　鸡白痢（一）

6日龄雏鸡感染后的糊肛症状

图2-185　鸡白痢（二）

鸡群的产蛋率下降，蛋品质下降，可见薄壳蛋、白壳蛋，蛋的破损率增加

发病率30%～90%，4～7日龄达死亡高峰，病死率可达50%以上。2周后死亡渐少，逐渐平息。

② 育成鸡白痢：主要发生于40～80日龄的鸡。病鸡多为病雏未彻底治愈而转为慢性，或育雏期感染所致。鸡群中不断出现精神不振、食欲差的鸡和下痢的鸡。病鸡常突然死亡，死亡持续不断，可延续20～30d。

③ 成年鸡白痢：成年鸡往往多数为无症状感染。少数感染严重的病鸡表现精神萎靡，冠肿大，消瘦、贫血、腹水、减产、拉稀，排黄绿色或蛋清样稀便。感染较重的鸡群，蛋壳质量差，畸形蛋，产蛋率、受精率和孵化率均处于低水平（图2-185）。有的鸡有跛行（关节炎），腹膜炎，腹部膨大而呈"垂腹"现象。鸡的死淘率明显高于正常鸡群。

【病理变化】剖检可见肝脏和脾脏肿大、脆弱，可有灰白色坏死点，肝又常呈古铜色（图2-186）。肾脏暗红充血或苍白贫血，常出现腹膜炎变化。产蛋鸡可见卵巢萎缩，卵泡变性，病鸡停止产蛋。肠炎通常以小肠上段最严重。一部分病鸡还有关节炎病变（图2-187）。

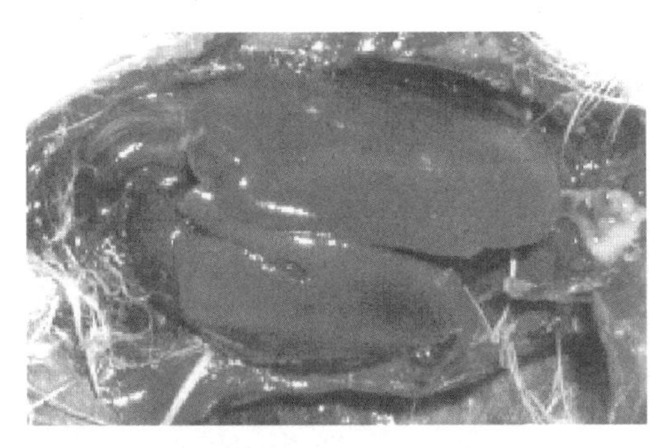

图2-186　鸡白痢（三）

病鸡肝脏肿大，肝呈绿棕色或古铜色，这是本病的一种具有特征性的病变

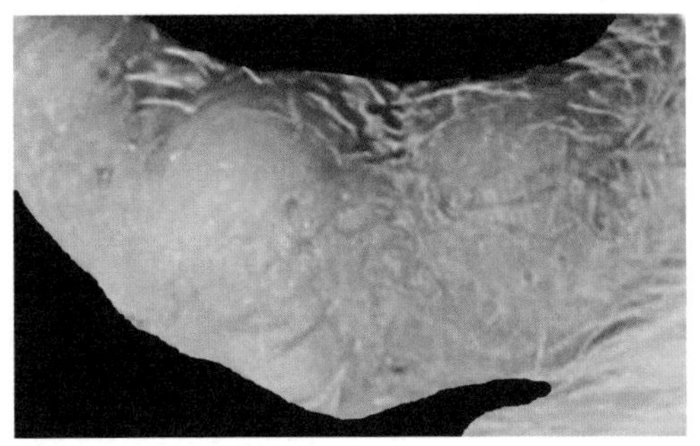

图2-187　鸡白痢（四）

引起关节炎时，关节可因肿胀而变形

① 雏鸡：病死鸡由于脱水而眼睛下陷，脚趾干枯。肝肿大、充血，并有条纹状出血。较大的雏鸡的肝脏可见许多黄白色小坏死点（图2-188～图2-192）。肾脏有肿胀病变（图2-193）。卵黄吸收不良，呈黄绿色，未吸收的卵黄干枯呈棕黄色奶酪样（图2-194～图2-196）。肺有黄白色大小不等的坏死灶（白痢结节）。盲肠膨大，肠内有奶酪样凝结物。输尿管因充满尿酸盐而明显扩张。泄殖腔积有白

色糊状粪便。病程较长时，在肌胃、肠管等部位可见隆起的白色白痢结节。

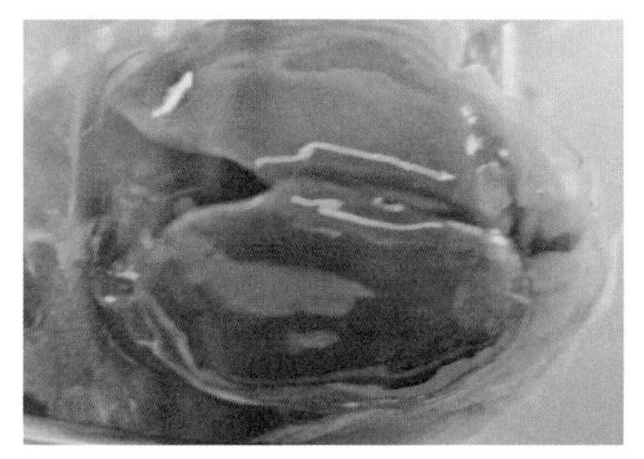

图2-188 鸡白痢（五）

剖检5日龄雏鸡，可见肝脏严重肿大，呈铜绿色

图2-189 鸡白痢（六）

6日龄雏鸡的肝脏坏死结节

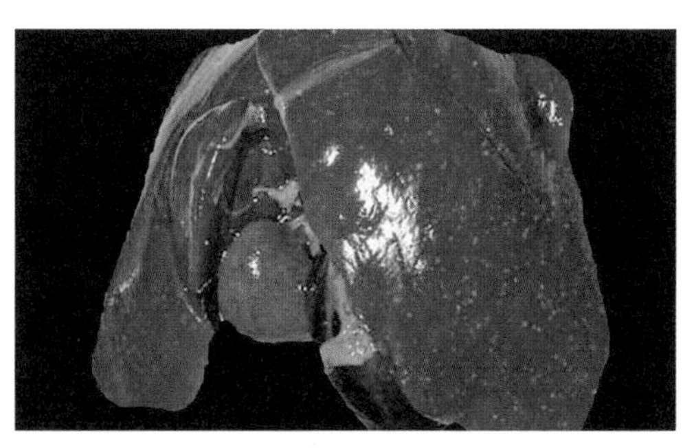

图2-190 鸡白痢（七）

雏鸡肝脏表面有大量的灰白色坏死点

图2-191 鸡白痢（八）

病程长的，肝脏出血、淤血，有小米粒样灰白色坏死灶

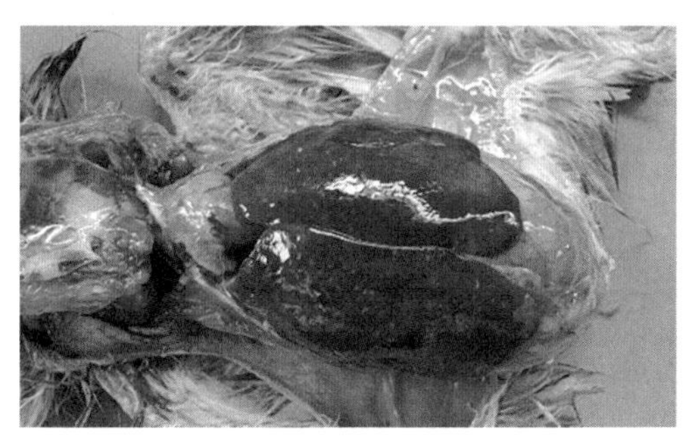

图2-192 鸡白痢（九）

雏鸡白痢病程长的，肝脏肿大，有点状出血，有小米粒大小的灰白色坏死灶

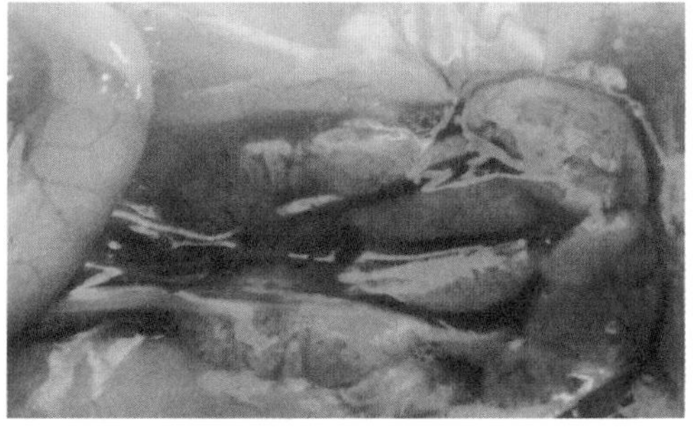

图2-193 鸡白痢（十）

6日龄雏鸡的肾脏肿胀变化

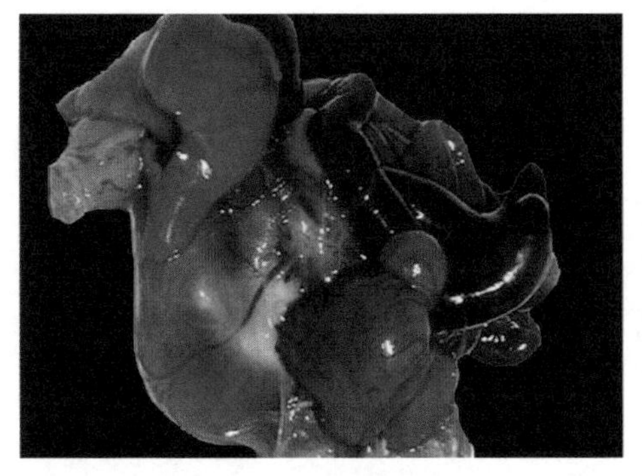

图2-194　鸡白痢（十一）

雏鸡的卵黄吸收不良，呈灰绿色

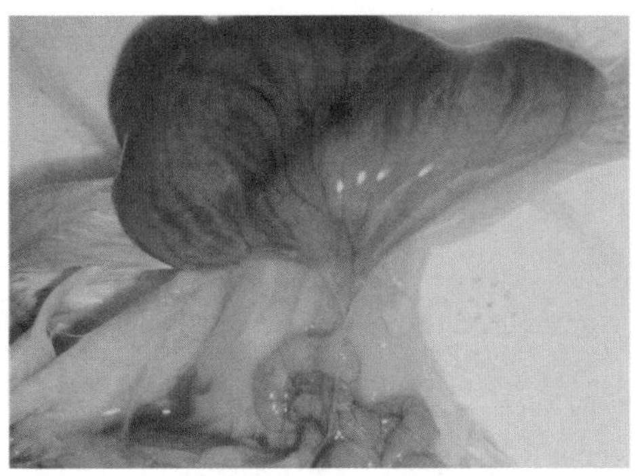

图2-195　鸡白痢（十二）

雏鸡的卵黄吸收不良，颜色变绿

② 育成鸡：肝脏显著肿大，质脆易碎，被膜下散在或密布出血点，或有灰白色坏死灶，往往呈铜绿色（图2-197、图2-198）。脾脏肿大，质脆易碎，胆囊充盈（图2-199）。心脏可见肿瘤样黄白色白痢结节，严重时可见心脏变形（图2-200）。白痢结节也可见于肌胃和肠管，肠管内有干酪样物质（图2-201）。

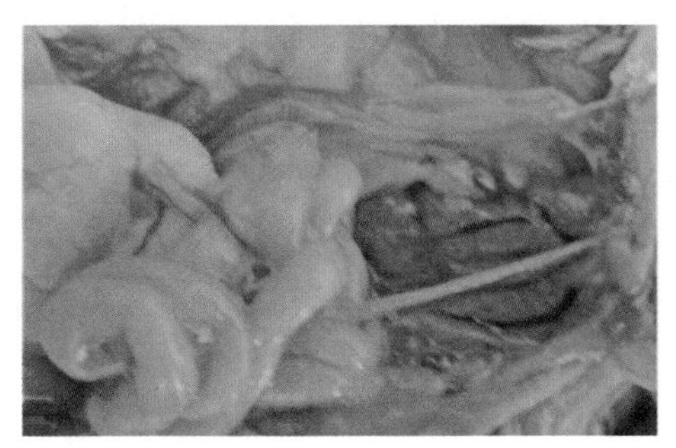

图2-196　鸡白痢（十三）

6日龄雏鸡的卵黄吸收不良；肾脏肿胀，轻度花斑变化

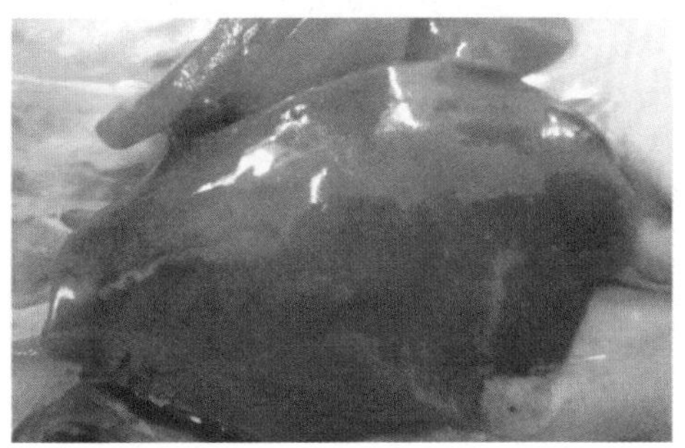

图2-197　鸡白痢（十四）

青年鸡的肝脏肿大，呈现铜绿色，肝脏的边缘梗死

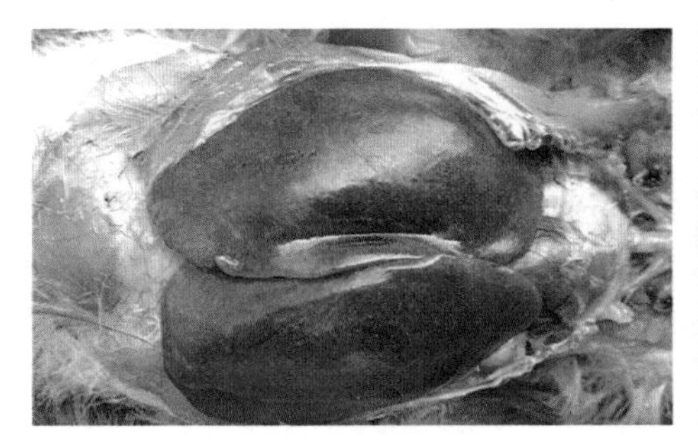

图2-198　鸡白痢（十五）

青年鸡的肝脏肿大，呈暗红色或土黄色，表面密布小出血点和灰白色坏死灶

图2-199　鸡白痢（十六）

脾脏肿胀、出血、坏死，胆囊肿大充盈

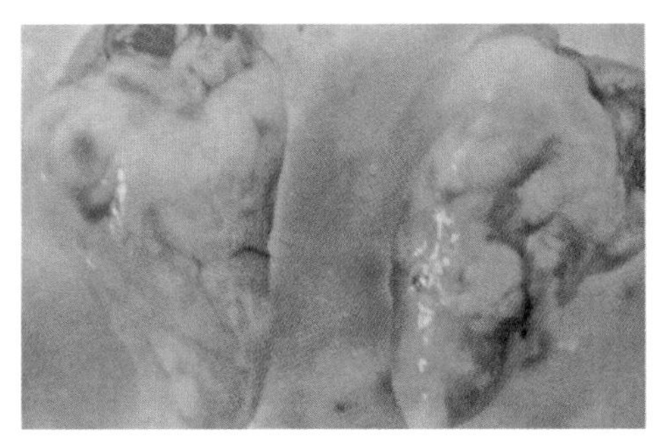

图2-200　鸡白痢（十七）

心脏有坏死结节，状似桑葚样

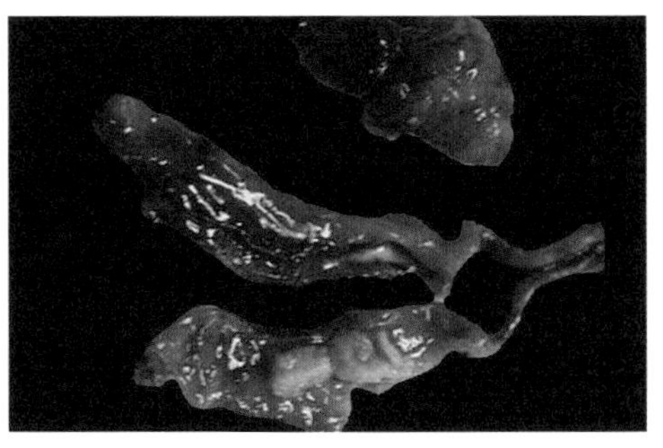

图2-201　鸡白痢（十八）

盲肠肿大，内有干酪样凝结物（图的下侧所示）

③ 成年鸡：病鸡一般表现卵巢炎、卵黄性腹膜炎、腹水、卵泡变性或肝破裂、心包炎。可见卵泡萎缩、变形、变色，呈三角形、梨形、不规则形，颜色呈黄绿色、灰色、灰黄色、灰黑色等异常色彩。有的卵泡内容物呈水样、油状或干酪样（图2-202～图2-204）。由于卵巢的变化与输卵管炎的影响，常形成卵黄性腹膜炎，输卵管阻塞，或输卵管膨大，内有凝卵样物（图2-205）。心脏有坏死灶，坏死结节（图2-206、图2-207）。病公鸡睾丸发炎，睾丸萎缩变硬、变小。

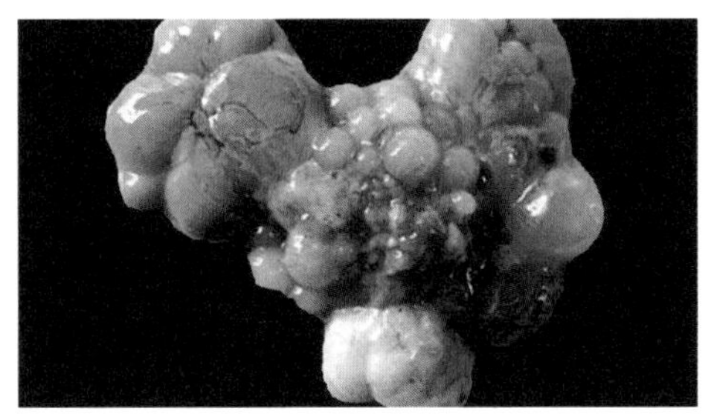

图2-202　鸡白痢（十九）

卵泡萎缩、变形，呈土黄色

图2-203　鸡白痢（二十）

卵巢变形、变色，卵泡萎缩、变形，呈土黄色

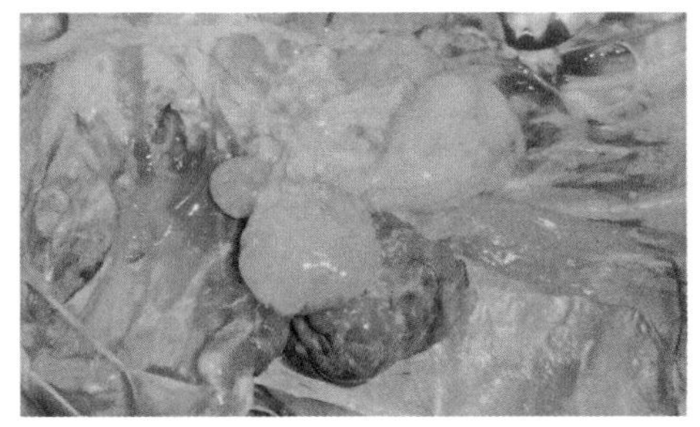

图2-204　鸡白痢（二十一）

产蛋鸡的卵泡变形、坏死，类似于菜花样，颜色变为灰绿色

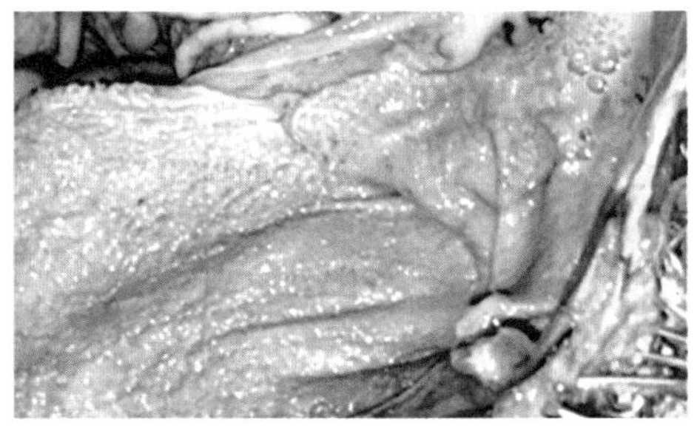

图2-205　鸡白痢（二十二）

输卵管炎，黏膜坏死，有灰白色分泌物

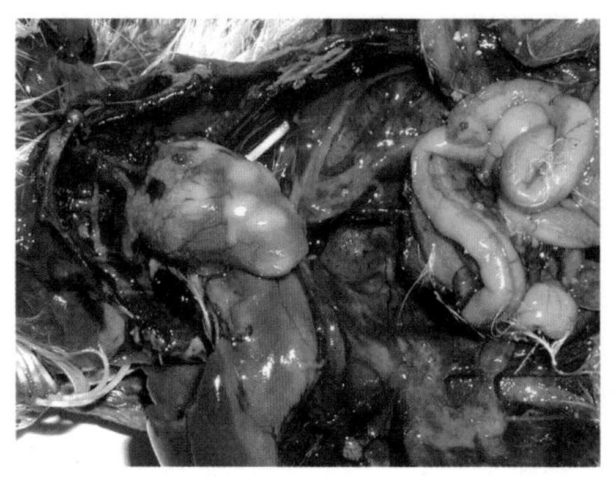

图2-206 鸡白痢（二十三）

心脏有白色隆起的坏死灶

图2-207 鸡白痢（二十四）

雏鸡的心脏有坏死结节；肝脏肿大，有针尖大黄白色坏死灶

【鉴别诊断】鸡白痢的所有症状和病变都不是该病所特有的，因此要注意与鸡伤寒、鸡副伤寒、鸡大肠杆菌病、曲霉菌病等相区别。

与曲霉菌病的鉴别：曲霉菌病以7～20日龄雏鸡多发，呼吸道症状最为突出，张口伸颈，呼吸困难并有神经症状。剖检变化以气管、肺和气囊出现灰白色粟粒状小结节为主，有时可见到蓝绿色霉菌菌丝，用制霉菌素治疗有效，这一点有别于鸡白痢。

【防治措施】鸡白痢在放养的鸡群中发病率很高，因为放养鸡场育雏条件较差，温度忽高忽低，均易诱发本病的发生。

（1）预防　本病目前仍无菌苗可用，主要是加强饲养管理，注意药物预防，防止引种传入，采取全进全出的饲养方式，从鸡白痢净化的种鸡场购进雏鸡。淘汰带菌鸡，检测和淘汰阳性鸡，每隔2～4周检疫一次，直至连续2次检疫均为阴性为止。

（2）治疗　药物治疗可选用磺胺类、呋喃类和氨基糖苷类抗生素如庆大霉素及四环素类抗生素如土霉素均有一定疗效，但最好做药敏试验。药物治疗急性病例可以减少鸡死亡，但愈后鸡仍带菌，仅有短期经济意义。

① 育雏舍及所有用具在使用前要进行彻底清洗消毒：对2周龄以下的雏鸡预防投药，如1～5日龄，每升饮水添加庆大霉素8万单位；6～10日龄，在饲料中添加氟哌酸100mg/kg；11日龄起，在每千克饲料中添加土霉素2g，连用3～4d。

② 加强对雏鸡的饲养管理：在本病流行地区，育雏时可在饲料中交替添加0.04%的痢特灵、0.005%氟哌酸进行预防。

③ 用大蒜汁拌料饲喂，以作预防：大蒜捣碎加水10～20倍，每只鸡每次用0.5～1.0mL，每天4次，连喂3d。

④ 中药方剂：花椒15g，蜂蜜30g，大黄、甘草各6g，加水200mL，煎汁至

100mL和面粉做成小丸，每只小鸡每天喂3次，每次1～3丸。也可煎汁两次，浓缩汁为30mL，每只鸡服3～5滴，或稀释3倍自饮。

⑤ 链霉素饮水：第1～2天用0.03%链霉素加入饮水器中让鸡自行饮用；第3～4天改用0.02%的链霉素饮水，全天满足。

（二）鸡伤寒

鸡伤寒是由鸡伤寒沙门氏菌引起鸡等家禽的一种败血症，呈急性或慢性经过，常为散发。主要侵害鸡和火鸡。本病呈世界性分布，由该病造成的损失很严重。死亡率可达10%～50%或更高。

【流行特点】 鸡伤寒主要发生于鸡，最易感的是成年鸡及3周龄以上的青年鸡，3周龄以下的鸡偶尔可发病。火鸡、鹌鹑等也可自然感染。鸭、鹅和鸽等均有抵抗力。感染鸡是持续存在本病和散播此病最重要的来源。传播途径主要是经蛋传播，野鸟和其他动物如鼠是重要的机械散播者。

【临床症状】 本病多发于3月龄以上的鸡只。根据发病情况可分为急性、慢性两种类型。

（1）急性型　病鸡先是出现精神萎靡，离群独居，不愿活动。继而头和翅膀下垂，鸡冠和肉髯苍白（图2-208），羽毛松乱，食欲废绝，口渴增加，体温升高至43～44℃。病鸡排出黄绿色的稀粪。病程2～10d，一般为5d左右，有些病鸡常在发病后2d即很快死亡。

图2-208　鸡伤寒（一）

病鸡的渴欲增加，鸡冠、可视黏膜苍白

（2）慢性型　有些病鸡能拖延数周之久，死亡率较低，大部分能够恢复，变成带菌鸡。雏鸡的症状为精神不振，嗜睡，虚弱，食欲下降，生长不良，排白色稀粪，肛门周围粘有白色粪便，症状与鸡白痢相似。成年鸡精神委顿，羽毛松乱，鸡冠萎缩、苍白，腹泻，粪便黄绿色。种蛋污染重时，死胚和死雏明显增多。当肺部受到侵害时，即呈现呼吸困难和喘气症状。感染后2～3d内体温升高，感染4d后可发生死亡。

【病理变化】

（1）急性型　急性型鸡伤寒的特征性病理变化是肝、肾和脾发生明显肿大、充血、变红。

（2）慢性型　肿大的肝脏变成淡绿棕色或古铜色，肝脏表面有大量针尖大小的白色坏死灶或结节（图2-209～图2-212）。脾脏肿胀、出血、坏死（图2-213、图2-214）。心包炎，心肌散布灰白色的小灰点。胆囊肿大扩张，充满浓厚胆汁。

母鸡的卵泡发生出血、变形和变色，常由于卵泡破裂内引起腹膜炎（图2-215）。肠道有轻重不等的卡他性肠炎，有坏死性出血灶，内容物很黏稠（图2-216、图2-217）。

图2-209　鸡伤寒（二）

肝脏肿胀，呈黑褐色，表面散布灰白色坏死点

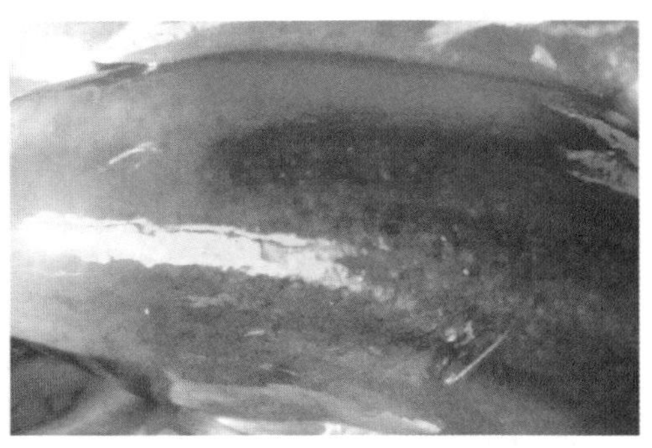

图2-210　鸡伤寒（三）

成年蛋鸡的肝脏肿大，呈铜绿色，上面布满黄白色粟粒大小的坏死灶

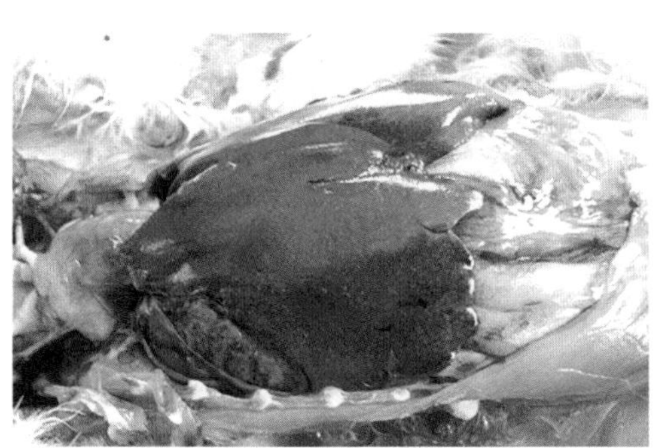

图2-211　鸡伤寒（四）

病鸡的肝脏呈铜绿色，有白色坏死灶

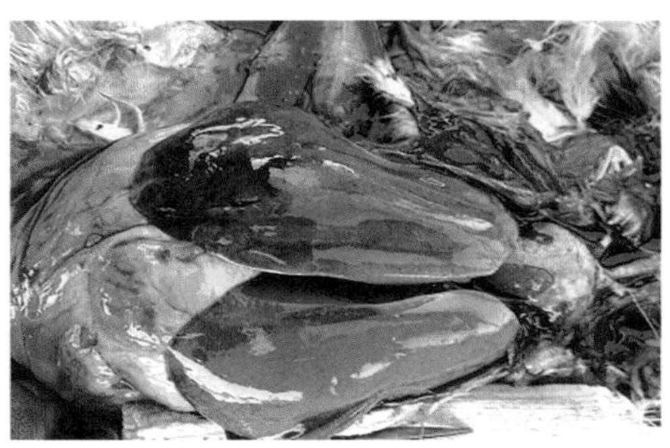

图2-212　鸡伤寒（五）

病鸡的肝脏呈铜绿色

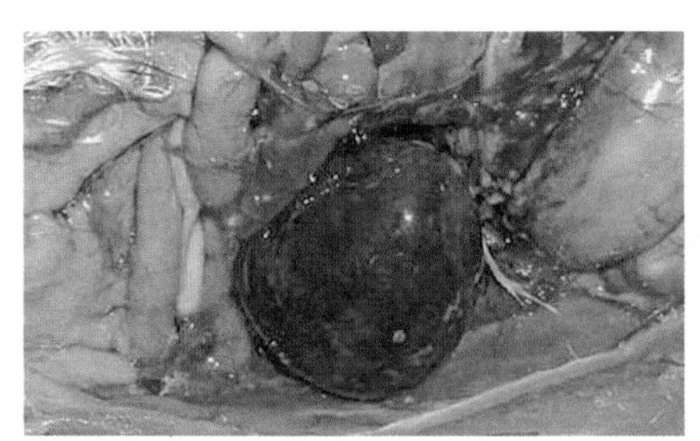

图2-213　鸡伤寒（六）

脾脏高度肿胀，出血、坏死

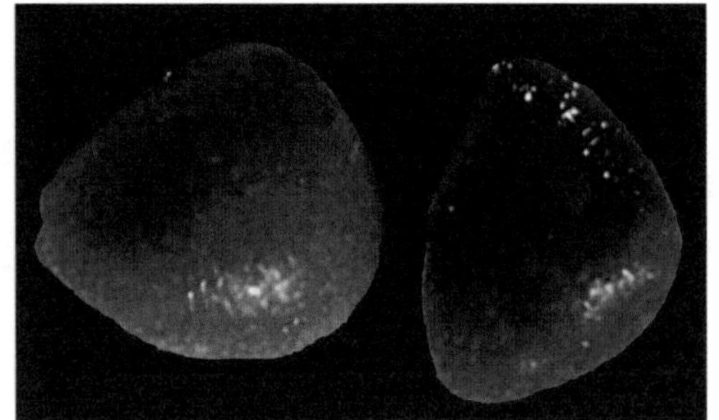

图2-214　鸡伤寒（七）

脾脏肿大、坏死，呈斑驳状

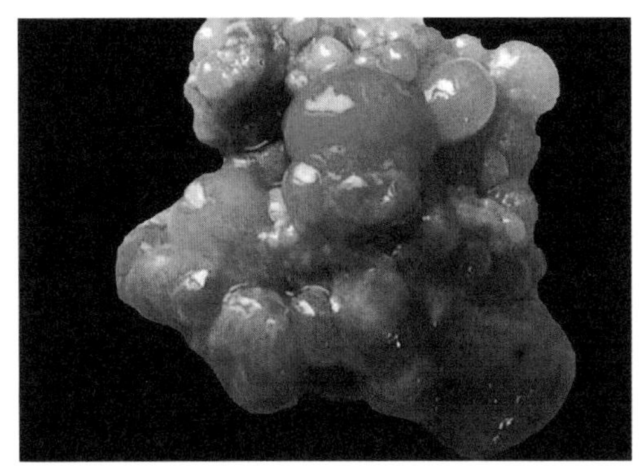

图2-215　鸡伤寒（八）

产蛋母鸡的卵泡变形、变色

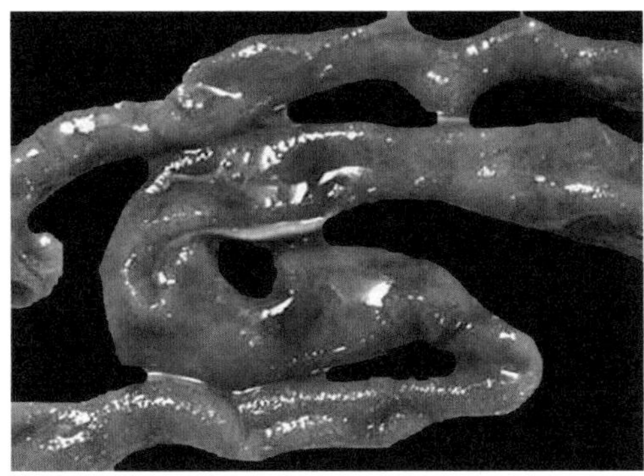

图2-216　鸡伤寒（九）

肠道黏膜卡他性、出血性炎症

【防治措施】

（1）预防措施　在鸡伤寒易发日龄应添加磺胺类、呋喃类等药物进行药物预防。常用药物有氟哌酸或吡哌酸。

（2）治疗措施　可选择性使用以下药物。

① 磺胺类药物中以磺胺嘧啶及磺胺二甲基嘧啶最为有效。在饲料中按0.5%的浓度拌料，连喂5 ~10d，可以降低雏鸡病死率。

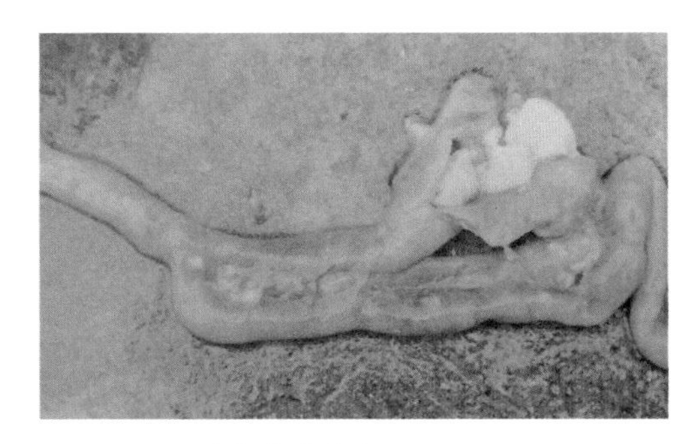

图2-217　鸡伤寒（十）

盲肠内有白色干酪样的栓子

② 用0.04%浓度的痢特灵拌料饲喂。

③ 抗生素可用土霉素拌料饲喂，注意不能超量使用，以防中毒。

④ 病情严重的，用环丙沙星饮服2d，可以加强疗效。

⑤ 中草药方剂：白头翁50g，黄柏、秦皮、大青叶、白芍各20g，乌梅15g，黄连10g共研细末，混入饲料中喂给，治疗鸡伤寒有较好的效果。连续用药7d，前3天按每只鸡每天1.5g，后4天每天1g。

（三）禽副伤寒

禽副伤寒是由致病性沙门氏菌引起的禽类疾病。本病不仅可以造成幼禽大批死亡，而且难以根除。资料表明，很多人类沙门氏菌感染都与禽肉和禽蛋中带有副伤寒沙门氏菌有关。因此，在公共卫生上也有重要意义。

【流行特点】本病能感染多种家禽和野禽，以鸡和火鸡最常见，常在孵出后2周之内感染发病，6~10d达最高峰，病死率10% ~20%。死亡主要见于雏鸡，以出壳后2周内最常见，1月龄以上的家禽有较强的抵抗力，很少死亡。成年鸡往

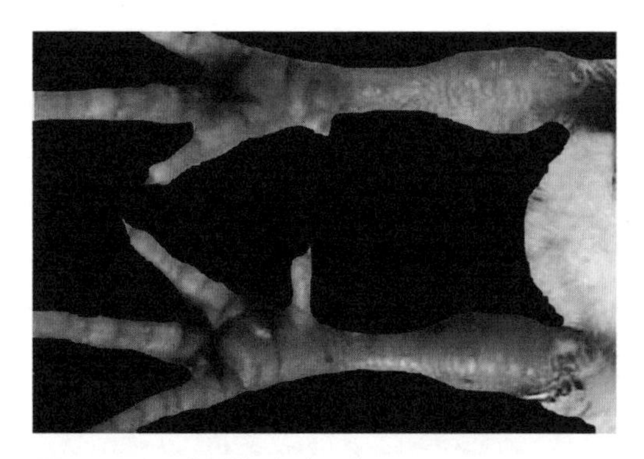

图2-218　禽副伤寒（一）

跗关节和趾关节红肿（6日龄雏鸡）

往不表现临床症状，成为无症状的带菌者。

传播途径主要经卵传播，此外，饲料、鼠类、野鸟和其他媒介，如昆虫和外寄生物也可以传播。

【临床特征】雏鸡主要表现为嗜睡呆立，垂头闭眼，双翼下垂，羽毛松乱，厌食，饮水增加，水泻样下痢，粪便附着于肛门周围，眼流泪，在靠近热源处拥挤在一起。幼鸡还常有眼盲和结膜炎症状。病雏鸡还有关节肿胀，关节炎病变（图2-218）。成年鸡一般为隐性感染，不表现外部症状。

雏鸡急性爆发时往往在孵化器就有死亡，这通常是经蛋传播或早期孵化器感染所致。有很大一部分啄开或未啄开的蛋中就含有死胚，或出壳后最初几天发生死亡，可不显症状。

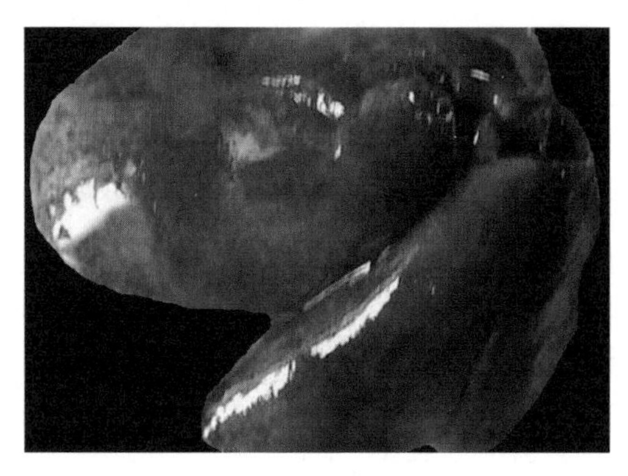

图2-219　禽副伤寒（二）

肝脏表面有暗红色与黄白色的条纹及针尖状出血点

【病理变化】急性死亡的雏鸡病变不明显。病程稍长时可见消瘦，脱水，卵黄凝固。肝、脾淤血，并伴有条纹状出血或针尖大灰白色坏死点（图2-219～图2-222）。胆囊扩张并充满

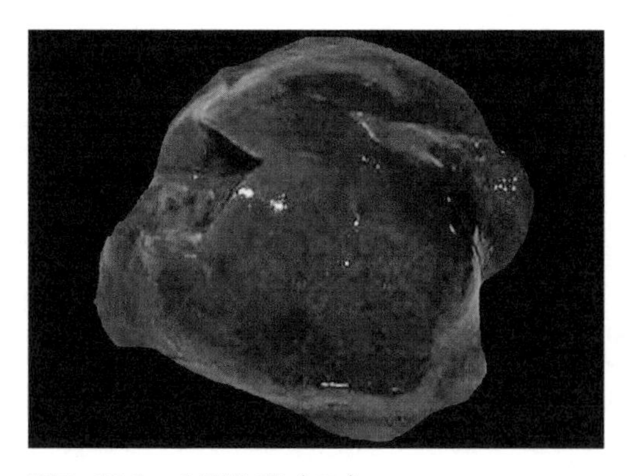

图2-220　禽副伤寒（三）

肝肿胀、淤血、出血，有白色坏死灶

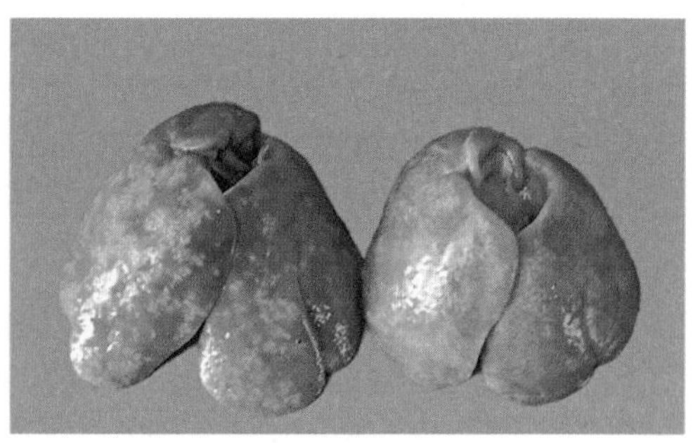

图2-221　禽副伤寒（四）

病鸡肝脏有雪花样坏死灶

胆汁。肾脏出血、淤血。肺出血。心包炎（图2-223）。小肠（尤其十二指肠）出血性炎症。盲肠膨大，内含有黄白色干酪样物质。成年鸡一般为慢性，身体消瘦，肠道坏死溃疡，肝、脾和肾肿大，心脏有结节。

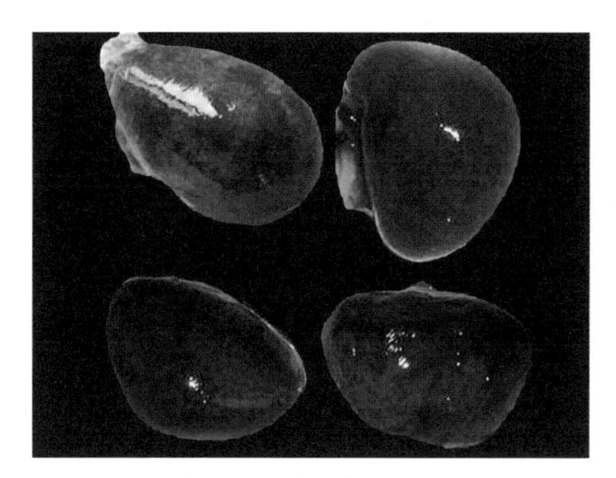

图2-222　禽副伤寒（五）
脾肿大，有出血、淤血

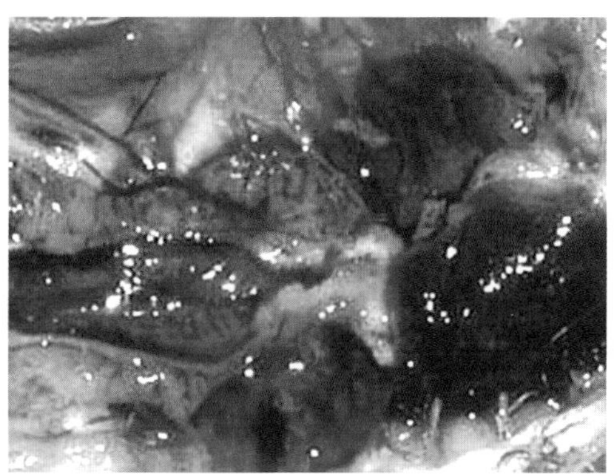

图2-223　禽副伤寒（六）
7日龄雏鸡肾出血、肺出血

【防治措施】

（1）预防　鸡沙门氏菌病目前尚无有效的免疫方法，且目前该病菌已对好多药物产生了耐药性。因此，应采取综合措施，才能达到控制和净化该病的目的。

① 种鸡群应进行白痢净化，同时进行环境和鸡舍定期消毒。

② 要注意通风，降低饲养密度，减少应激。

③ 勤清理粪便、水槽，在饲料内加入适当抗菌药物，也是防止发生感染本病的有效措施。

本病的控制难点：一是病原体血清型很多，疫苗在本病防制中的作用受到限制；二是有多种传染来源和传播途径；三是药物治疗可以减少发病和死亡，但治愈后家禽仍可长期带菌。

（2）治疗　可选择最有效的药物进行治疗。较常用的药物有以下几种：盐酸诺氟沙星、卡那霉素、环丙沙星、氧氟沙星等，按照说明书使用。

【公共卫生】家禽可以从包括饲料、种禽、啮齿动物、野禽和其他媒介的各种来源感染致病性沙门氏菌，致病沙门氏菌也可传染给人，造成食物中毒。

人发病的潜伏期一般为7～24h。常表现为突然发病，体温升高，头痛，寒战，恶心，呕吐，腹痛和严重的腹泻。

十四、鸡大肠杆菌病

鸡大肠杆菌病是由致病性大肠杆菌（*E.Coil*）引起的，是鸡的一种急性或慢性的细菌性传染病。其临诊表现形式十分复杂，是近年来危害养鸡业的重要疾病之一。当前危害最严重的是急性败血型，其次为卵黄性腹膜炎、输卵管炎，再次有气囊炎、心包炎、肠炎、脐带炎、全眼球炎和大肠杆菌性肉芽肿等病型。由于常和支原体病（霉形体病）合并感染，又常继发于其他传染病（如新城疫、禽流感、传染性支气管炎、巴氏杆菌病等），使得本病的治疗十分困难。

【流行病学】大肠杆菌在自然环境中普遍存在。正常鸡体内有10%～15%的大肠杆菌是潜在的致病型。该菌在种蛋表面、蛋内及孵化过程中的胚胎中分离率较高。各种年龄的鸡、鸭均可感染。因饲养管理水平、环境卫生条件、防治措施不同，本病的发病率和死亡率有较大差异。雏鸡、雏鸭多呈急性败血症经过。成年鸡、鸭则以亚急性和慢性感染为主。

（1）发病日龄　大小鸡均可感染，幼雏和中雏发病较多。通常以1月龄前后的幼鸡发病为多。成年鸡特别是产蛋鸡发生本病，可引起零星死亡，产蛋下降。

（2）传染源　病鸡及带菌鸡主要经粪便排菌。大肠杆菌为消化道主要菌群，大多为非致病性的，也有少数致病性的，当有条件时，即为致病性的，另外也可由外源性感染引起。

（3）传播途径　主要经消化道、呼吸道、种蛋（鸡胚）感染，皮肤黏膜创伤也可感染，还可以通过交配等途径感染。

（4）发病诱因　饲料品质不良，饲管不善，冷热刺激，卫生及空气质量差，消毒不彻底，密度过大，其他疾病如鸡新城疫、传染性法氏囊病、球虫病等，均能促使本病发生。当细菌污染周围环境、垫料、饮水、饲料等，且鸡只的抵抗力下降时，细菌会侵害鸡体，导致大肠杆菌病的爆发。

（5）流行特点　无季节性，一年四季均可流行，但以潮湿闷热多雨季节多发。鸡舍通风不良、卫生条件差和饲养密度过大等均是引起本病的主要诱因。

【临床症状及病理变化】病鸡体温多在42～43℃以上。精神萎靡，采食减少或不食，离群呆立。鸡冠、肉髯呈青紫色，眼虹膜呈灰白色，视力减退或失明，羽毛松乱。发病初期拉白色稀粪，后期拉黄绿稀粪，污秽腥臭，肛门周围羽毛粘有绿色或黄白色稀粪（图2-224）。常常蹲伏不能站立或跛行，关节肿大。后期卧地不起，闭目昏迷。多数病鸡腹部膨大，腹腔积有腹水，触摸有明显的波动感。一般经3～5d虚脱死亡。

图2-224　大肠杆菌病（一）

18日龄肉仔鸡感染后的呼吸困难，排出白色稀便

根据发病日龄和侵害部位不同，则有不同的表现形式。

（1）卵黄囊炎和脐炎　表现为腹部膨大，脐孔不闭合，脐孔周围皮肤呈褐色，排绿色或灰白色水样粪便，有刺激性恶臭，多在出壳后2～3d内发生败血症死亡，死亡率可达10%～12%（图2-225）。耐过鸡则卵黄吸收不良，生长发育受阻，因卵黄吸收不良和并发脐炎，活过4d的鸡也可发生心包炎（图2-226）。

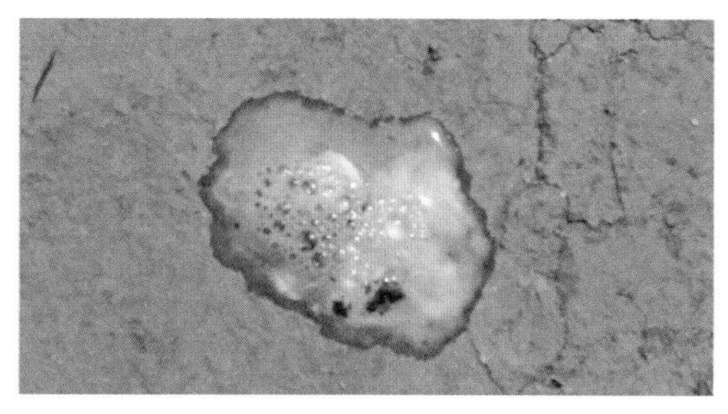

图2-225　大肠杆菌病（卵黄囊炎和脐炎）（一）

病鸡排出黄白色或绿色稀粪

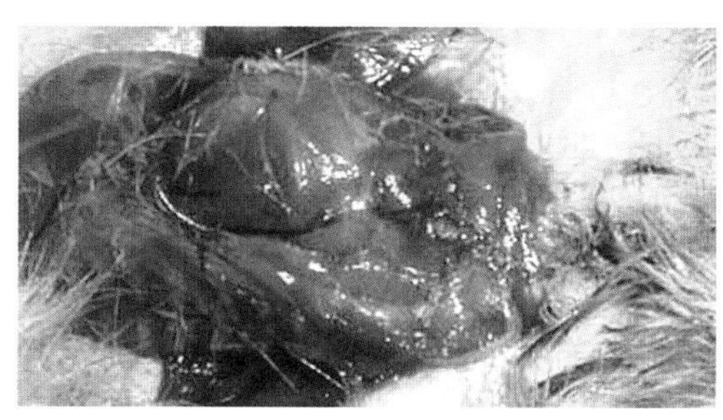

图2-226　大肠杆菌病（卵黄囊炎和脐炎）（二）

雏鸡于病的早期死亡，脐孔闭合不全

（2）呼吸道感染（气囊炎）　多发生于2～12周龄的鸡，尤以4～9周龄鸡最易感。主要表现为气囊增厚，表面和囊内有干酪样渗出物（图2-227～图2-230）。也可继发心包炎和肝周炎，常见心包膜增厚和心包腔内有多量纤维素性渗出物（图2-231）。肝被膜上有纤维素性假膜附着。本型死亡率可达8%～10%。

图2-227　大肠杆菌病（气囊炎）（一）

致病性大肠杆菌引发的气囊炎，使得青年鸡输卵管感染，在输卵管内形成积脓或干酪样栓塞

图2-228　大肠杆菌病（气囊炎）（二）

致病性大肠杆菌引发的气囊炎，逐渐形成肝周心包炎

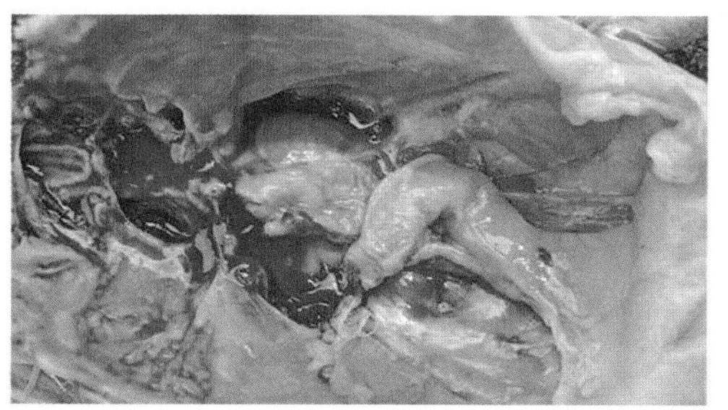

图2-229　大肠杆菌病（气囊炎）（三）

气囊中有黄色干酪样物质

图2-230　大肠杆菌病（气囊炎）（四）

剖检见到的气囊壁增厚病变

（3）急性败血症　可发生于任何年龄的鸡，一般是成年鸡多发，呈急性全身性感染。表现为精神萎靡，排绿色或白色稀粪，眼睑肿胀，眼球发炎，在短期内死亡（图2-232）。以肝脏肿大呈深黑色或绿色以及胸部肌肉充血为特征，有时肝脏有灰白色坏死点。本病在严重应激的条件下死亡率很高，可达50%。剖检一般呈败血症变化。病程稍长的病例可见浆液性纤维素性心包炎、纤维素性肝周炎及腹膜炎病变，有时肝脏呈铜绿色，肝实质内有白色坏死灶（图2-233～图2-243）。肾脏肿大、充血。

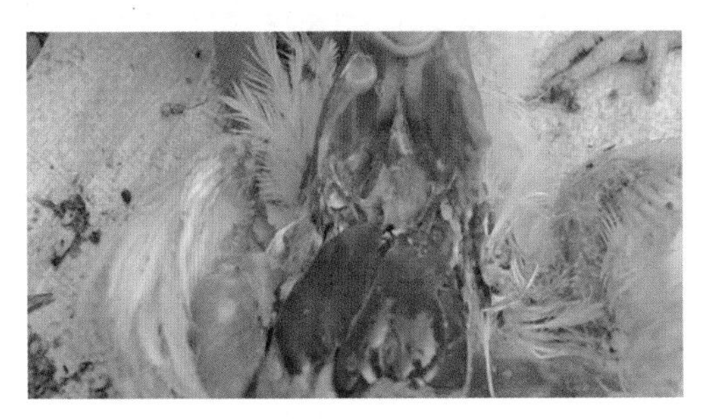

图2-231　大肠杆菌病（气囊炎）（五）

病鸡的心包炎、前胸气囊炎病变

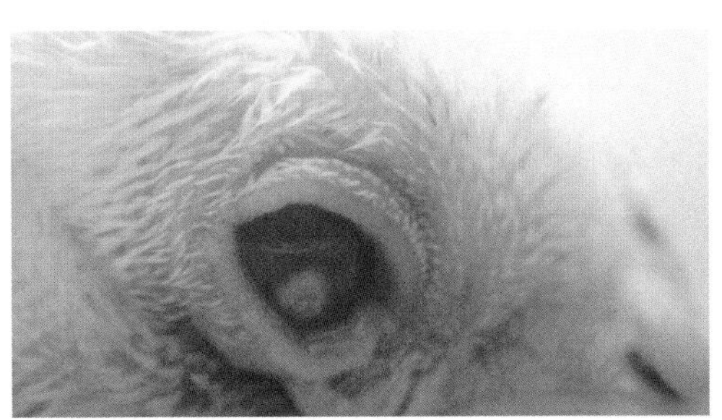

图2-232　大肠杆菌病（败血型）（一）

早期眼睑肿胀、流泪、畏光；进而眼房水混浊、积脓，角膜混浊，再发展为全眼球炎

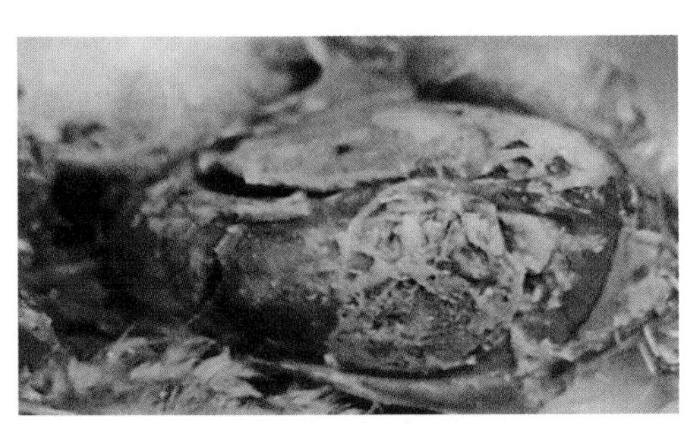

图2-233　大肠杆菌病（败血型）（二）

肝脏表面被覆大量灰白色纤维素性渗出物

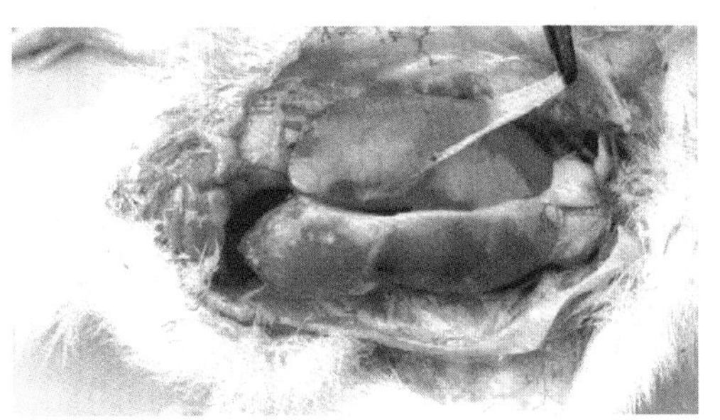

图2-234　大肠杆菌病（败血型）（三）

肝脏表面的纤维素性假膜

图2-235　大肠杆菌病（败血型）（四）

肝脏表面有大量黄白色的纤维素性渗出物

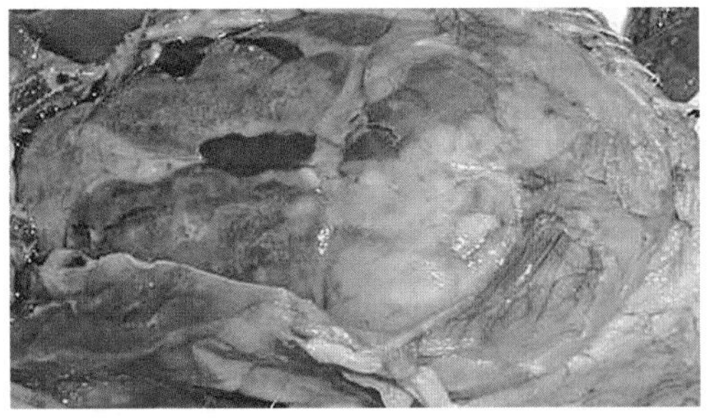

图2-236　大肠杆菌病（败血型）（五）

肝脏肿胀、淤血，肝周炎

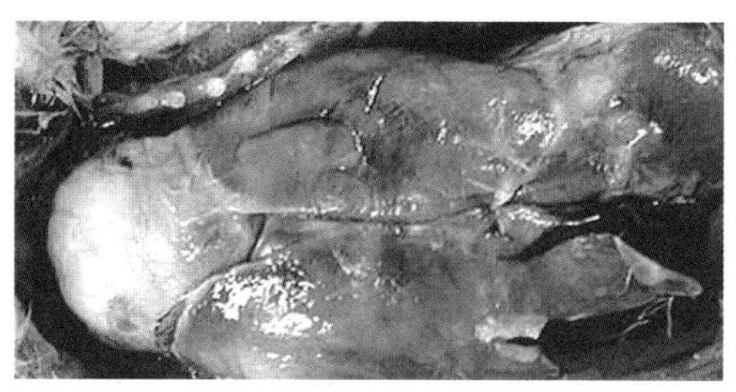

图2-237　大肠杆菌病（败血型）（六）

肝脏呈深棕色，有严重纤维素性心包炎、肝周炎

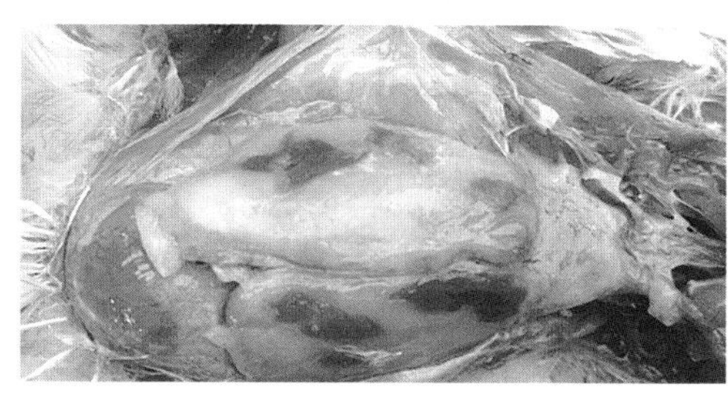

图2-238　大肠杆菌病（败血型）（七）

纤维素性心包炎和肝周炎，肝脏呈棕红色

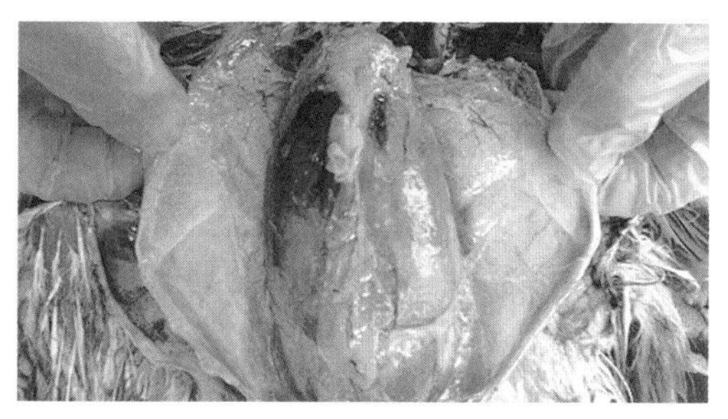

图2-239　大肠杆菌病（败血型）（八）

病鸡发生纤维素性心包炎和肝周炎的病变，肝脏呈黑红色

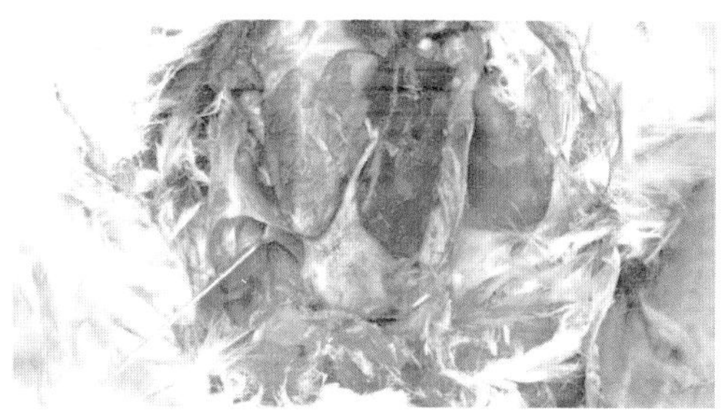

图2-240　大肠杆菌病（败血型）（九）

肝脏和心脏表面有纤维素性渗出物

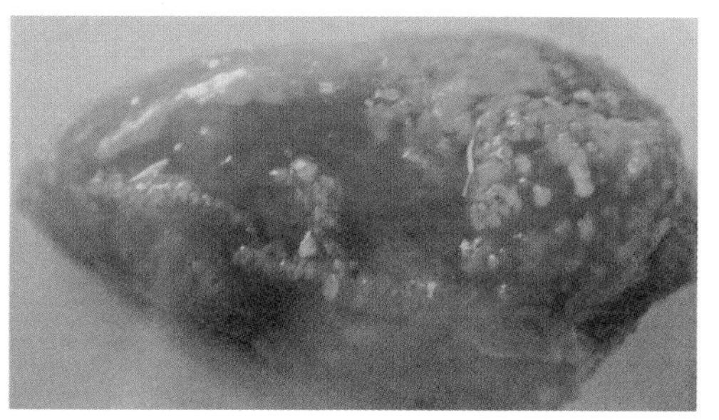

图2-241　大肠杆菌病（败血型）（十）

心包炎所导致的“绒毛心”

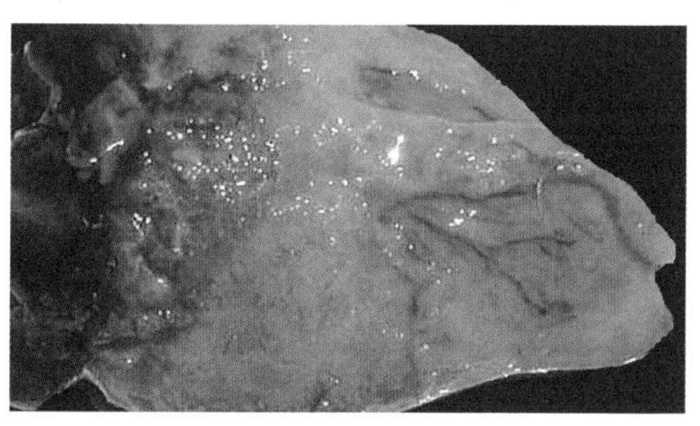

图2-242　大肠杆菌病（败血型）（十一）

大肠杆菌感染导致的纤维素性心包炎

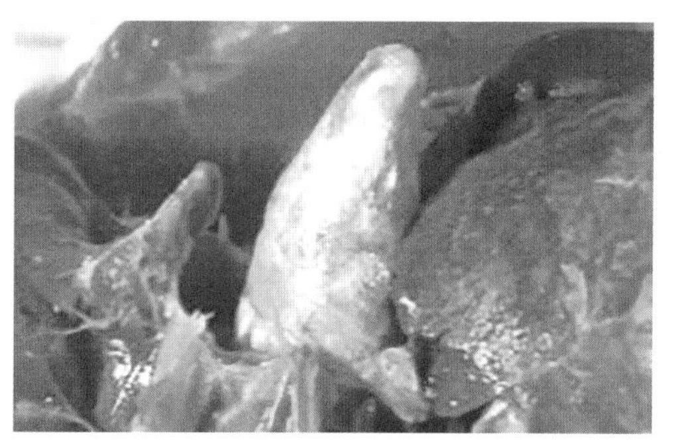

图2-243　大肠杆菌病（败血型）（十二）

大肠杆菌感染造成的心脏的心包膜增厚、混浊，有干酪样渗出物覆盖

（4）输卵管炎　病鸡拉稀，排出白色恶臭稀粪（图2-244）。输卵管扩张，黏膜发炎，上有针尖状出血，内有干酪样纤维素性渗出物沉积（图2-245～图2-248）。感染鸡不产蛋。

图2-244　大肠杆菌病（输卵管炎）（一）

产蛋鸡输卵管炎，排出黄白色恶臭稀便

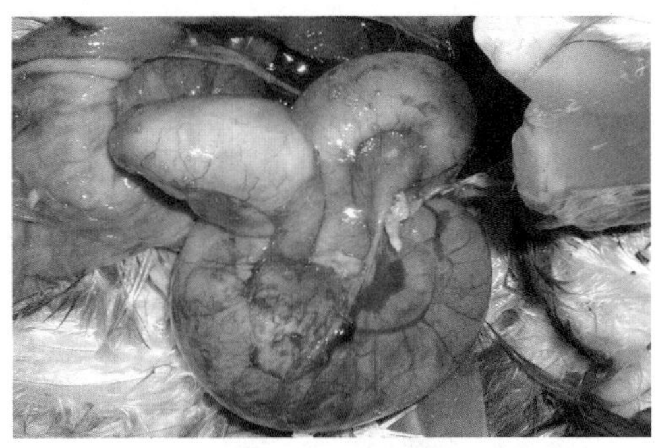

图2-245　大肠杆菌病（输卵管炎）（二）

成年产蛋母鸡输卵管明显膨大

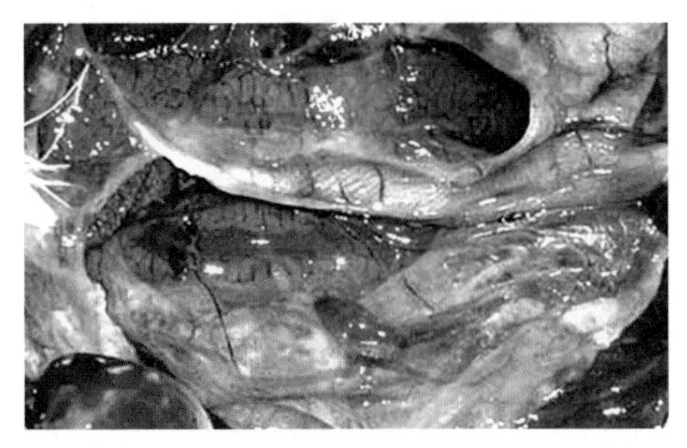

图2-246　大肠杆菌病（输卵管炎）（三）

幼龄鸡的输卵管膨大，内有灰白色干酪样渗出物

图2-247　大肠杆菌病（输卵管炎）（四）

输卵管膨大变粗，内有大量干酪样渗出物

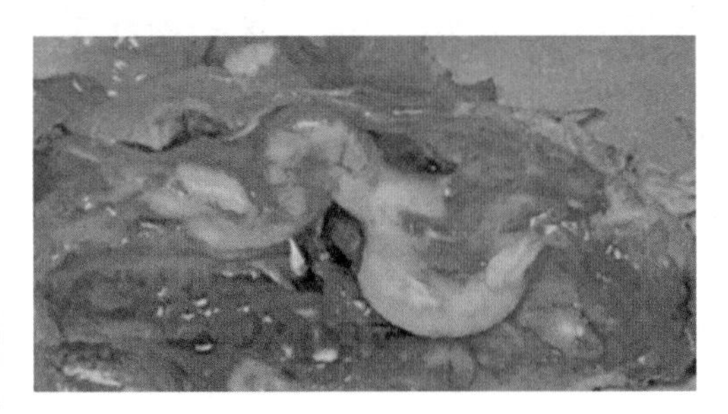

图2-248　大肠杆菌病（输卵管炎）（五）

输卵管肿大变粗，内积有黄白色干酪样渗出物

（5）腹膜炎　主要发生于产蛋母鸡，发生散发性突然死亡。患病母鸡表现为产蛋停止，排出含蛋清、凝固蛋白或蛋黄样稀粪，气味恶臭。多数病死鸡在打开腹腔时可见多量啤酒样腹水溢出，量可为400～500mL或以上。有些鸡不能将卵落入输卵管伞部，从而掉入腹腔，掉入几小时内卵黄被吸收，大肠杆菌随之逆入腹腔，即发生严重的腹膜炎。输卵管内有黄色纤维素性渗出物。当波及卵巢时，可见较大卵泡、卵黄液化或煮熟样，较小卵泡有变形、变色、变质变化。剖检可见腹腔中充满淡黄色腥

臭的液体和破坏了的卵黄以及淡黄色的纤维素性渗出物。肠壁相互粘连，卵黄皱缩变成灰褐色或酱紫色（图2-249～图2-252）。

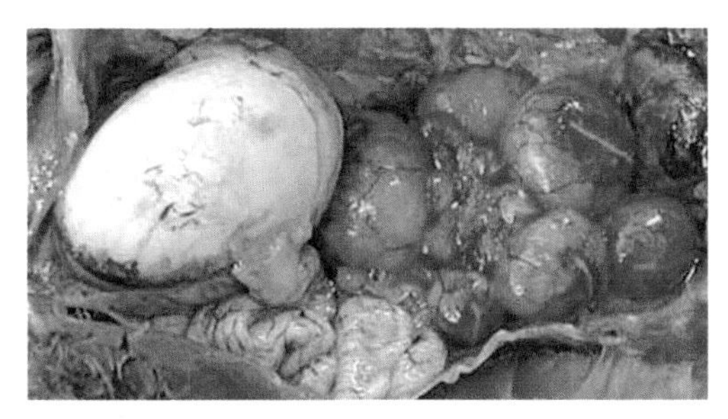

图2-249　大肠杆菌病（腹膜炎）（一）

卵巢感染发炎，卵泡变形

图2-250　大肠杆菌病（腹膜炎）（二）

成年蛋鸡由于应激而退回到腹腔的软壳蛋

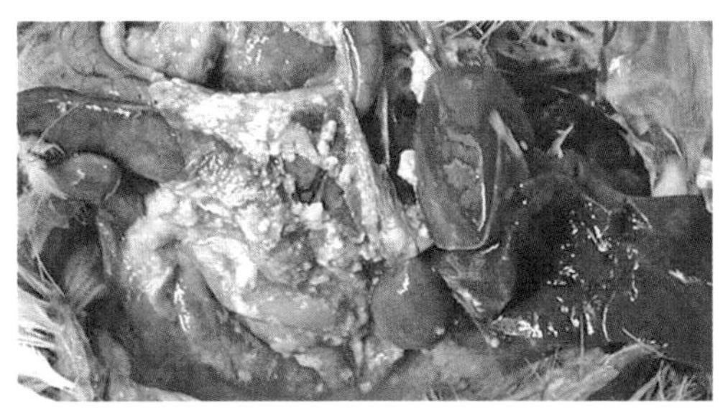

图2-251　大肠杆菌病（腹膜炎）（三）

病鸡腹腔内有白色干酪样渗出物

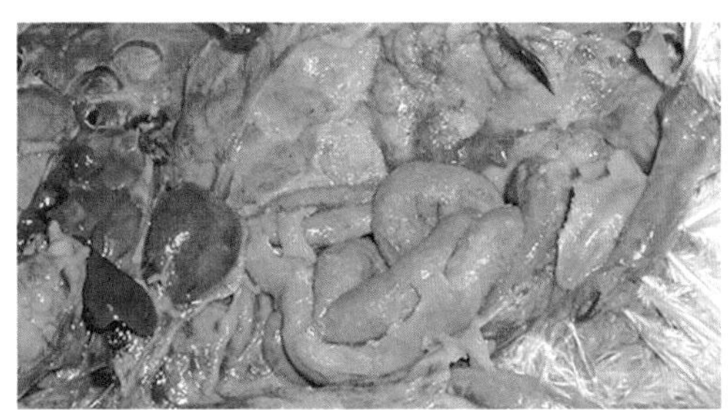

图2-252　大肠杆菌病（腹膜炎）（四）

卵泡破裂，腹腔内充满卵黄液，并引起腹膜炎，导致肠粘连，后期卵黄凝固

（6）肿头综合征　以患病鸡的面部、眼眶出现水肿为特征（图2-253）。

（7）全眼球炎　鸡舍内空气中大肠杆菌密度过高时可感染幼鸡引起眼球炎。表现为眼睑封闭，外观肿大，眼内蓄积多量脓液或干酪样物质，去除干酪样物可见眼球发炎，眼角膜变得白色不透明，表面有黄色米粒大的坏死灶，多为单侧性，偶尔双侧感染（图2-254）。病鸡不喜走动，生长不良，羽毛蓬乱，逐渐消瘦死亡。

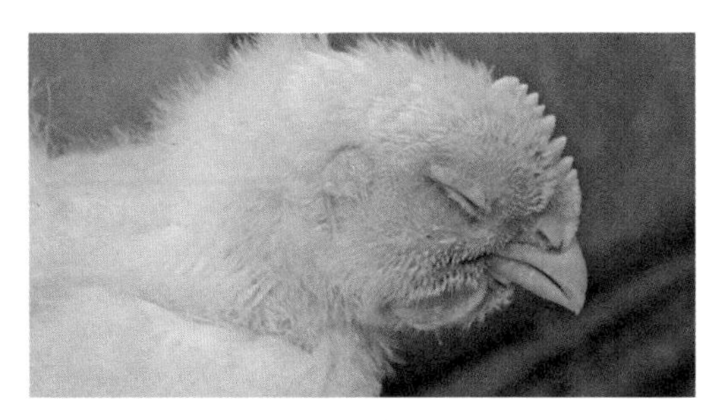

图2-253　大肠杆菌病（二）

病鸡的肿头、肿脸症状

图2-254　大肠杆菌病（眼炎）

病鸡的眼角膜混浊，眼睛失明

图2-255　大肠杆菌病（肉芽肿）

大肠杆菌感染引起的肠粘连，肠表面有黄色脓肿和肉芽肿

（8）大肠杆菌性肉芽肿　这是鸡和火鸡常见的一种疾病类型。在病鸡的小肠、盲肠、肠系膜及肝脏、心脏等表面形成典型的肉芽（图2-255），外观与结核结节及马立克病的肿瘤结节相似，应注意鉴别。

（9）关节炎、关节滑膜炎及皮炎　多是大肠杆菌败血症的一种后遗症，呈散发性。病鸡行走困难、跛行，关节周围呈竹节状肥厚。剖检可见关节液混浊，有脓性或干酪样渗出物蓄积（图2-256、图2-257）。

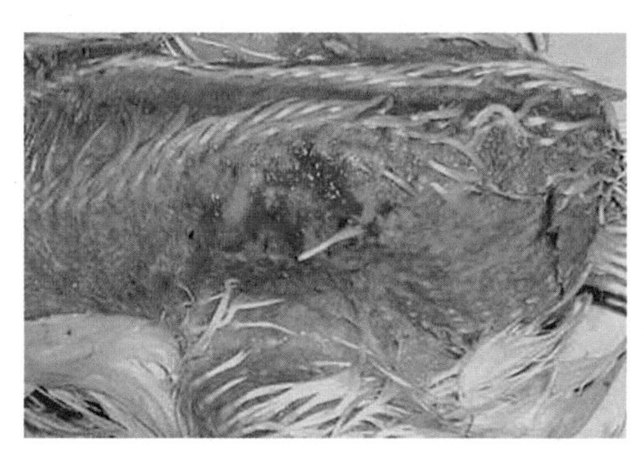

图2-256　大肠杆菌病（三）

由于此型是一种慢性病，在腹中线和大腿之间有皮肤发红、破损症状

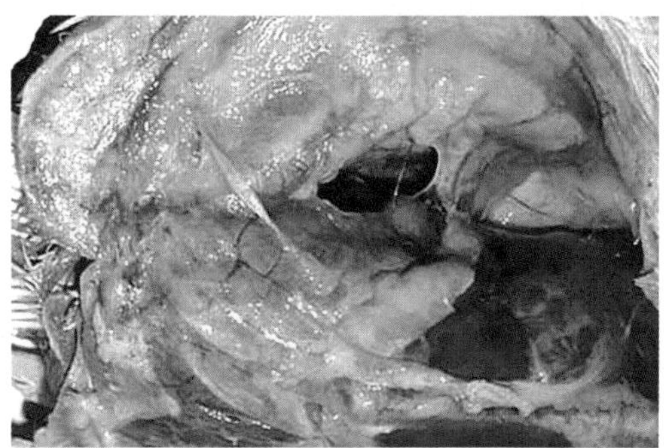

图2-257　大肠杆菌病（四）

病鸡的皮下有黄白色干酪样坏死物

【防治措施】

（1）预防　搞好环境卫生，改善饲养管理，消除不良诱因，加强通风换气和保温工作。勤清除粪便，减少氨气的含量。勤清洗水槽，检查变质的饲料。密度适当，降低灰尘。加强种蛋的消毒，注意种鸡的健康。防止鸡舍内饲具、饲料和饮水被污染，排除各种应激因素。由于导致本病的病原体血清型较多，在使用菌苗前，应选择与当地血清型相同的菌苗进行免疫预防，目前有大肠杆菌甲醛灭活苗和大肠杆菌灭活油乳苗两种。

选择有效的消毒剂，如百毒杀、过氧乙酸、菌毒王等及时进行消毒。

（2）治疗　许多抗菌药物对本病均有一定疗效，但由于有的鸡场平时经常使用抗菌药物，常常产生耐药性。在使用药物前，最好做药敏试验。常用药物有土霉素、泰乐菌素、福乐星等。个别治疗时可用庆大霉素、卡那霉素等肌内注射。对眼型的病例，可清除眼内干酪样物质后涂以可的松类药膏，同时在饲料中添加药物进行治疗。

① 拌料饲喂：如土霉素，用量按每100kg饲料100～500g用药，连用7d。也可用痢特灵，按每100kg饲料20～40g，或氟哌酸（诺氟沙星），按每100kg饲料5～20g用药，饲喂5～7d。

也可分别用恩诺沙星、复方氨苄西林、甲砜霉素、氟苯尼考等按用药说明拌料喂3～5d。同时再加维生素C和维生素E对治疗有辅助作用。

② 饮水口服：可分别用恩诺沙星、庆大霉素、复方氨苄西林、硫酸新霉素等可溶于水的制剂按说明剂量进行饮水3～5d，每天2次。

③ 肌内注射：可分别用恩诺沙星、庆大霉素、复方氨苄西林、硫酸新霉素等按使用说明进行腿部肌内注射，每天2次，注射3～5d。一般病情严重时或鸡只少时用此方法。

④ 中药治疗：目前比较确实的是传统经典方剂——“三黄汤”加减。如黄连30g，黄芩30g，大黄20g，穿心莲30g，苦参20g，夏枯草20g，龙胆20g，连翘20g，金银花15g，白头翁15g，车前子15g，甘草15g。以上中药加水12.5kg，煎至10kg，滤去药渣，将药液加水40kg稀释后，供250只鸡自由饮用。也可将以上中药烘干，粉碎，按1%比例混饲。或按马齿苋、鱼腥草、白头翁、黄柏等份每鸡0.75g口服，都有较好的效果。

十五、鸡传染性鼻炎

鸡传染性鼻炎（IC）是由鸡副嗜血杆菌引起的一种急性或亚急性呼吸道传染病。其特征是传播速度快、发病率高。病鸡表现为头部肿胀，鼻腔和鼻窦发炎，流鼻涕，打喷嚏，流泪，眼睑水肿和结膜发炎等特征。较少死亡，但生产性能受严重影响。

【流行病学】本病以4周龄以上的鸡易感，周龄越大易感性越高，发病率虽高，但死亡率较低，在流行的早期、中期鸡群很少有死鸡出现。但在鸡群恢复阶段，死淘增加，这部分死淘鸡多属继发感染所致。

（1）易感动物　自然条件下只发生于鸡，老龄鸡感染较为严重，以4～12月龄鸡最易感，其他家禽不感染。

（2）传染源　病鸡和带菌鸡。

（3）途径　呼吸道传播。

（4）诱因　气候突变、通风不良、密度过大、卫生状况差等是本病诱因。

（5）流行特点　本病四季均可发生，寒冷季节多发，多发于冬、秋两季。发病急，传播快，感染率高（20%～100%），死亡率低，易继发其他病，对产蛋鸡危害大。

【临床症状】潜伏期1～3d。主要症状是呼吸困难和整个头部肿胀。病程6d左右，很少死亡。

病鸡精神沉郁，缩头，呆立，张口呼吸，摇头，流泪。食欲及饮水减少，或有下痢。如果鼻腔和鼻窦发生炎症的，一般常见症状为鼻孔先流出稀薄清液，以后转为浆液黏性分泌物，有时打喷嚏。脸肿胀或水肿，眼结膜炎，后期眼内及窦内有干酪样物质。雏鸡生长不良，成年母鸡产蛋减少，公鸡肉髯常见肿大。如果炎症蔓延至下呼吸道，则呼吸困难，病鸡常摇头试图将呼吸道内的黏液排出，并有啰音（图2-258～图2-261）。咽喉也可积有分泌物的凝块，最后常窒息而死。

图2-258 鸡传染性鼻炎（一）

面部水肿，鸡冠、眼眶及肉垂肿胀

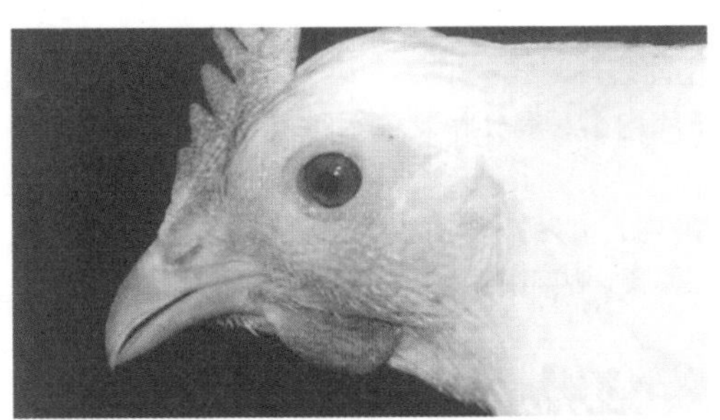

图2-259 鸡传染性鼻炎（二）

病鸡的鼻孔有黄白色分泌物

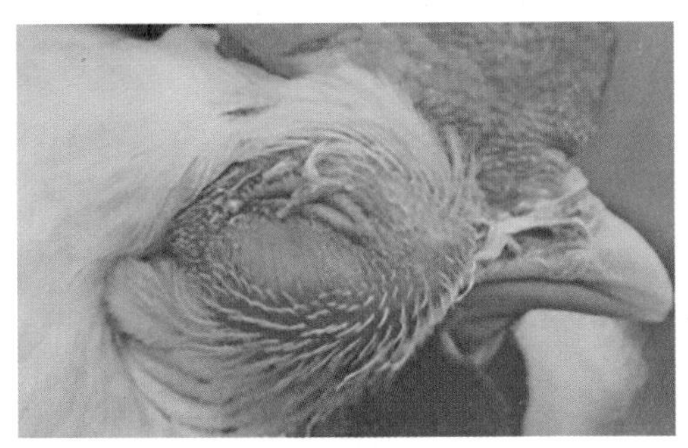

图2-260 鸡传染性鼻炎（三）

眶下窦高度肿胀，鼻孔有黄白色分泌物

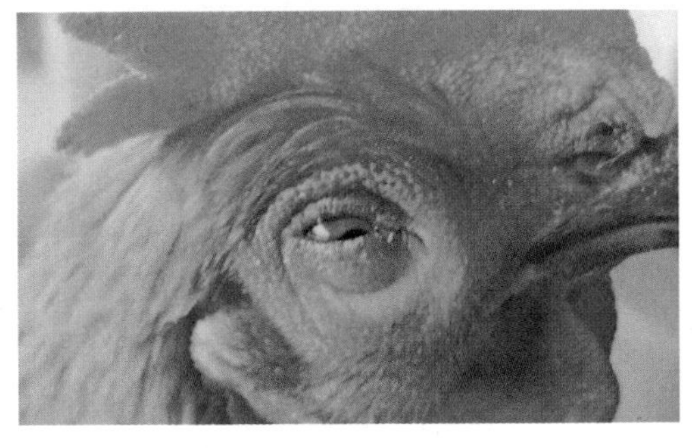

图2-261 鸡传染性鼻炎（四）

病鸡的面部肿胀，鼻孔周围有结痂

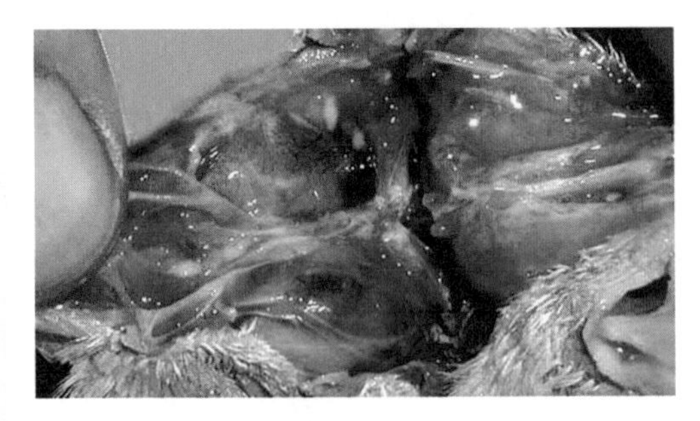

图2-262 鸡传染性鼻炎（五）

鼻黏膜水肿，充血、出血

【病理变化】病理剖检变化复杂多样，有的鸡具有一种疾病的主要病理变化，有的鸡则兼有2～3种疾病的病理变化特征。

病鸡的主要病变为鼻腔和鼻窦黏膜呈急性卡他性炎，黏膜充血肿胀，表面覆有大量浆液性黏液性分泌物，窦内有渗出物凝块，之后成为干酪样坏死物（图2-262～图2-264）。脸部、下颌、

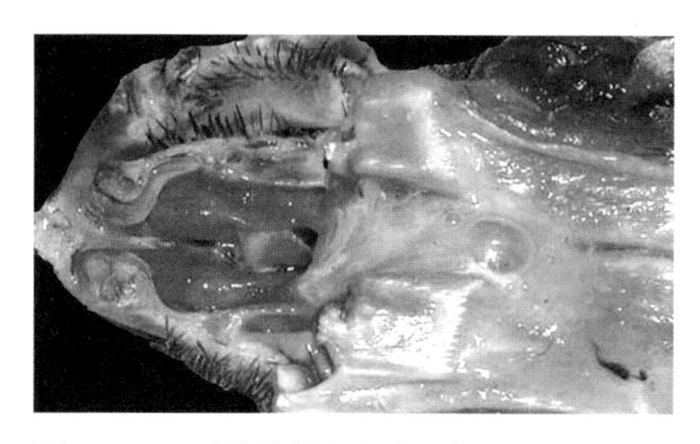

图2-263　鸡传染性鼻炎（六）

鼻窦、眶下窦急性卡他性炎症，鼻黏膜充血肿胀，鼻窦表面附有大量水样或黏稠的黏液。病程较长的病鸡，鼻窦内有黄色干酪样渗出物

图2-264　鸡传染性鼻炎（七）

颜面部、肉垂、皮下和鼻腔黏膜水肿

肉髯及皮下水肿。严重时可见气管黏膜炎症，偶有肺炎及气囊炎。

【防治措施】

（1）预防　采用相应的疫苗进行预防，病鸡进行检疫淘汰，严格卫生消毒制度，尤其注意控制氨气的含量。

（2）治疗　鸡副嗜血杆菌对磺胺类药物非常敏感，是治疗本病的首选药物。一般用复方新诺明或磺胺增效剂与其他磺胺类药物合用，或用2～3种磺胺类药物制剂均能取得较明显效果。土霉素及喹诺酮类也是常用的治疗药物。

十六、禽霍乱

禽霍乱（FC）又称禽巴氏杆菌病、禽出血性败血症，是由多杀性巴氏杆菌引起家禽和野禽的一种急性、热性、接触性、败血性传染病。本病常呈败血性症状。急性型以发病急、病程短、发生剧烈的下痢、死亡快为特征，常未见明显临床症状就突然死亡；慢性型发生肉髯水肿和关节炎。以夏季高发，常为散发性或地方性流行。本病的发病率和死亡率均很高。

【流行病学】

（1）易感动物　许多种家禽都易感，如鸡、鸭、鹅等，各种野禽也易感。雏鸡对本病有较强的抵抗力，通常多发生于产蛋鸡群。

（2）传播途径　主要通过呼吸道、消化道和黏膜或皮肤外伤感染。

（3）传染源　慢性感染鸡是传染的主要来源，包括带菌鸡的经常性或间歇性排菌。

（4）流行特点　一年四季均可发生和流行。如果鸡群饲养条件不好，鸡舍通风不良可诱发本病的发生。在高温、潮湿、多雨的夏秋两季以及气候多变的春季很容易发生。

【临床症状】根据病程的长短，本病可分为三种类型。

（1）最急性型　以产蛋高的鸡群最常见。病鸡往往无前期症状，前一天晚上还一切正常，次日早晨却发现不少鸡发病死在鸡舍内。此型常发生在流行的初期，有的在食后扑动几下翅膀即突然倒地死亡。

（2）急性型　此型最为多见。病鸡精神沉郁，羽毛松乱，缩颈闭眼，离群独处，头缩在翅下，打瞌睡，不愿走动。此时食欲减少或不食，从鼻和口中流出具有泡沫的黏液，呼吸困难，张口呼吸，摇头。病鸡初期常有腹泻，排出黄色、灰白色或绿色的稀粪。后期体温升高到43～44℃，渴欲增加，发生剧烈腹泻，排出恶臭绿色或白色稀粪，有时混有血丝或血块（图2-265）。口、鼻分泌物增加，鸡冠和肉髯呈蓝紫色。有的病鸡肉髯肿胀，有热痛感。病鸡瘫痪，不能走动，最后发生衰竭，昏迷。病程短的约半天，常在1～3d内死亡。

（3）慢性型　多由急性型转来的，见于疾病流行的后期。病鸡进行性消瘦，食欲持续性减退。病鸡鼻孔有黏性分泌物流出，鼻窦肿大，冠和肉髯苍白，明显肿大，随后可能有脓性干酪样物质，或干结、坏死、脱落（图2-266）。喉头积有分泌物而影响呼吸。经常腹泻。有些病鸡一侧或两侧关节（常局限于脚或翼关节和腱鞘处）肿胀、发热、疼痛、行走困难，表现为关节肿大、脚趾麻痹，跛行或完全不能行走。病程常为2周甚至1个月以上，最后死亡或成为带菌鸡。

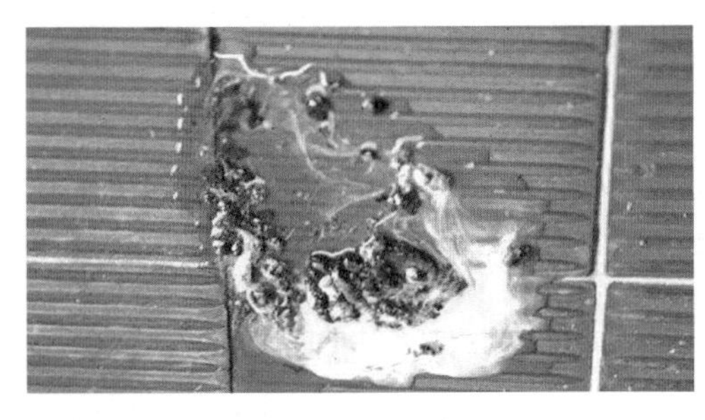

图2-265 （急性型）禽霍乱（一）

病鸡排出深绿色粪便

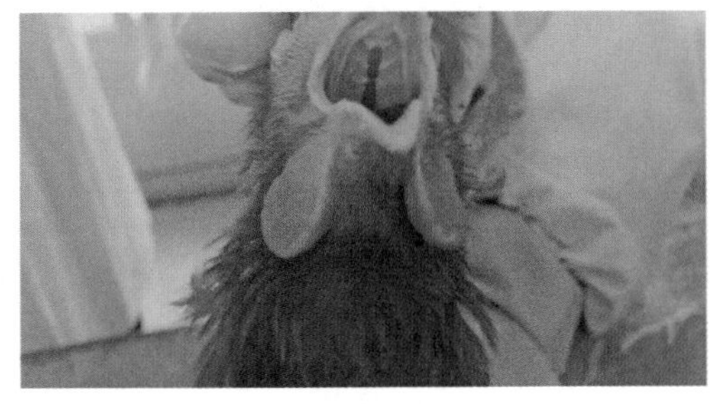

图2-266 （慢性型）禽霍乱

病鸡两侧肉垂及颜面部肿胀

【病理变化】

（1）最急性型　最急性型病例常无明显的剖检病变，有时只见心冠沟脂肪、心外膜有少量出血点。

（2）急性型　急性型病例剖检病变较为典型。病鸡肝脏的病变具有典型特征性，肝稍肿，质变脆，呈棕色或黄棕色，肝表面散布有许多灰白色、针头大的坏死点（图2-267、图2-268）。腹膜、皮下组织有少数散在性出血斑点。心包变厚，心包液增多，心外膜、心冠沟脂肪、腹部脂肪、心肌有出血点或出血斑，且尤为明显（图2-269～图2-272）。肺有充血、淤血或出血点（图2-273）。肌胃出血较为明显。肠道尤其是十二指肠呈卡他性和出血性肠炎，肠内容物含有血液。

胸腔、腹腔内有积水（图2-274）。有呼吸道症状的病例，可见到鼻腔和鼻窦内有多量黏性分泌物，气囊有出血（图2-275）。

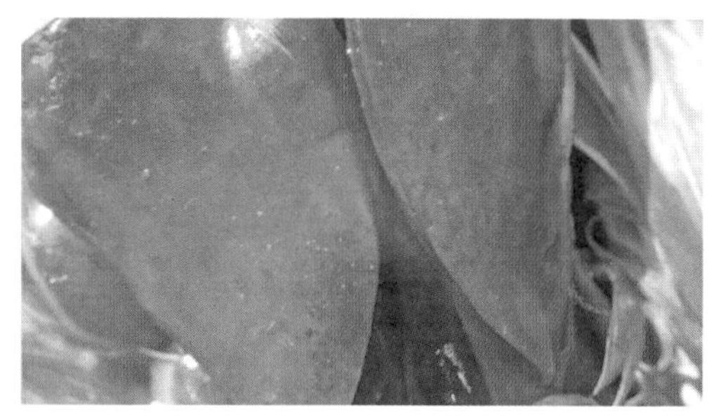

图2-267 （急性型）禽霍乱（二）

肝脏肿大出血，表面密布针尖大小的灰白色坏死灶

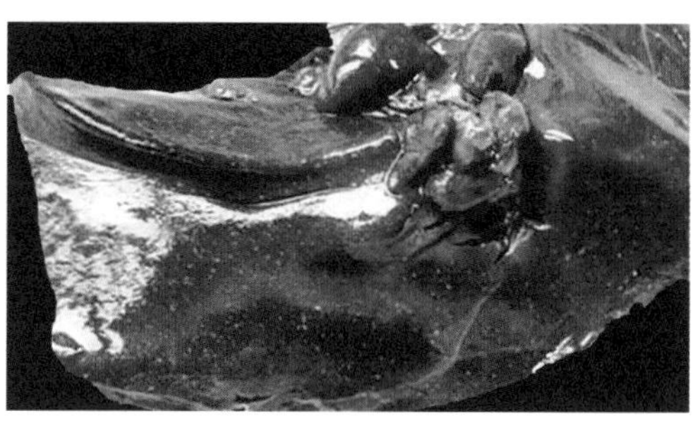

图2-268 （急性型）禽霍乱（三）

肝脏肿胀、淤血、出血，呈深褐色，表面有大量散在的灰白色坏死点

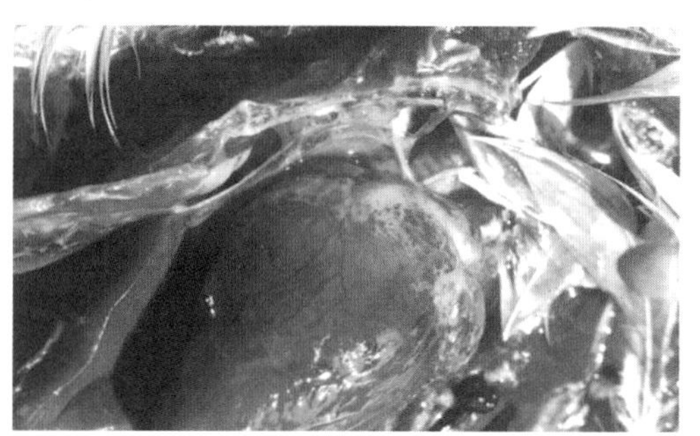

图2-269 （急性型）禽霍乱（四）

病鸡的心脏浆膜出血

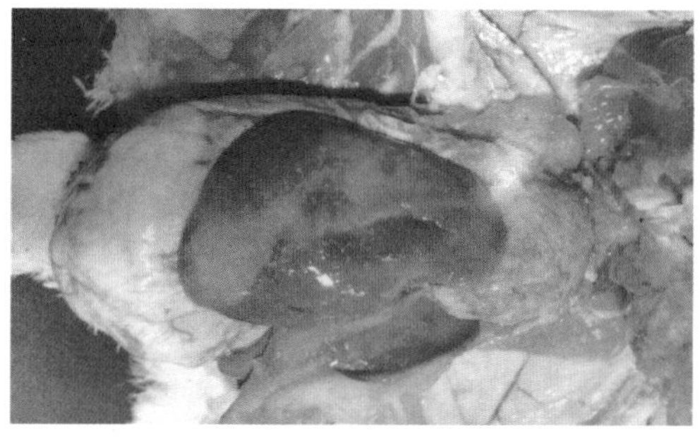

图2-270 （急性型）禽霍乱（五）

病鸡的心包炎和肝脏针尖状灰白色坏死

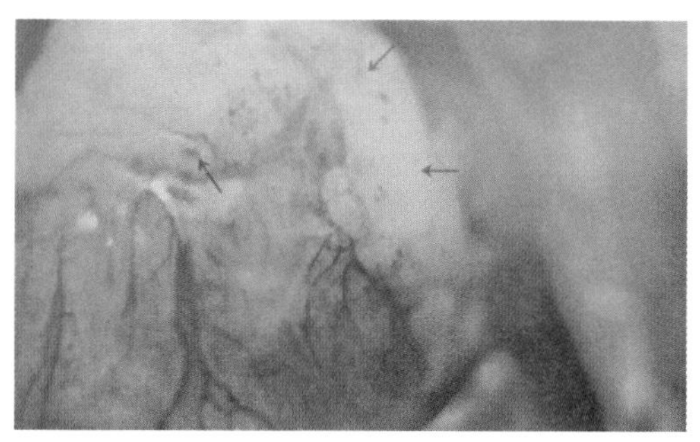

图2-271 （急性型）禽霍乱（六）

病鸡的心冠脂肪、心肌出血变化

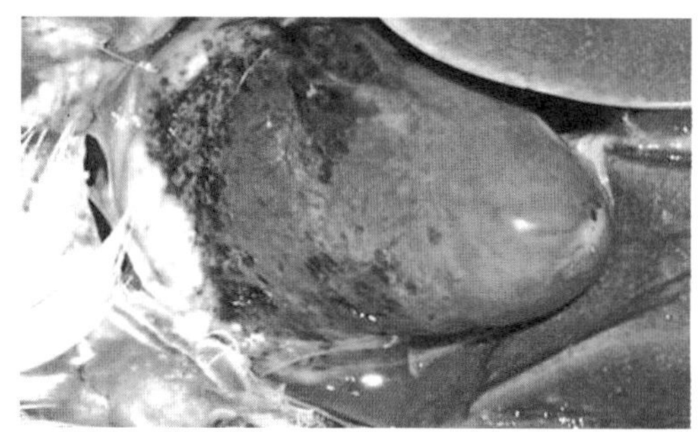

图2-272 （急性型）禽霍乱（七）

可见心脏表面都有弥漫性出血点，心包积液，液体呈淡黄色或红黄色（心脏的正下方）

（3）慢性型　有关节炎的鸡，其关节肿大变形，有炎性渗出物和干酪样坏死。肉髯水肿的病例，肉髯内有脓性干酪样物质，或干结、坏死、脱落。卵巢病变的

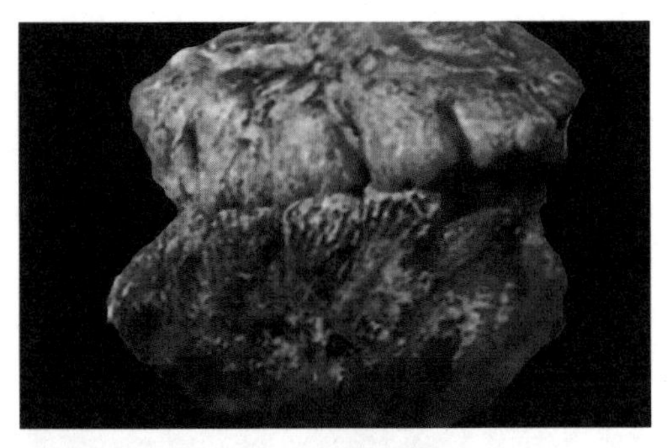

图2-273 （急性型）禽霍乱（八）

病鸡的肺脏高度淤血、出血、水肿

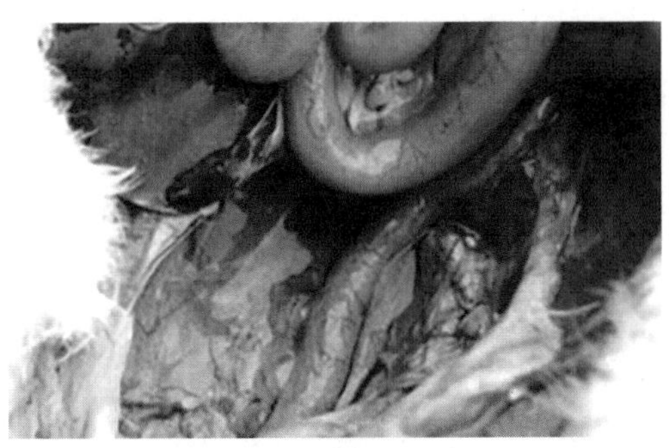

图2-274 （急性型）禽霍乱（九）

腹腔内有大量淡黄色或血性腹水

图2-275 （急性型）禽霍乱（十）

病鸡的气囊壁有出血点，心脏表面也有大量出血点

鸡，卵巢有明显出血，卵泡上的血管充血程度不一，有时卵泡变性，似半煮熟样。

【鉴别诊断】急性型禽霍乱与鸡新城疫极易混淆，其鉴别要点见表2-2。

表2-2 禽霍乱与鸡新城疫的鉴别诊断

项目		禽霍乱	鸡新城疫
病原体		多杀性巴氏杆菌	鸡新城疫病毒
流行情况		鸡、鸭、鹅均感染，传播较慢且有间隔	感染鸡，传播迅速
症状	神经症状	无	流行后期常有
	腹泻带血	常有	少有
病理变化	腺胃、肌胃	无明显病变	乳头出血及溃疡
	肝脏	大量灰白色针头状坏死灶	无特殊变化
	肠黏膜	出血性、卡他性炎症	纤维素性坏死性肠炎
细菌学检查		两极浓染的小杆菌	无
抗菌药物治疗		有效	无效

【防治措施】

（1）预防

① 加强饲养管理：本病的发生常常是由于某些应激因素使机体抵抗力降低而引起内源性感染。因此要做好平时的饲养管理，使鸡群保持一定的抵抗力，同时要搞好环境卫生，保持鸡舍清洁干燥，及时定期进行消毒，切断各种传播途径。

② 搞好免疫接种：目前国内使用的菌苗主要有三类。

a. 禽霍乱氢氧化铝甲醛菌苗：该苗使用安全，无不良反应，但免疫效果不确实。因为禽巴氏杆菌血清型较多，用一个血清型菌株制备的疫苗对其他血清型的巴氏杆菌无效，因此最好是采用当地或本场所分离的菌株制备疫苗。

b. 禽霍乱G190E40活疫苗：可用于3月龄以上的鸡，免疫期为3.5个月。但该苗在接种后鸡群会产生一定的反应，可先进行小群试验证明安全后再大群注射。另外在接种该苗的鸡群中可能会存在带菌状态，因此从未发生过该病的鸡场不宜应用该苗。

c. 禽霍乱组织灭活苗：系用病鸡的肝、脾组织制成的，接种剂量为2mL/只，肌内注射。该苗接种安全，无不良反应，免疫效果比前两种要好，但成本较高，多用于发病后的紧急预防接种。另外禽霍乱蜂胶苗免疫效果也较好。

③ 药物预防：有计划地进行药物预防是控制本病的一项重要措施，特别是对那些不进行疫苗接种的鸡场更为重要。雏鸡一般从2月龄开始就要使用预防药物，常用的药物有喹乙醇、土霉素、磺胺类等。

（2）治疗　对于发病的鸡群除采取消毒隔离等措施外，应立即用药物进行治疗。经试验磺胺类药物、氟苯尼考、阿莫西林、庆大霉素、环丙沙星、恩诺沙星、喹诺酮类对巴氏杆菌均有较好的疗效。但在治疗过程中，剂量要足，疗程要合理，当鸡只死亡明显减少后，再继续投药2～3d以巩固疗效，防止复发。

① 抗生素：土霉素、链霉素等抗生素均有良好疗效。链霉素每只成鸡每天10万单位，连用3d；土霉素0.05%～0.1%拌料，连喂5～7d。

② 磺胺类：磺胺噻唑（SN）、磺胺二甲氧嘧啶（SDM）及磺胺喹噁啉（SQ）等均有疗效。

③ 喹乙醇：治疗效果良好，且能促进鸡只增重。治疗量为每100kg饲料拌入6g喹乙醇原粉，连用3～5d为一个疗程，停药3～5d可继续用药。

④ 中药方剂：野菊花60g，石膏15g，加水250mL煮沸，冷却后兑水，让鸡只自由饮用。

十七、鸡葡萄球菌病

鸡葡萄球菌病是由金黄色葡萄球菌引起的一种雏鸡多发的传染病。发病雏鸡常呈急性败血症；育成鸡和成年鸡多呈慢性型，表现化脓性关节炎、皮炎或趾瘤。

【病原体】葡萄球菌在自然界中分布较广，在显微镜下，呈葡萄串状，革兰氏染色阳性，致病株一般为金黄色葡萄球菌。

根据菌体抗原不同，可分A、B、C三型。A型是致病菌株；B型为非致病菌株；C型含致病和非致病菌株。致病菌株可产生溶血素、杀白细胞素、坏死毒素和致死毒素。葡萄球菌对一般抗生素敏感，但对磺胺类敏感性差。

【流行病学】本病一年四季均可发生，但以雨季、潮湿季节发生较多，以40～60日龄的鸡发病最多，以笼养发病最多。皮肤或黏膜表面的破损常是葡萄球菌侵入的门户，是主要的传染途径，也可以通过直接接触和空气传播，也可经毛囊进入机体，雏鸡脐带感染也是常见的途径。

【临床症状】各种年龄的鸡均可发病，肉鸡更为常见。鸡葡萄球菌病症状有多种类型。最常见而且造成损失较大的是急性败血型葡萄球菌病、慢性关节炎型和趾瘤型三种。尤其是急性败血型可造成鸡群大批发病和死亡。

（1）急性败血型　主要发生于40～60日龄的幼鸡，多于1～2d内死亡。病鸡体温升高，精神沉郁，常呆立一处或蹲伏。两翅下垂，缩颈，眼半闭呈嗜睡状。饮欲、食欲减退或废绝。少部分病鸡下痢，排出灰白色或黄绿色稀粪。

较为特征的症状是病鸡有结膜炎症状（图2-276）。对病鸡进行检查时，可见腹胸部、嗉囊周围、大腿内侧的皮下浮肿，潴留数量不等的血样渗出液，外观呈紫色或紫褐色，触之有波动感，严重者会破溃流出棕红色液体。局部羽毛脱落，或用手一摸即可脱掉。有的病鸡可见自然破溃，流出茶色或紫红色液体，与周围羽毛粘连，局部污秽。部分病鸡在头颈、翅膀背侧及腹面、翅尖、尾、脸、背及腿等不同部位的皮肤出现大小不等的出血、炎性坏死，局部干燥结痂，呈暗紫色（图2-277、图2-278）。早期病例，局部皮下湿润，毛囊及皮脂腺肿胀，暗紫红色，溶血，糜烂（图2-279）。

图2-276　葡萄球菌病（一）

感染葡萄球菌所造成的结膜炎症状

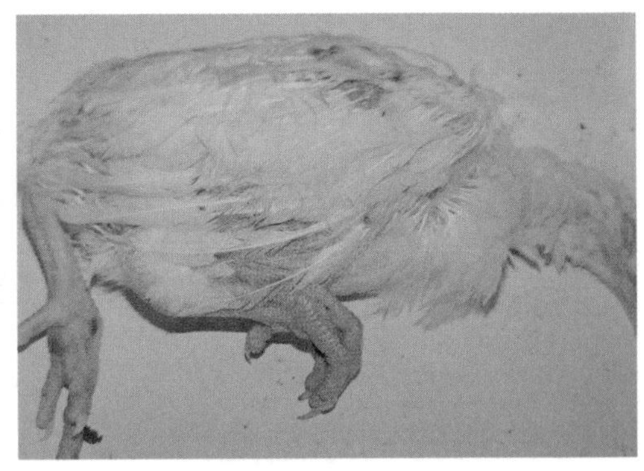

图2-277　葡萄球菌病（二）

病鸡的翅下充血、出血，羽毛容易脱落

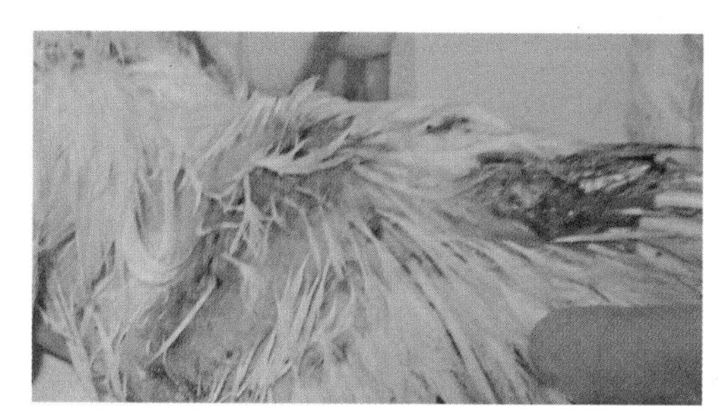

图2-278　葡萄球菌病（三）

感染葡萄球菌所造成的翅膀下充血、出血

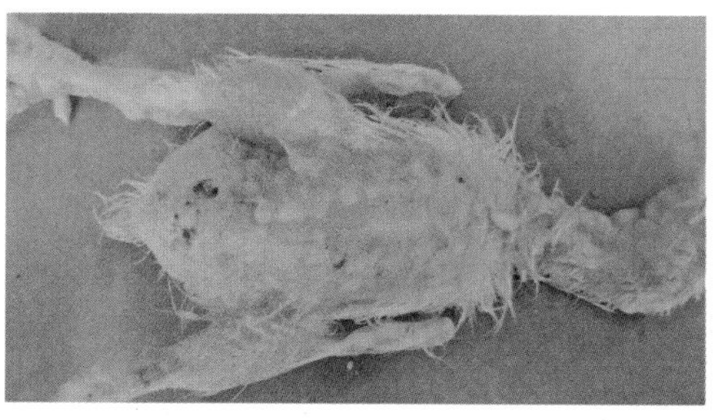

图2-279　葡萄球菌病（四）

病鸡的皮肤毛囊及皮脂腺肿胀，似结节状

（2）皮炎、关节炎型　中成鸡患病后常表现为皮炎及关节炎症状（图2-280、图2-281）。受害关节肿大，多个关节炎性肿胀，以趾、跖关节肿大为多见，呈紫红色或紫黑色，有的见破溃，并结成污黑色痂。病鸡表现跛行，不喜站立和走动，多伏卧。一般仍有饮欲和食欲，多因采食困难，饥饱不匀，使病鸡逐渐消瘦，最后衰弱死亡，尤其在大群饲养时明显。此型病程多为十几天。

图2-280　葡萄球菌病（五）

葡萄球菌感染所致的溢脂性皮炎症状

图2-281　葡萄球菌病（六）

感染后形成的溢脂性皮炎

（3）脐带炎型　以1周内的雏鸡多发。病鸡表现为脐孔发炎、肿大、腹部膨大，局部呈黄红色甚至是紫黑色，质稍硬，有的有分泌物，人们常称为“大肚脐”。脐炎病鸡可在出壳后2～5d死亡。由于这种类型多转归死亡，故对于“大肚脐”雏鸡都是立即淘汰处理。

（4）趾瘤型　多见于成年鸡，尤其是重型肉用种鸡。病鸡的足底及周围组织由于局部葡萄球菌感染而形成一种球形脓肿。有的出现趾瘤，脚底肿大；有的趾尖发生坏死，呈黑紫色，较干涩。随着病情的发展，脓性渗出物凝固干燥变成干酪样物，有时足底溃烂而形成溃疡，病鸡因疼痛而行走困难。

【病理变化】

（1）急性败血型　特征性的变化是肉眼可见的胸部的病变。死鸡胸部、前腹部羽毛稀少或脱毛，皮肤呈紫黑色浮肿，如果自然破溃则局部脏污。切开皮肤可见整个胸腹部皮下充血、溶血，呈弥漫性紫红色或黑红色，积有大量胶冻样粉红色或黄红色水肿液。水肿可延至两腿内侧、后腹部，前达嗉囊周围，但以胸部为多。同时，胸腹部甚至腿内侧见有散在出血斑点或条纹，特别是胸骨柄处肌肉弥散性出血斑或出血条纹。肝脏肿大，淡紫红色，有花纹或斑驳样变化，病程稍长的病例，肝上还可见数量不等的白色坏死点（图2-282、图2-283）。脾肿大，紫红色，病程稍长者也有白色坏死点。腹腔脂肪、肌胃浆膜等处，有时可见紫红色水肿或出血。心包积液，呈黄红色半透明。心冠状沟脂肪及心外膜偶见出血。

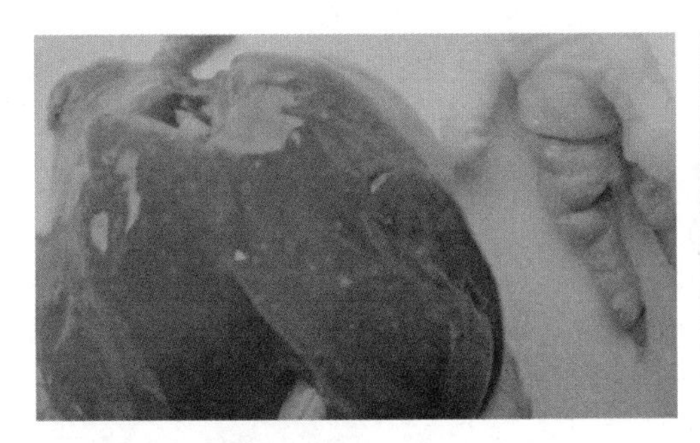

图2-282　葡萄球菌病（七）

感染葡萄球菌后导致肝脏出现大量点状坏死灶，爪关节肿胀

图2-283　葡萄球菌病（八）

感染葡萄球菌后，病鸡肝脏有灰白色针尖大小的坏死点

（2）皮炎、关节炎型　可见关节炎和滑膜炎变化。某些关节（肘关节、胫关节及趾关节等）肿大，滑膜增厚，充血或出血。关节囊和腱鞘内有浆液性纤维素渗出物或干酪样物质。病程较长的慢性病例，关节周围结缔组织增生致使关节畸形。剖检病鸡可见体表不同部位有皮炎，甚至皮肤坏死或坏疽变化，皮下胶冻样浸润（图2-284、图2-285）。

图2-284　葡萄球菌病（九）

皮肤出血、液化，羽毛脱落；皮下出血、溶血，水肿

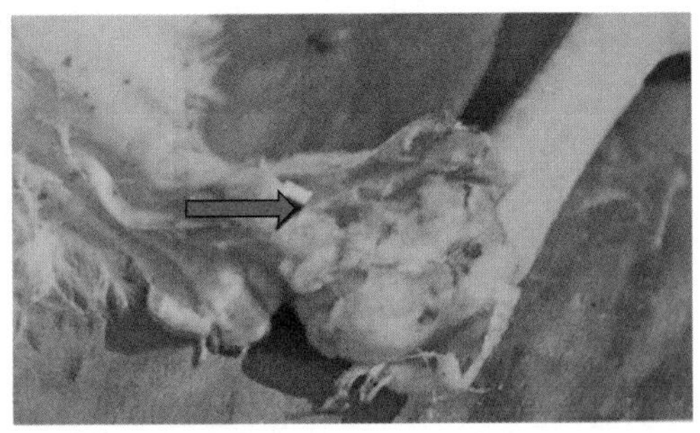

图2-285　葡萄球菌病（十）

病鸡的关节化脓性腱鞘炎病变（箭头所指处）

（3）趾瘤型　仅见足底肿胀或化脓坏死。

【防治措施】

1. 预防

葡萄球菌病是一种环境性疾病，为预防本病的发生，主要是做好经常性的预防和日常管理工作，如搞好鸡舍内外的环境卫生，及时清除能造成鸡体损伤的各种因素，避免创伤感染，适时断喙，注意补充各种维生素和微量元素，提高鸡只的抗病能力。

（1）防止发生外伤　外伤是引起发病的重要原因。因此，在鸡饲养过程中，尽量避免和消除使鸡发生外伤的诸多因素，如栖架要规范化，装备要配套、整齐，笼网等要细致，防止铁丝等尖锐物品引起皮肤损伤的发生，从而阻止葡萄球菌的侵入。

（2）做好皮肤外伤的消毒处理　在断喙、戴翅号（或脚号）、剪趾及免疫刺种时，要做好消毒工作。除了发现外伤要及时处理外，还需针对可能发生的原因采取预防办法，如避免刺种免疫引起感染，可改为气雾免疫法或饮水免疫，刺种时做好消毒等。

（3）搞好鸡舍卫生及消毒工作　做好鸡舍、用具、环境的清洁卫生及消毒工作，这对减少环境中的含菌量、消除传染源、降低感染机会、防止本病的发生有十分重要的意义。

（4）加强饲养管理　喂给必需的营养物质，要供给足够维生素和矿物质。鸡舍内要适时通风、保持干燥。鸡群不宜过大，避免拥挤。有适当的光照。适时断喙。防止互啄现象，这样就可防止或减少啄伤的发生。

（5）做好孵化过程的卫生及消毒工作　要注意种蛋、孵化器及孵化全过程的清洁卫生及消毒工作，防止工作人员（特别是雌雄鉴别人员）被葡萄球菌污染，引起雏鸡感染或发病，甚至散播疫病。

（6）预防接种　发病较多的鸡场，为了控制该病的发生和蔓延，可用葡萄球菌多价苗给20日龄左右的雏鸡注射。

2. 治疗

治疗的药物和方法很多，可参考使用。如果是外伤的鸡，可用碘酊及时处理。

（1）如果发病鸡数量不多时，可用硫酸庆大霉素针剂，按每只鸡每千克体重3000～5000单位肌内注射，每日2次，连用3d。或者硫酸卡那霉素针剂，按每只鸡每千克体重1000～1500单位肌内注射，每天 2次，连用3d。还可以用链霉素，成年鸡按每只10万单位肌内注射，每日2次，连用3～5d。

（2）红霉素按照0.01%～0.02%药量加入饲料中喂服，连续3d。土霉素、四环素、金霉素按0.2%的比例加入饲料中喂服，连用3～5d。

十八、鸡支原体病（霉形体病）

鸡支原体病又叫霉形体病（因支原体又称为霉形体）。目前，从家禽的体内已分离出12种霉形体，确认有致病性的有：败血支原体、火鸡支原体和滑液囊支原体三种。由于支原体引起的是一种慢性接触性传染病，故在鸡群中可长期流行。主要特征是呼吸道啰音、咳嗽、流鼻涕，并可见气囊炎。下面主要介绍其中的鸡慢性呼吸道疾病和鸡传染性滑膜炎两种类型。

（一）鸡慢性呼吸道疾病

鸡慢性呼吸道疾病（CRD）又称鸡败血支原体病，简称慢呼，是由败血支原体引起的鸡和火鸡的一种慢性接触性呼吸道传染病。本病感染率高，但死亡率不高，常造成小鸡发育不良，蛋鸡产蛋量下降，影响生产性能，给养鸡业造成重大损失。本病广泛分布于世界各地。

【流行病学】

（1）易感动物　只有鸡和火鸡对败血支原体敏感，大小鸡都可感染，但以1～2月龄者最易感。品种鸡比土种鸡易感。成年鸡感染后，多呈隐性，但产蛋量可下降。

（2）传染源　病鸡、带菌鸡和隐性鸡是主要传染源，其分泌物、排泄物带有大量病原体。

（3）传播途径　直接与间接传播。可经空气、水料、灰尘、飞沫、交配等呼吸道、消化道、黏膜等多途径感染。还可以通过种蛋垂直传播。

（4）流行特点　以冬、春寒冷季节多发，易受环境因素影响，如雏鸡的气雾免疫、卫生状况差、饲养管理不良、应激等可诱发本病。一旦进入鸡群则很难根除。呈现“三轻三重”状况（用药时、天好时、饲管好时轻；停药时、天坏时、饲管不好时重）。

本病发病率高（可达到90%以上），但死亡率低（一般只有10%～30%）。在老疫区和老鸡场常呈隐性经过。病愈鸡可产生一定程度的免疫力，但长期带菌，尤其是种蛋带菌，往往成为散播本病的主要传染源。

【临床症状】本病主要发生在1～2月龄的幼鸡，症状也较为严重。其临床特征性症状为咳嗽、流鼻涕、呼吸困难、有啰音及面部肿胀（图2-286）。病鸡最初流鼻液，打喷嚏，其后出现咳嗽、气喘、气管啰音，有吞咽动作，采食量减少及生长停滞，并且常常有腹泻症状（图2-287）。到了后期，病鸡出现浆液性、黏液性鼻漏。如果鼻腔和眶下窦中蓄积分泌物，则导致眼睑肿胀，并流出带泡沫的分泌物。严重时眼部突出，眼内蓄积较多干酪样渗出物，向外突出像肿瘤一样，似“凸眼金鱼”样，严重影响视力，常造成一侧或两侧失明，后期眼球萎缩（图2-288、图2-289）。

图2-286 （慢性呼吸道型）鸡支原体病（一）
幼龄鸡的症状明显，病鸡流鼻涕、打喷嚏、甩头、张口喘气呼吸

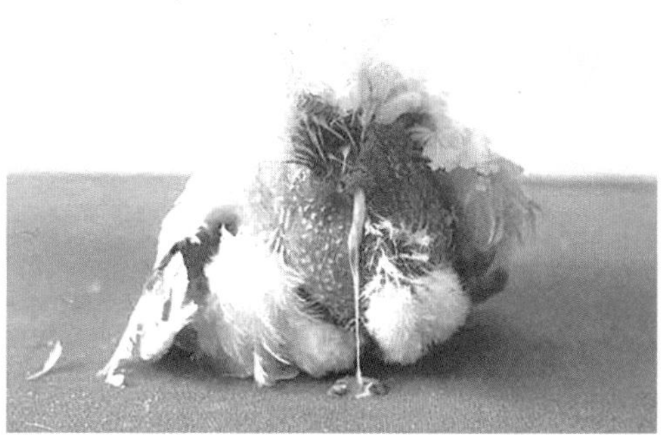

图2-287 （慢性呼吸道型）鸡支原体病（二）
病鸡常常有腹泻症状，排出黄白色糊状稀便

图2-288 （慢性呼吸道型）鸡支原体病（三）
表现为眼炎，眼睑肿胀，呈“金鱼眼”，眼球萎缩，眼失明

图2-289 （慢性呼吸道型）鸡支原体病（四）
病鸡的眼炎症状，眼睑肿胀，眼球萎缩

成年鸡的症状较缓和，常为隐性感染，病程很长，在鸡群中长期蔓延。病鸡表现食欲不振，体重减轻。产蛋鸡的产蛋量急剧减少，孵化率下降，但呼吸道症状不明显。

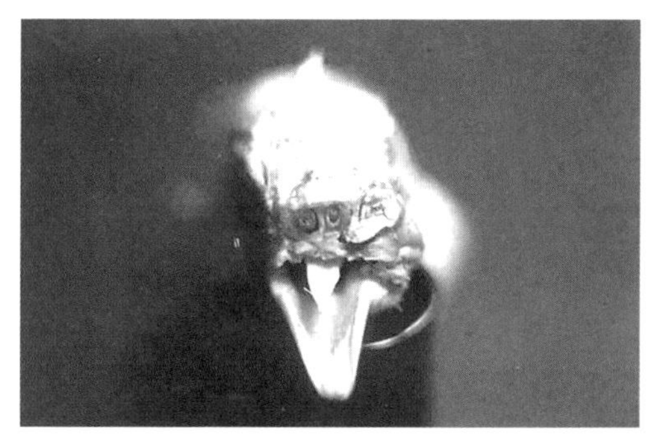

图2-290 （慢性呼吸道型）鸡支原体病（五）
病鸡的喉头、鼻腔、气管内有灰白的黏液和干酪样物质

【病理变化】病理变化主要是气囊炎和感染组织器官的干酪样渗出，如呼吸道有黏液甚至干酪样分泌物（图2-290、图2-291）。单纯感染时主要表现呼吸道渗出性炎症，尤其是气囊炎明显。气囊炎三点标志：厚度、透明度、渗出物。表现为变厚、混浊，有纤维素或干酪样渗出物。气囊早期为轻度混浊、水肿，表面有增生性结节病灶，外观呈念珠状。随着病情的发展，气囊增厚，

囊腔中含有大量干酪样物（图2-292～图2-295）。后期可以发生肝周炎和心包炎病变（图2-296）。

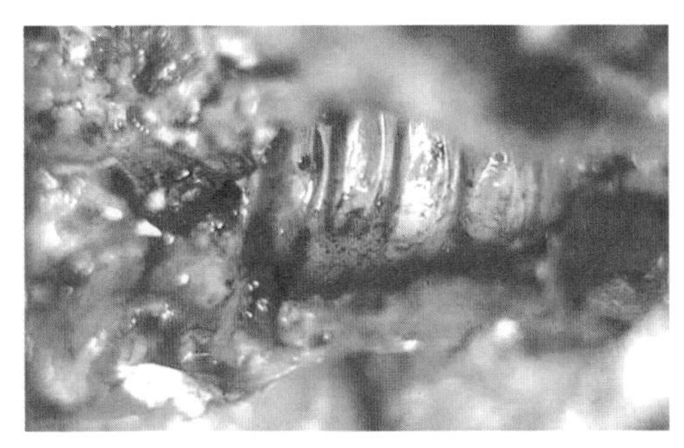

图2-291 （慢性呼吸道型）鸡支原体病（六）
气管出血病变

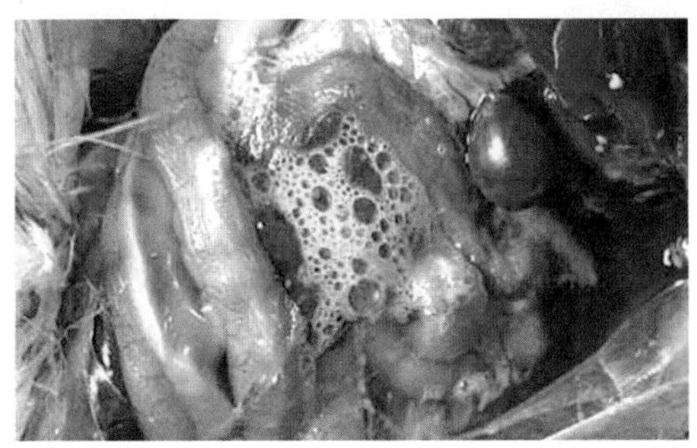

图2-292 （慢性呼吸道型）鸡支原体病（七）
患病早期，气囊混浊，有黄白色气泡

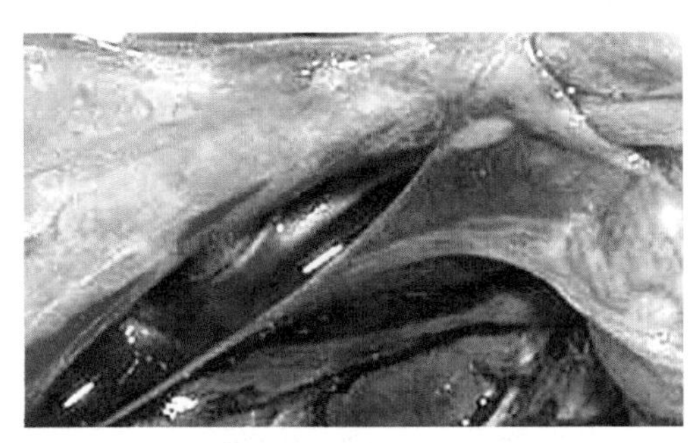

图2-293 （慢性呼吸道型）鸡支原体病（八）
早期气囊变厚、混浊病变，有纤维素样渗出物

图2-294 （慢性呼吸道型）鸡支原体病（九）
败血支原体感染后，胸气囊内充满大量白色泡沫

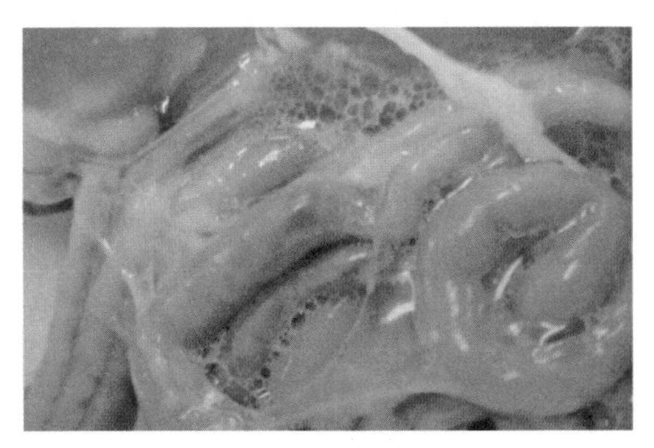

图2-295 （慢性呼吸道型）鸡支原体病（十）
败血支原体感染的早期，腹气囊、肠系膜出现大量白色泡沫，随着病情发展，继发了大肠杆菌或沙门氏菌后，逐渐转为黄色泡沫甚至黄色干酪样物质，充满于心包和前后胸气囊、腹气囊

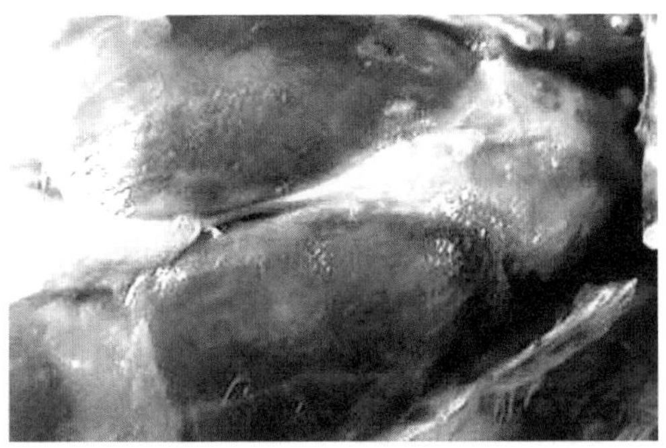

图2-296 （慢性呼吸道型）鸡支原体病（十一）
13日龄的肉鸡发生的肝周炎、心包炎病变

剖检可见病变主要是在鼻腔、喉头、气管内有多量灰白色或红褐色黏液或干酪样物质。在一些严重病例，鼻窦腔内积有黏液或干酪样物。炎症如果蔓延到眼睛，常可见一侧或两侧眼睛肿大，眼球部分或全部被封闭，剥开眼结膜可挤出灰黄色的干酪样物质。

【防治措施】

1．预防

本病既可水平传播又可垂直传播，因此在预防上要做到以下几点。

（1）加强鸡场的管理　雏鸡舍避免温度过低，降低饲养密度，改善鸡舍通风条件，减少粉尘，保持舍内空气新鲜，定期清粪，防止NH_3、H_2S等有害气体刺激，同时尽可能地减少各种应激因素。

（2）防止垂直传播　购鸡必须从无病鸡场和防疫条件好的孵化场引入，实行全进全出。

（3）对雏鸡要搞好药物预防　雏鸡出壳后可用普杀平、福乐星、红霉素及其他药物饮水，连饮5～7d，可有效控制本病及其他细菌性疾病。

（4）疫苗预防　使用的疫苗有禽脓毒支原体弱毒菌苗和禽脓毒支原体灭活苗。前者供2周龄雏鸡饮水免疫；后者适于各种周龄，1～10周龄颈部皮下注射，10周龄以上可肌内注射，0.5mL/次，连用2次，其间间隔4周。

2．治疗

治疗本病的常用药物种类较多，如红霉素、泰乐菌素、北里霉素、强力霉素以及土霉素、庆大霉素等。

由于本病常与其他细菌性疾病同时发生或继发发生，再加上耐药性败血支原体菌株的存在，在治疗时最好选择抗菌谱比较广的药物。

（1）红霉素治疗　用100mg的红霉素，加入1kg水中饮服，连饮5～7d。

（2）个别治疗时也可用链霉素　链霉素5万～10万单位，注射用水适量。用法：一次肌内注射，每日2次，连用3d。

（二）鸡传染性滑膜炎

鸡传染性滑膜炎病又称鸡滑膜支原体病，是由滑膜支原体引起的一种鸡和火鸡的传染病。其主要表现为渗出性的关节滑膜炎、腱鞘炎和轻度的上呼吸道感染。本病呈世界性分布，常发生于各种年龄的商品蛋鸡群和火鸡群，在我国部分鸡场阳性率可达20%以上。

【症状】本病潜伏期5～10d，发病率5%～15%，死亡率1%～10%。病原体主要侵害鸡的跗关节和爪垫，严重时可蔓延到其他关节滑膜，引起渗出性滑膜炎、滑液囊炎及腱鞘炎。病鸡表现行走困难，跛行，关节肿大变形（图2-297）。胸前出现水疱。鸡冠苍白，食欲减少，生长迟缓，排泄含有大量尿酸或尿酸盐的青绿色粪便。上述急性症状之后便是缓慢的恢复，但关节炎、滑膜炎可能会终生存在。如果是蛋鸡，其产蛋率可下降20%~30%。

【病理变化】剖检可见病鸡的关节和足垫肿胀，在关节的滑膜、滑膜囊和腱鞘有多量炎性渗出物。早期为黏稠的奶酪状液体，随着病情的发展变成干酪样渗出物，关节尤其是跗关节和肩关节表面常有橘黄色溃疡（图2-298、图2-299）。病鸡胸部囊肿，肝、脾肿大（图2-300~图2-302）。肾脏肿大呈苍白的斑驳状。

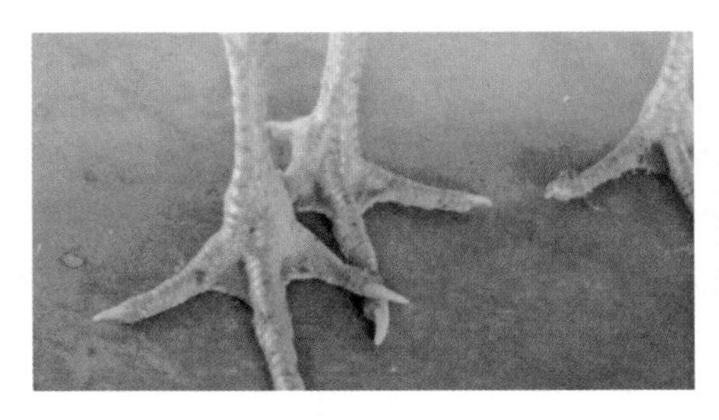

图2-297 （滑液囊型）鸡支原体病（一）

支原体感染造成趾关节肿胀

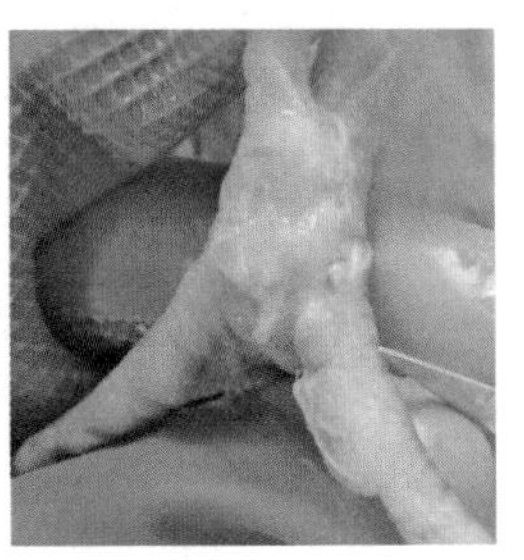

图2-298 （滑液囊型）鸡支原体病（二）

剖开病鸡的趾关节肿胀部位，可见黏稠、乳白色的渗出物

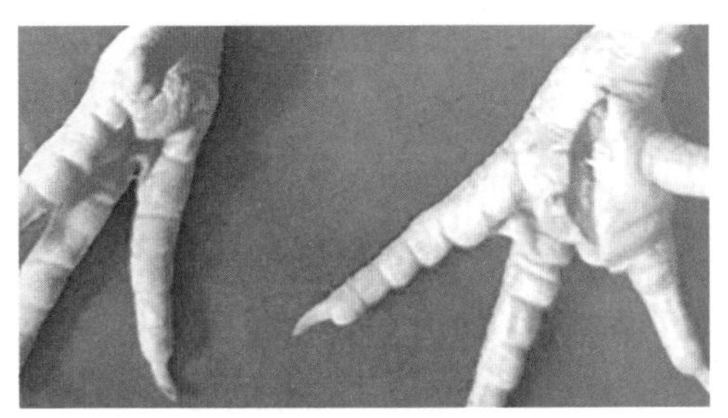

图2-299 （滑液囊型）鸡支原体病（三）

滑液囊支原体感染，造成趾底关节滑膜炎，积胶冻样液体（左侧趾正常）

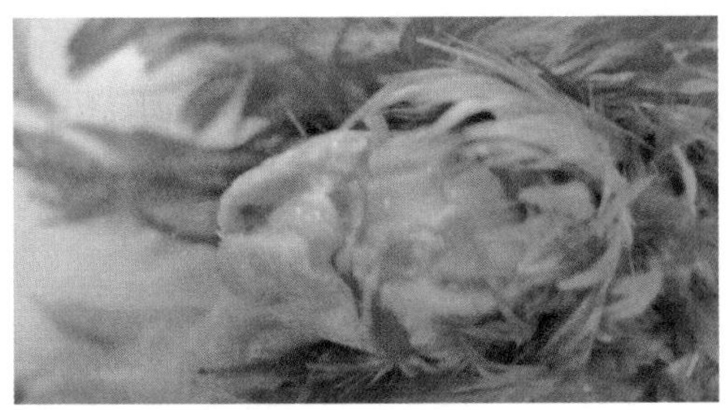

图2-300 （滑液囊型）鸡支原体病（四）

病鸡的跗关节肿胀，触摸有波动感。剖开可见关节囊内有黄白色渗出物

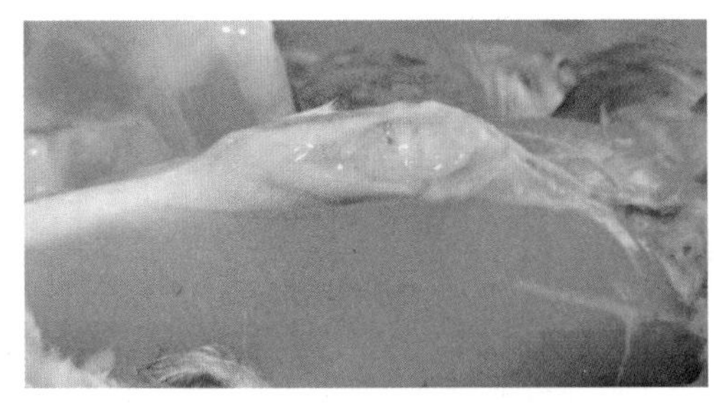

图2-301 （滑液囊型）鸡支原体病（五）

病鸡的胸部囊肿，切开后可见龙骨滑液囊有黏稠、灰白色渗出物

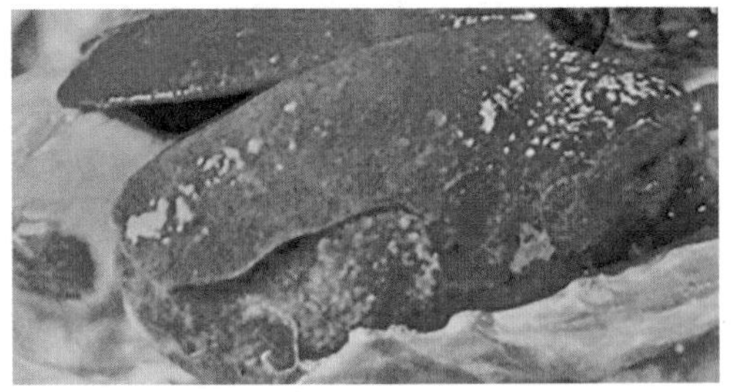

图2-302 鸡支原体病（一）

肝脏肿大，表面散在黄色坏死斑纹

【防治措施】本病的预防和治疗可参照鸡败血支原体病。预防所用疫苗有进口的禽滑液囊支原体菌苗，1~10周龄用于颈部皮下注射。10周龄以上用于肌内注射，每只每次0.5mL，连用2次，间隔4周。

十九、鸡衣原体病

鸡衣原体病又名鹦鹉热、鸟疫，是由鹦鹉衣原体引起的一种急性或慢性传染病。本病主要以呼吸道和消化道病变为特征，不仅会感染家禽和鸟类，也会危害人类的健康，给公共卫生带来严重危害。本病是一种世界性疾病，流行范围很广，在我国也普遍存在。

【流行病学】衣原体病主要通过空气传播，其次是经口感染，吸血昆虫也可传播该病。本病一年四季均可发生，以秋冬和春季发病最多。饲养管理不善、营养不良、阴雨连绵、气温突变、鸡舍潮湿、通风不良等应激因素，均能增加该病的发生率和死亡率。

【临床症状】鸡患病后，精神委顿，厌食，拉稀，排出黄绿色胶冻状粪便，消瘦。雏鸡主要症状为白痢样腹泻，厌食。严重感染的母鸡产蛋率迅速下降。本病以30~50日龄鸡死亡较多，病死率可达30%。

【病理变化】常见浆液性或浆液纤维素性心包炎。剖检病变为心脏肿大，心外膜增厚、充血，表面有纤维素性渗出物覆盖。肝肿大，肝周炎，颜色变淡，表面覆盖有纤维素。脾肿大，有时脾上可见灰黄色坏死灶。气囊膜增厚。腹腔浆膜和肠系膜静脉充血，表面覆盖泡沫状白色纤维素性渗出物。输卵管膨大、囊肿，有积液变化（图2-303~图2-306）。

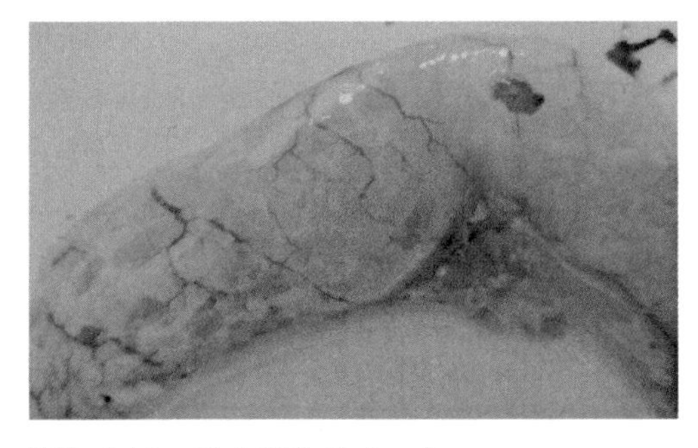

图2-303　鸡衣原体病（二）
产蛋鸡的输卵管膨大部可见管内有水泡囊肿

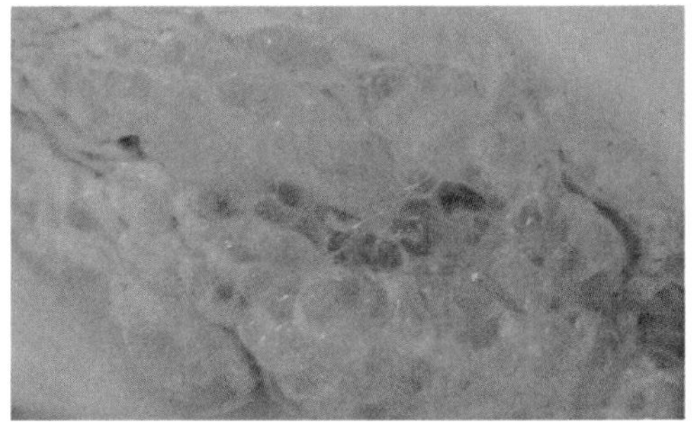

图2-304　鸡衣原体病（三）
产蛋鸡感染后，输卵管膨大部黏膜面水泡囊肿

【防治措施】

1. 预防

本病尚无有效疫苗。预防应加强管理，建立并严格执行防疫制度，搞好环境

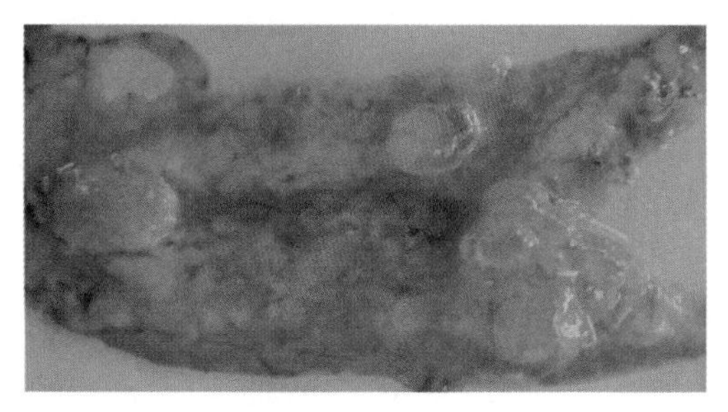

图2-305　鸡衣原体病（四）
产蛋鸡染病后，可见输卵管伞部水泡囊肿

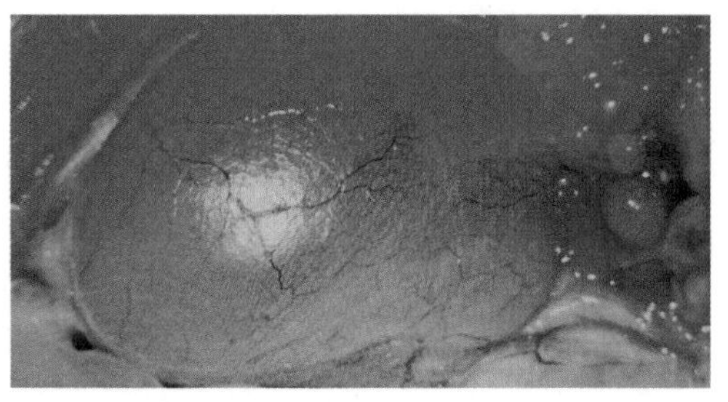

图2-306　鸡衣原体病（五）
剖检可见病鸡的输卵管积水

卫生，鸡舍和设备在使用之前进行彻底清洁和消毒，严格禁止野鸟和野生动物进入鸡舍。

发现病鸡立即淘汰，并销毁被污染的饲料等。鸡舍用2%甲醛溶液、2%漂白粉或0.1%新洁尔灭喷雾消毒。清扫时应避免尘土飞扬，以防止工作人员感染。

2. 治疗

大群治疗时可在每千克饲料中添加四环素0.4g，充分混合，连续喂给1～3周，可以减轻临床症状和消除病鸡身体组织内的病原，但对于隐性感染者效果不明显。也可用金霉素、土霉素、红霉素等，按说明书使用。

二十、鸡曲霉菌病

曲霉菌病是由曲霉菌引起的一种以侵害鸡呼吸道器官为主的真菌性疾病。其主要特征是在肺和气囊形成肉芽肿结节。本病急性爆发主要见于幼鸡，发病率和死亡率较高，因此又叫育雏室肺炎。成年鸡多为慢性，且呈散发性发生。

【临床症状】病鸡呼吸困难，常张口伸颈呼吸，腹部和两翅随着呼吸动作发生明显扇动，有时发出啰音（图2-307）。精神沉郁，常缩头闭眼，流鼻液，食欲减退，口渴，体温升高，后期常有下痢，泄殖腔周围被粪沾污。有的病鸡发生眼炎，眼睑充血肿胀，眼球向外凸出，多在一侧眼的瞬膜下形成黄色干酪样物质，致使眼睑鼓起，重者可见角膜中央形成溃疡。本病急性型病程2～7d。成年鸡和育成鸡多为慢性。

【病理变化】病变主要在呼吸系统，尤其肺脏和气囊。初期为卡他性炎症，炎性渗出液中若含有菌丝则眼观为灰白色；若含有分生孢子，渗出物则变为绿色。以后随着肉芽组织的增生，受害器官和组织常呈现肥厚，并在肺脏、气囊和胸膜上形成针头大或粟粒大的黄白色或灰白色结节，有时可互相融合成大的团块。结节切面层次分明，中心为干酪样坏死组织，有时可发现绒球状菌苔（图2-308、图2-309）。另外，在气管、支气管、肠壁和心脏等器官上都可以发现散在的灰白色结节，甚至有灰绿色的菌斑（图2-310）。慢性病例可见气囊呈皮革状，气囊内充满黄白色渗出物或大块干酪样物质。

图2-307　鸡曲霉菌病（一）

感染后雏鸡的张口伸颈呼吸困难症状

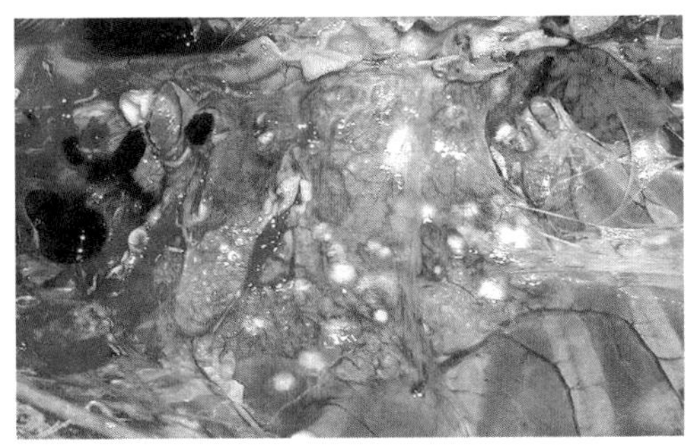

图2-308　鸡曲霉菌病（二）

病鸡的肺、气囊有粟粒大至绿豆大的黄白色小结节，有时用肉眼可见到灰黄色或黄绿色甚至黑色的霉菌菌丝体，特别以在气管、气囊和肺组织的病灶最为明显

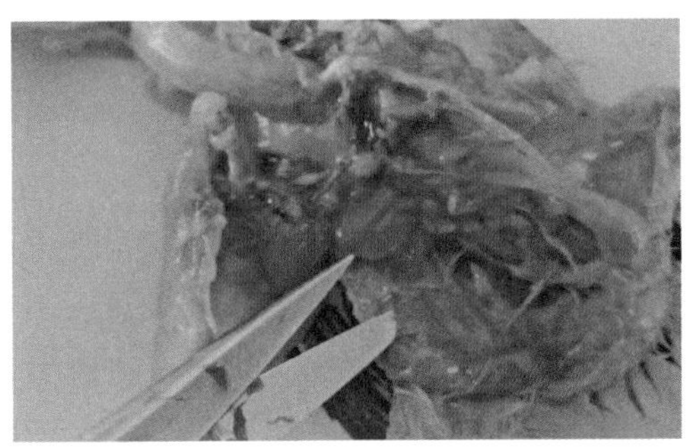

图2-309　鸡曲霉菌病（三）

黄曲霉感染后，在肺门部位的黄色绿豆大小的结节（剪尖处）

图2-310　鸡曲霉菌病（四）

烟曲霉感染后，在腹腔脏器表面形成的灰绿色菌斑

【鉴别诊断】鸡曲霉菌病应与支原体病、雏鸡白痢等相区别。支原体感染时可见流出鼻液及气囊炎。雏鸡白痢时除肺脏有坏死病变外，心、肝、脾等器官也可有病变并能检查到细菌。

【防治措施】预防本病的主要措施是加强卫生管理，保证鸡舍内通风良好，及时清洗和消毒料槽等用具，以防周围滋生霉菌。经常翻晒或用福尔马林熏蒸消毒垫料，严禁使用发霉的垫料和饲料（图2-311、图2-312）。

一旦发病应彻底清扫和消毒鸡舍并及时查明发病原因，以清除传染源。病鸡可用制霉菌素进行治疗，50万单位/（kg饲料）拌料喂服，雏鸡减半。同时在饮水中加入硫酸铜（1∶2000倍稀释）全群饮用，连用3～5d，可在一定程度上控制该病的发展。还可用制曲霉菌素治疗，每片（0.5g）喂鸡20只，连喂5~7d，同时用红霉素饮水。

中药方剂：桔梗250g，蒲公英、鱼腥草、紫苏叶各500g（1000只鸡用量）。用法：将上药煎汤取汁后拌料喂服，每天2次，连喂1周。另在饮水中配以0.1%高锰酸钾。

图2-311　鸡曲霉菌病（五）
因潮湿等原因而发霉变质的玉米

图2-312　鸡曲霉菌病（六）
发霉变质长了霉斑的玉米

二十一、鸡坏死性肠炎

鸡坏死性肠炎又称肠毒血症，是由魏氏梭菌引起的一种急性传染病。主要表现为病鸡排出黑色或混有血液的粪便。病死鸡以小肠后段黏膜坏死为主要特征。

【临床症状】本病常突然发生，病鸡往往没有明显症状就死亡。病程稍长可见病鸡精神沉郁，羽毛粗乱，食欲不振或废绝，排出黑色或混有血液的粪便。一般情况下发病鸡只较少，如治疗及时1~2周即告停息。死亡率为2%~3%，如有并发症或管理不善则死亡明显增加。

【病理变化】新鲜病鸡打开腹腔后，即可闻到一股一般疾病所少有的尸腐臭味。最特征的变化在肠道，尤其以小肠的中后段最明显，肠道浆膜面呈污灰黑色或黑绿色，肠腔扩张充气，粗度增加，粗度是正常肠管的2~3倍，肠壁增厚。肠腔内容物呈液状，有泡沫，为血样或黑绿色。肠黏膜坏死，有大小不等、形状不一的麸皮样坏死灶（图2-313~图2-315）。有的在黏膜上形成假膜，易剥脱。其他脏器，如肝脏、脾脏等，多为肿大、出血、坏死性等病变（图2-316）。

【防治措施】抗生素对本病有较好的治疗效果。据报道，林可霉素对本病有良好的作用，不但可以预防本病，还可以治疗本病。也可选用庆大霉素饮水，按10mg/（kg体重），每天2次，连服5d。在治疗的同时，鸡舍卫生条件要改善，认真做好卫生消毒，减少密度，加强通风，搞好饲养管理等项工作，这对于迅速控制本病有非常重要的作用。

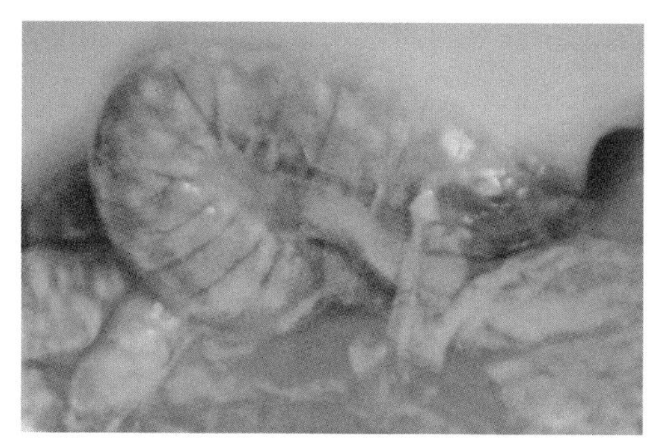

图2-313 坏死性肠炎（一）
肠道浆膜面有斑驳的坏死灶

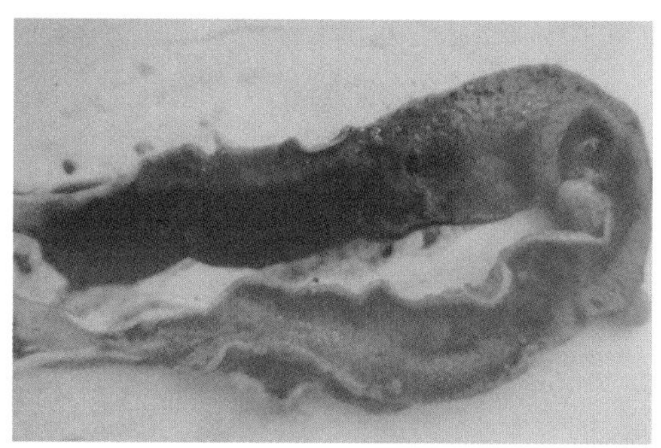

图2-314 坏死性肠炎（二）
后段回肠黏膜出血、坏死

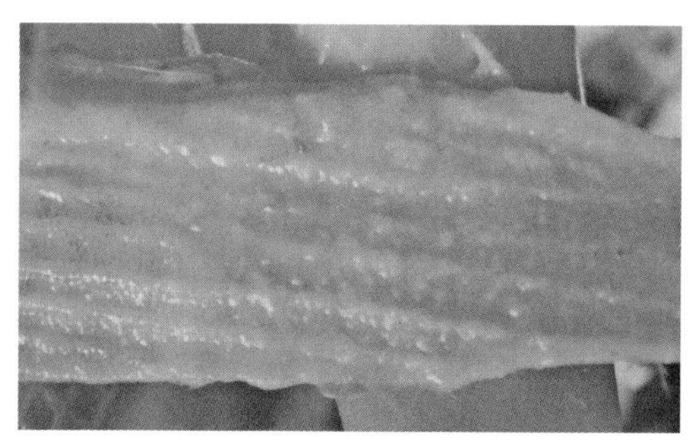

图2-315 坏死性肠炎（三）
病鸡的直肠、回肠黏膜表面有大量米粒大小的坏死灶

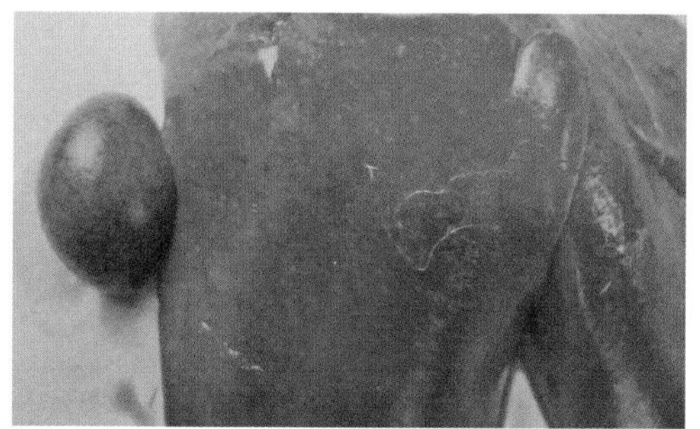

图2-316 坏死性肠炎（四）
病鸡剖检后可见肝脏布满针尖大小的黄白色坏死灶；脾脏点状出血、肿大

二十二、鸡结核病

鸡结核病是由结核分枝杆菌引起的成年鸡的一种慢性接触性传染病。本病的特征是慢性经过，渐进性消瘦，贫血，产蛋量减少或不产蛋，体重减轻。剖检时，可见在受害的脏器上，尤其是肝脏、脾脏和肠道，形成结核结节及类似干酪样的坏死灶。

【病原体】结核分枝杆菌，无芽孢，无荚膜，无鞭毛，不能运动，属于专性需氧菌，对营养的要求比较严格。对外界环境的抵抗力较强，特别是对干燥的抵抗力最强。分泌物中的细菌，在干燥环境中可存活6～8个月，在阳光下可活18～31d。细菌对化学药剂的抵抗力也较强，但是对2%来苏儿、5%苯酚、3%甲醛、10%漂白粉、70%～75%酒精敏感。结核分枝杆菌对链霉素、异烟肼、利福平等药物敏感，有抑菌或杀菌作用。

【流行病学】结核分枝杆菌主要侵害家禽和鸟类，各种品种和不同年龄的家禽均可感染，猪亦有易感性；其次是牛、羊，人也可感染。

病鸡是主要传染来源，可经肠道的溃疡灶和肝、胆的结核病灶排菌，也可通过粪便排出大量结核分枝杆菌。排出的病菌污染饲料、饮水、鸡舍、土壤、垫草和环境等，被健康的鸡采食后，主要经消化道感染。呼吸道分泌物也可能排菌，也可由吸入带菌的尘埃经呼吸道感染。病鸡与健康鸡同群混养，可将病散播开。人、饲养管理用具、车辆等也可促进传播。鸡舍及环境卫生太差、消毒不严、管理不善、密度过大、阴暗潮湿、通风不良等均可促进本病的发生。本病多为散发，发病率极低。雏鸡比成鸡易感，但发病鸡多为成年鸡。

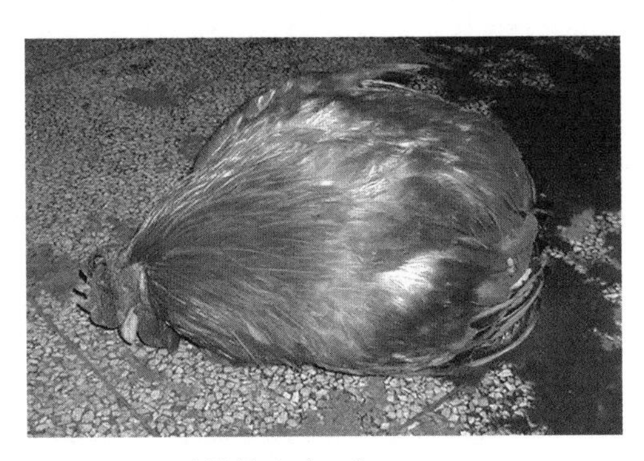

图2-317　鸡结核病（一）

病鸡后期瘫痪；死亡鸡只的鸡冠和肉髯褪色、萎缩

【临床症状】病鸡精神沉郁，食欲正常，但体重减轻。消瘦，胸肌萎缩，胸骨变形，体形变小。鸡冠、肉垂和耳垂褪色、萎缩（图2-317）。病鸡常下痢，有的瘫痪。

【病理变化】病鸡肝肿大，有粟粒至黄豆粒大的黄白色结核结节，有的融合成大结节（图2-318）。脾脏肿大数倍，散在多数黄白色硬实结节。小肠、盲肠、肺、骨等组织器官均可见结核结节（图2-319）。

图2-318　鸡结核病（二）

病鸡肝脏肿大，肝脏有粟粒大至黄豆粒大小的黄白色结核结节

图2-319　鸡结核病（三）

病死鸡解剖后，见到的肠道的黄白色结核结节

【实验室诊断】一般采用禽结核菌素变态反应来检查隐性感染的病鸡。方法是用结核菌0.03～0.05mL注射在鸡的一侧肉髯皮内，36～48h内检查，如果注射侧肉髯比正常侧大1～5倍，则是阳性。过6个月后再检疫第二次。直到所有阳性鸡全部检出为止。

【防治措施】为防止人感染本病，一般不主张对病鸡进行治疗。若有治疗必要，使用链霉素效果较好，每千克体重肌注2万单位，每天1～2次，连注5d，停药1d，再注5d。

淘汰感染鸡群，废弃老鸡舍、老设备，或进行彻底消毒。严禁从外地引进病鸡，引进鸡时要进行隔离检疫。对患病鸡群及时淘汰处理。

根据鸡结核病的特点，可采取以下一些方面的具体防治措施。

① 养鸡场的鸡发现结核病时，应及时进行处理。病死鸡最好焚烧处理。

② 鸡舍及环境进行彻底清扫和消毒　清除的粪便应堆积发酵、沤肥。地面用火碱水消毒，如为泥土地面，应铲去表层土壤，消毒和更换新土。污染场地要想彻底清除病原体是困难的，因为病原体在土壤中可保持毒力达数年之久。

③ 如果鸡群中不断出现结核病鸡只（如尸体剖检时见有结核病变），应将病鸡、消瘦及产蛋少或不产蛋的老龄鸡淘汰，实际上将全群淘汰更为有利。同时，老龄鸡也是最危险的传染源。病鸡的蛋不能作种用。必要时，用禽型结核菌素作变态反应或快速平板凝集反应进行检查，出现阳性反应的鸡应予淘汰，以清除传染源。

④ 据试验，口服卡介苗（干粉苗）预防有一定效果。方法：2～2.5月龄鸡，每只0.25～0.5mg干粉苗，混在饲料中喂给，隔天1次，连喂3次。

二十三、鼻气管炎鸟杆菌病

本病是由属于革兰氏染色阴性的鼻气管炎鸟杆菌引起的一种传染病。不同年龄的鸡都可以感染。通过空气水平传播是其感染的主要途径。此外也可以通过种蛋进行传播。以3～4周龄的肉用仔鸡最容易感染。

【临床症状】单纯的鼻气管炎鸟杆菌感染往往不引起明显的呼吸症状，但在鸡新城疫、禽流感、大肠杆菌、支原体等病的协同感染下以及一些有害因子存在时，可加重其感染性，并且表现为明显的呼吸道症状。流鼻涕，严重的张口呼吸，有时面部、眶下窦肿胀，眼睑充血、出血（图2-320）。排出黄白色稀粪。同一性别的鸡，体重大的鸡往往病情更重，如果是肉鸡，往往因呼吸困难而引起瘫痪，随后突然死亡（图2-321）。3～4周龄的肉鸡死亡率为2%～10%。成年母鸡感染时，产蛋量下降，畸形蛋增多（图2-322、图2-323）。

【病理变化】气管内有大量的黏液。心包聚集大量混浊的心包液。胸气囊、腹气囊混浊，呈黄色云雾状或乳白色云雾状，可转为化脓性肺炎、化脓性胸膜炎（图2-324）。

肺脏严重充血、出血，甚至形成严重的单侧性或双侧性化脓性肺炎，重症个体可以导致肺脏的肿大、实变、肉变。成年蛋鸡可造成二级支气管钙化变硬，失去气体交换的功能（图2-325～图2-327）。严重病例可见气管和支气管内充满大量干酪样物质（图2-328）。腹膜腔内有大量的纤维素性渗出物。有时还有关节炎，肝脏出血、淤血、变性等的病变（图2-329）。

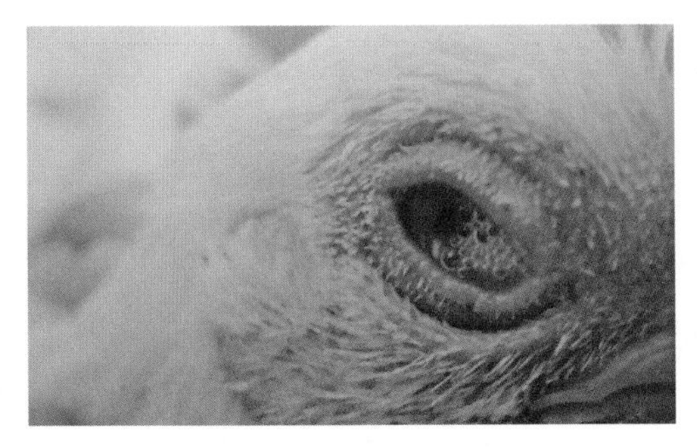

图2-320　鸡鼻气管炎鸟杆菌病（一）

病鸡出现流眼泪症状，眼睛变成椭圆形

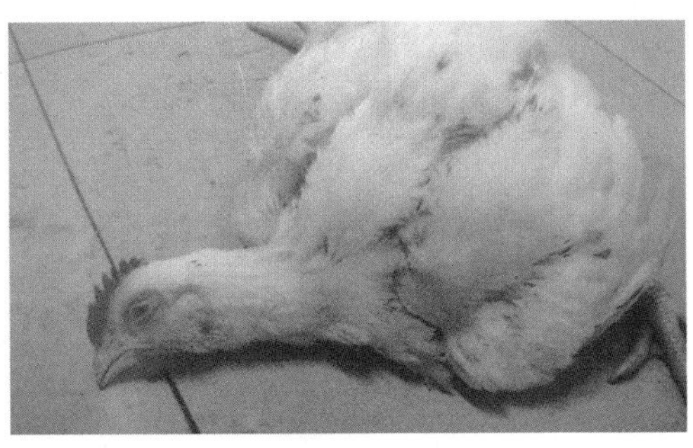

图2-321　鸡鼻气管炎鸟杆菌病（二）

病鸡呼吸困难、缺氧，全身瘫软无力

图2-322　鸡鼻气管炎鸟杆菌病（三）

病鸡产的畸形蛋，如薄壳蛋、软壳蛋、无壳蛋、畸形蛋等

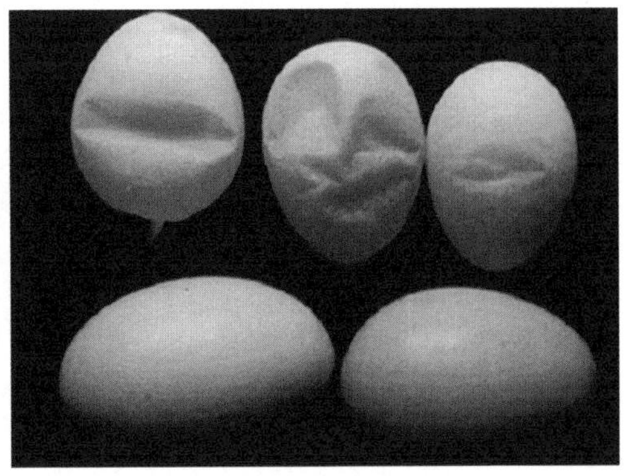

图2-323　鸡鼻气管炎鸟杆菌病（四）

病鸡产的软壳蛋、双黄蛋

图2-324　鸡鼻气管炎鸟杆菌病（五）

病鸡的化脓性肺炎和胸膜炎

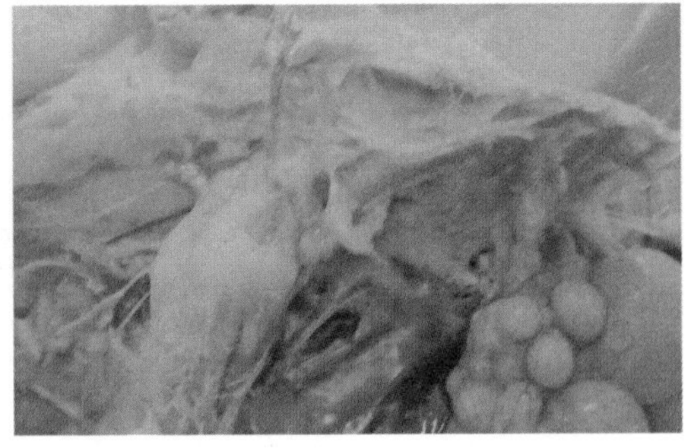

图2-325　鸡鼻气管炎鸟杆菌病（六）

病鸡的纤维素性气囊炎、心包炎；肺脏靠近肺门处已经形成肉变、实变

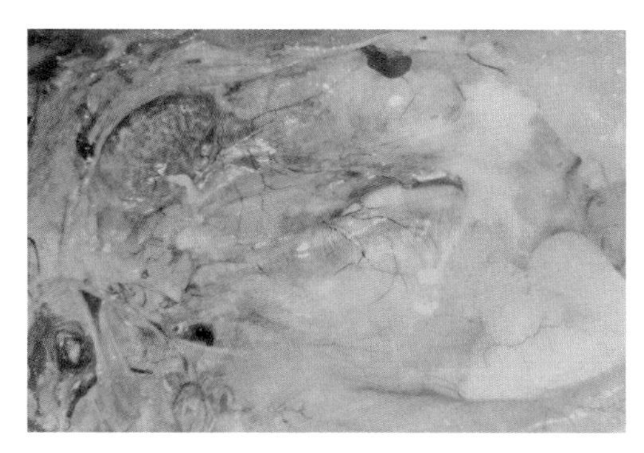

图2-326　鸡鼻气管炎鸟杆菌病（七）
胸气囊、腹气囊混浊，呈黄白色云雾状或乳白色云雾状

图2-327　鸡鼻气管炎鸟杆菌病（八）
一侧肺脏实质变性或肉变（左侧）

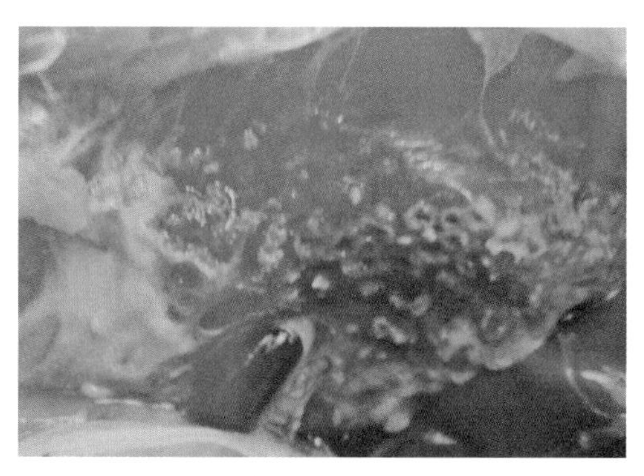

图2-328　鸡鼻气管炎鸟杆菌病（九）
实质变性的肺脏横断面的二级支气管的管壁钙化，并充满干酪样物质

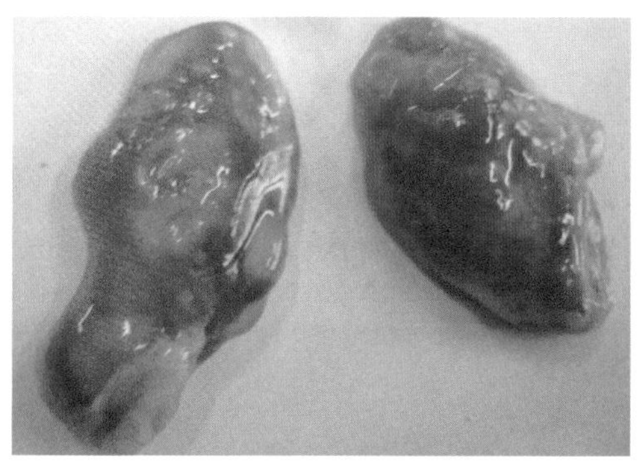

图2-329　鸡鼻气管炎鸟杆菌病（十）
病死鸡的肝脏出血、淤血，肝实质变性

【防治措施】由于本病具有垂直传播和水平传播的特点，因此，对种鸡的检测和净化是预防本病的重要途径。种鸡场在孵化过程中，对种蛋要严格消毒，以杜绝通过种蛋导致雏鸡发病。

由于鼻气管炎鸟杆菌极易产生耐药性，且不同的菌株对抗生素的敏感程度不同，所以治疗起来较为困难。一定要通过药敏试验，且用药的剂量要足，疗程也要适当延长。可选用青霉素、壮观霉素等进行治疗。

又由于本病感染后可导致水肿、出血甚至脓肿现象，且往往与多种病原并发感染，治疗过程中可以配合维生素C和止咳、平喘、祛痰的方剂一起治疗，效果会更好一些。

二十四、铜绿假单胞菌病

本病是由假单胞菌属的革兰氏染色阴性的铜绿假单胞杆菌引起的。它可以分泌内毒素和外毒素（外毒素A和磷脂酶C），从而引起血液中的血小板、白细胞减少，血小板聚集并沉积于肺脏。

【流行病学】本病可以通过接触、伤口和呼吸道途径感染任何日龄的鸡，尤其是危害雏鸡，引起雏鸡发生败血症。本病发病快，雏鸡多呈爆发式流行，中雏和成年鸡可由环境卫生和饲养管理不当而感染，并呈慢性感染。

【临床症状】精神沉郁、食欲减少、呼吸困难甚至张口呼吸。口鼻流黏液，排出黄白色粪便（图2-330）。皮肤由于淤血而呈青紫色、发绀（图2-331）。若在死亡高峰期，可出现无症状突然死亡。

图2-330　铜绿假单胞菌病（一）

病鸡精神沉郁，食欲下降，呼吸困难甚至张口呼吸，口鼻有黏液，排黄白色粪便

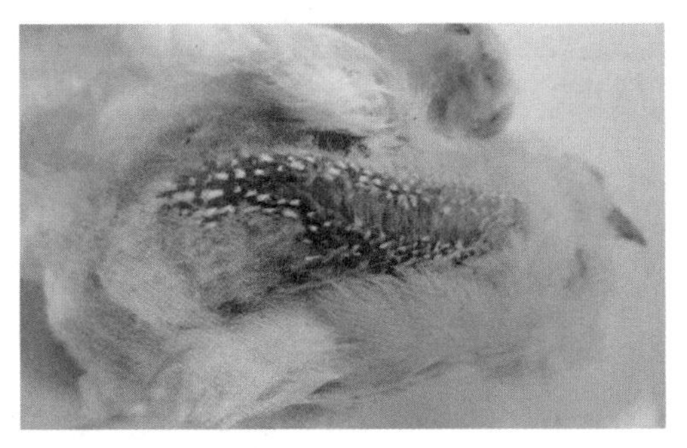

图2-331　铜绿假单胞菌病（二）

病鸡腹部皮肤严重淤血、发绀

【病理变化】气管严重出血，多为血性黏液。肺脏肿大充血，呈紫红色，有的有出血点（图2-332）。心包积液，心外膜、心冠脂肪出血。肝脏肿大，质变脆，呈土黄色，有的肝脏有黄白色坏死斑和坏死点，胆囊充盈。有的肝脏和心脏表面附有纤维素性渗出物（图2-333）。肾脏肿大、出血。泄殖腔有白色粪便。有的病鸡有关节肿大变化，关节液黏稠或有白色脓汁。

【防治措施】主要是加强综合性措施。对于种鸡场和孵化场来说，要做好种蛋、孵化室、出雏室的清洁卫生和消毒工作。雏鸡出壳后进行疫苗注射时，要注意针头的消毒和更换针头，防止由于针头的污染而导致注射部位感染。

治疗可选用庆大霉素、环丙沙星等药物。但由于铜绿假单胞菌容易产生耐药性，故鸡群感染后，可根据药敏试验筛选敏感的药物进行防治，并适当补充多种维生素以防止应激反应，提高鸡群的抗病能力。

图2-332　铜绿假单胞菌病（三）
病鸡的肺脏充血、出血，呈现紫红色

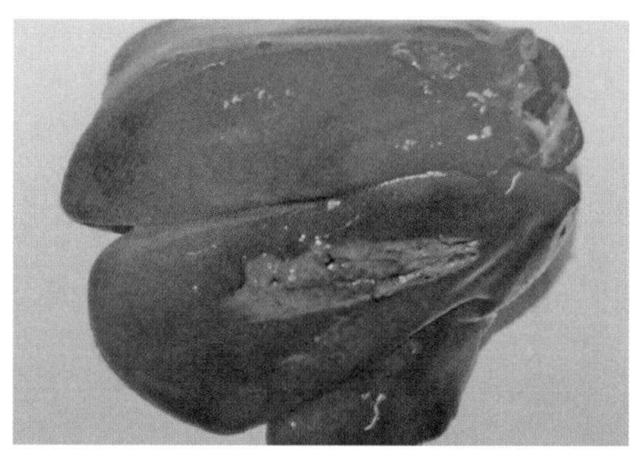

图2-333　铜绿假单胞菌病（四）
肝脏肿大、质脆，呈土黄色或黄绿色，上面有黄白色坏死点

二十五、鸡弯曲杆菌病

鸡弯曲杆菌病又称为鸡弧菌性肝炎，是由空肠弯曲杆菌引起的一种成年鸡和后备鸡的一种细菌性传染病。本病的感染率高、死亡率低，常常呈慢性经过。

【病原体】本病的病原体是一种革兰氏染色阴性、微嗜氧的弯杆菌，呈逗点状或“S”状。各年龄段的鸡都可感染，但常见于初产或开产数月之内的鸡。其感染途径主要是消化道。病鸡和带菌鸡是主要的传染源。病菌随着粪便排出，污染饲料、饮水或用具，如果被健康鸡食入，则可通过消化道感染鸡群。本病多呈散发性或地方性流行，在鸡群中发病率高，但死亡率低，仅为2%～5%。

【临床症状】病鸡主要表现为精神不振，体重减轻。鸡冠萎缩而带皮屑。水样粪便或排出黄白色稀粪。本病发展缓慢，常常出现肥壮的鸡急性死亡，死前可能还在产蛋。开产后感染的鸡群产蛋率可降低25%～40%。肉鸡感染往往会导致采食量下降，体重减轻。

【病理变化】本病特征性病变器官是肝脏。急性病例表现为肝脏实质性变性、肿大、质脆，肝被膜下有出血区、血肿或坏死。有时肝脏表面有许多不规则的、斑驳的出血点或出血斑。多数情况下表现为肝脏表面和实质密布大量星芒状黄白色坏死灶（图2-334～图2-336）。

图2-334　鸡弯曲杆菌病（一）
病鸡的肝脏体积变大、质地变硬，表面有大量不规则的灰黄色坏死灶

【防治措施】

（1）加强饲养管理和卫生消毒　保持鸡饲槽、水槽及用具的清洁卫生。

供给鸡只营养丰富的饲料，精心饲养。青年鸡和成年产蛋鸡应加强鸡舍粪便的清理工作，做到不同用途的器具分开使用，防止细菌的交叉感染。

（2）发病后的防治措施　在隔离病鸡、加强环境消毒的同时，应该在治疗上侧重保肝、抗菌两个方面的治疗，同时注意补充维生素C和维生素E，这有助于病情的恢复。

治疗可选用四环素、环丙沙星、红霉素、庆大霉素、链霉素等药物。有条件的养殖场可以通过药敏试验，筛选对本场分离出的弯曲杆菌高敏的药物进行治疗。

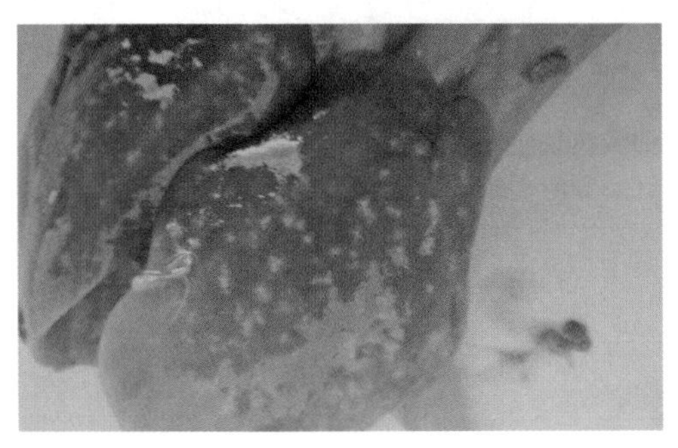

图2-335　鸡弯曲杆菌病（二）

剖检可见病鸡的肝脏表面和肝脏实质密布大量星芒状、不规则的黄白色的坏死灶

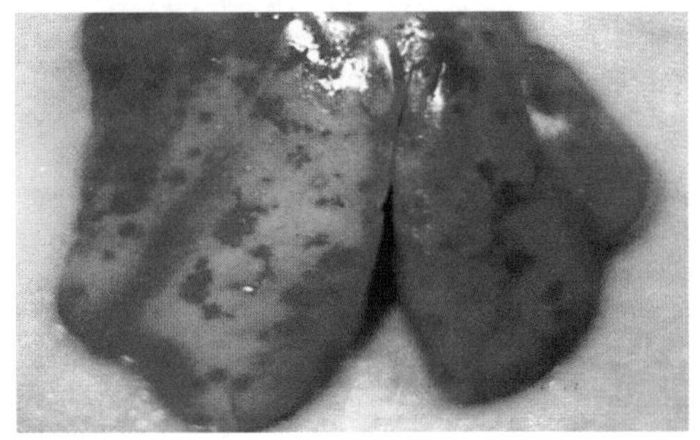

图2-336　鸡弯曲杆菌病（三）

肝脏肿大，呈灰黄色，表面有大量不规则的灰黄色坏死灶

二十六、白色念珠菌病

白色念珠菌病又称霉菌性口炎、白色念珠菌感染，俗称鹅口疮，是由白色念珠菌引起的禽类上消化道的一种霉菌病，其特征是在上消化道黏膜发生白色假膜和溃疡。本病是一种内源性的条件性疾病，当菌群失调或宿主抵抗力较弱时，以及饲养管理不善和饲养环境差时就会引发本病。

由于念珠菌病不会直接给鸡群带来大面积死亡，所以没有被引起足够的重视。但本病能给鸡带来严重的免疫抑制，造成免疫应答水平低下，体质衰弱，抗病差，易引发呼吸道疾病、大肠杆菌病、病毒性疾病等。发病后肉鸡瘦弱，蛋鸡产蛋下降，给养殖户带来巨大的损失。

【流行病学】念珠菌属于酵母类真菌，包括很多种类，其中白色念珠菌是最为常见的致病菌。本菌是健康家禽消化道内最为常见的共生性真菌，因此，其发生主要有两个途径，即内源性感染和外源性感染。

多种禽类对白色念珠菌均易感，其中鸡和鸽的易感性最强。本病以幼龄鸡多发，多发于夏秋炎热多雨季节，因为念珠菌可以在饲料中生长，故霉变饲料也是夏、秋季节白色念珠菌感染的主要来源。病鸡和带菌鸡是主要传染来源，病原通过分泌物、排泄物污染饲料、饮水及垫草后经消化道感染。

【临床症状】本病一般表现为亚急性和慢性经过，并且以消化道损伤为主要特征。病鸡精神不振，食量减少或停食，消瘦，羽毛松乱。有的鸡在眼睑、口角出现痂皮样病变，开始为基底潮红，散在大小不一的灰白色丘疹，继而扩大蔓延融合成片，高出皮肤表面，凹凸不平。病鸡嗉囊胀满，但明显松软下垂，挤压时有痛感，并有酸臭气体自口中排出。有的病鸡下痢，粪便呈灰白色。严重病例口腔、舌面、咽喉部黏膜可见白色隆起的溃疡或易于剥离的假膜。一般1周左右死亡。

【病理变化】病理变化主要集中在上消化道，以口腔、舌面、咽喉、食道、嗉囊与腺胃病变为主。口腔和食道有干酪样假膜和溃疡。嗉囊内容物有酸臭味，嗉囊皱褶变粗，被覆一层灰白色斑块状假膜，呈典型“毛巾样”，易刮落，剥落后假膜下可见白色凹陷的坏死和溃疡（图2-337、图2-338）。少数病例的病变可波及腺胃，引起腺胃黏膜肿胀、出血和溃疡。有的病例在腺胃和肌胃交界处的膜和肌胃角质膜变软，并向肌胃角质膜延伸，使肌胃角质膜面积缩小。十二指肠黏膜增厚，黏膜表面覆盖白色黏稠的食糜样内容物。

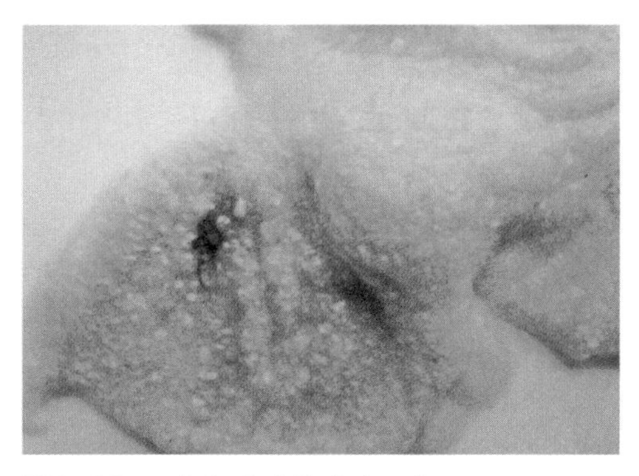

图2-337 白色念珠菌病（一）

感染白色念珠菌后，鸡嗉囊黏膜的“毛巾样”病变

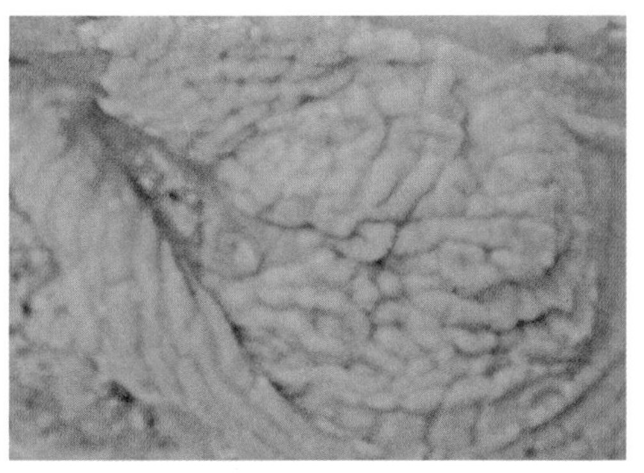

图2-338 白色念珠菌病（二）

病鸡的嗉囊黏膜增厚，黏膜面形成易于剥落的假膜

【防治措施】本病没有特异性的防治办法。鸡场应认真贯彻兽医综合防治措施，减少应激因素对鸡群的干扰，提高鸡群抗病能力。特别应注意的是防止饲料霉变，不喂发霉变质饲料。搞好鸡舍和饮水的卫生消毒工作，不同日龄鸡不要混养等是防制本病的重要措施。

本病一旦发生，单纯的治疗效果往往不佳。在治疗的同时应改善饲养管理条件。治疗常在饮水中添加0.07%的硫酸铜溶液，连服1周，对大群防治有一定效果。

制霉菌素按每千克饲料加入50～100mg（预防量减半）连用1～3周，或每只每次20mg，每天2次连喂7d。也有人认为在投服制霉菌素时，还需适量补给复合维生素B，对鸡念珠菌病有较好防治效果。

第三章 鸡的主要寄生虫病诊断与防治

一、鸡羽虱病

鸡羽虱是鸡的一种常见的体表寄生虫，多发生在寒冷季节。各种鸡羽虱主要寄生在羽毛的基部及羽轴上，以羽毛、皮屑、血液及皮肤分泌物为食，因此患鸡表现羽毛断折，皮肤损伤，发痒，消瘦贫血，生长发育受阻，产蛋鸡产蛋下降，并对其他疾病的抵抗力降低。寄生严重时使鸡只不得安宁，发育停止。显著特征是病鸡身体各着生羽毛的部位可见大量的羽虱和羽虱卵。

【病原体】鸡羽虱体小，雄虫体长1.7～1.9mm，雌虫体长1.8～2.1mm。其在白天藏伏于墙壁、栖架、产蛋箱等的缝隙及松散干粪等处，或鸡羽毛的基部及羽轴上，并在这些地方产卵繁殖，经4～5d孵出幼虱；夜晚则成群爬到鸡身上叮咬吸血，每次一个多小时，吸饱后离开。羽虱平均寿命一般为几个月，其成虫能耐饥饿，不吸血状态可生存82～113d。

【临床症状及病理变化】羽虱寄生的数量多时，鸡贫血消瘦。雏鸡如果感染严重，则会因大量失血造成死亡。鸡群时常躁动不安，经常出现惊群现象。羽毛蓬乱，断折居多，多数鸡只啄自身羽毛。掉毛处皮肤可见红疹、皮屑。查看鸡体，可见头、颈、背、腹、翅下羽毛较稀部位及主羽毛基部上有大量羽虱爬动，同时可见到大量的羽虱卵（图3-1、图3-2）。羽虱大量寄生时，患鸡奇痒，不安，影响采食和休息（图3-3）。生长发育迟缓，产蛋鸡产蛋量下降。

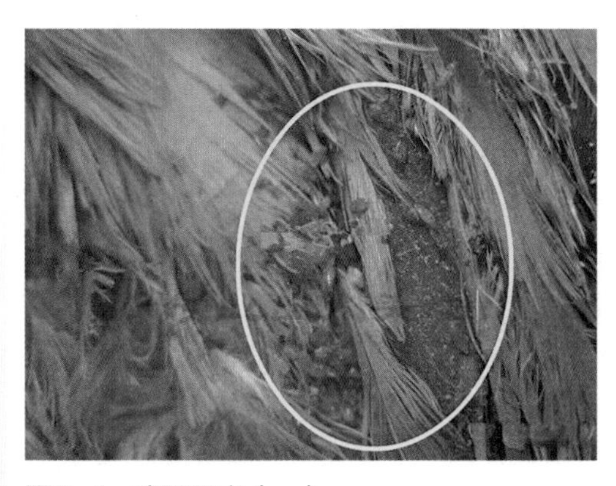

图3-1　鸡羽虱病（一）

皮肤上寄生的鸡羽虱

【防治措施】

（1）彻底清扫鸡舍的卫生　清除粪便、垃圾、杂物，能烧的烧掉。用

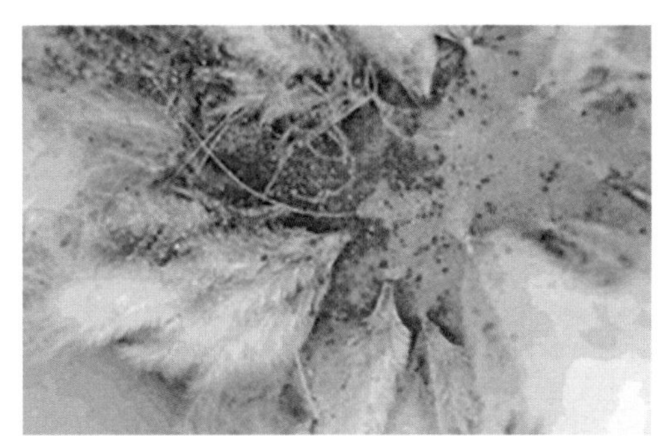

图3-2 鸡羽虱病（二）
鸡体表寄生的羽虱

图3-3 鸡羽虱病（三）
鸡背部寄生羽虱造成的脱毛症状

杀虫药液如高效氯氰菊酯、溴氰菊酯（敌杀死）等充分喷淋，再堆到远处。可用2.5%高效氯氰菊酯溶液喷鸡舍、栖架、鸡体和地面及墙壁。但用药量不能过大，以稍湿润为度，每周1次，连用3次。

对羽虱栖息处包括墙缝、网架缝、产蛋箱等，用上述杀虫药液喷至湿透，间隔1周再喷一次，注意不要喷进料槽与水槽。

（2）内服用药　伊维菌素按0.2mg/（kg体重），混于饲料中内服。隔10d之后，再按0.2mg/（kg体重）投药1次，连用3次。

二、鸡螨病

鸡螨属节肢动物门蛛形纲的一类螨虫。它体形微小，主要靠吸食鸡血为生，轻者使雏鸡生长发育停滞，使成年鸡产蛋量下降，重者引起消瘦、贫血甚至死亡。同时，通过叮咬鸡只可传播鸡痘、鸡新城疫、大肠杆菌病等疾病。

【病原体】鸡螨一般白天隐藏在隐秘的地方，如寄居于鸡舍的墙缝、鸡笼及笼架的缝隙和食槽、水管夹缝等处，夜间侵袭鸡只吸血。螨虫主要集中在鸡体的肛门周围、腹部等处，甚至爬至鸡蛋表面，引起鸡皮肤瘙痒粗糙、羽毛脱落（图3-4、图3-5）。笼养鸡发生严重时，很容易被发现。鸡螨的种类有多种，对鸡危害严重的有鸡刺皮螨、林禽刺螨、脱羽膝螨、鸡突变膝螨等。

（1）鸡刺皮螨　鸡刺皮螨又叫红螨、栖架螨，是一种夜间活动虫体，白天不易发现，主要吸食鸡血（有时也吸人血），其主要生活在鸡舍的笼具、料槽上。成螨的耐饥能力很强，4～5个月不吸血仍能存活，在适宜的条件下饥饿的螨虫会有强烈的活动和迁移，但是在干燥的环境下容易死亡。

（2）林禽刺螨　林禽刺螨也叫北方羽螨，成虫呈长椭圆形，形态与鸡刺皮螨相似，但背板呈纺锤形。

（3）脱羽膝螨　寄生在鸡羽毛根部，成虫形态呈球形。

图3-4　鸡螨病（一）

鸡蛋表面爬着的众多螨虫

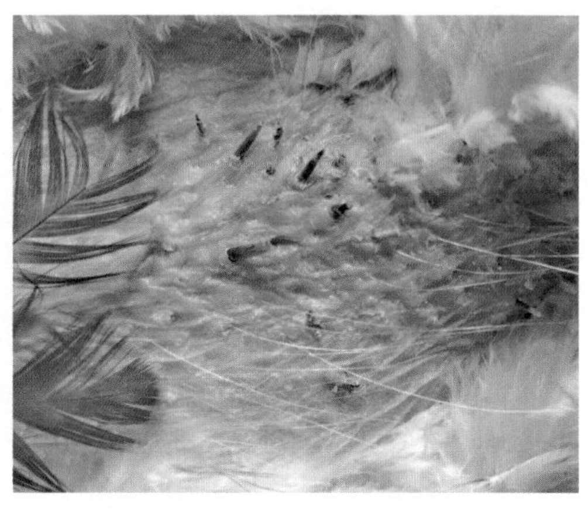

图3-5　鸡螨病（二）

鸡皮肤寄生皮刺螨造成的症状

（4）鸡突变膝螨　鸡突变膝螨也叫鳞足螨，常寄生于年龄较大的鸡的腿脚的鳞片内，并在患部深层产卵繁殖，整个生活史不离开患部，使患部发炎。

【临床症状及病理变化】本病的症状及病理变化因病原体的种类不同而有一定的差异。

（1）鸡刺皮螨的寄生有全身性，吸食鸡体血液和组织液，并分泌毒素引发鸡皮肤红肿、损伤，继发炎症，骚扰引起鸡不安，影响采食和休息，导致鸡体消瘦、贫血、生长缓慢、浪费饲料营养、养殖成本上升、生产效益下降，严重影响上市品质。

（2）林禽刺螨伏在鸡体上昼夜吸血，严重感染时可使羽毛变黑，肛门周围皮肤结痂龟裂。受感染的鸡群产蛋量减少，饲料消耗增加，感染严重的可造成鸡体贫血，甚至死亡。

（3）脱羽膝螨寄生部位引起剧烈瘙痒，以致鸡自己啄掉大片羽毛。危害多在夏季。

（4）鸡突变膝螨病患处先起鳞片，接着皮肤增生而变粗糙，裂缝，流出大量渗出液。干燥后形成白色的痂皮，好像涂上一层石灰样的物质，因而突变膝螨生虫病又叫“鸡石灰脚”病。如不及时治疗，可引起关节炎、趾骨坏死而发生畸形，鸡只行走困难，采食、生长、产蛋都受影响。

【防治措施】

1. 预防

（1）保持圈舍和环境的清洁卫生　定期清理粪便，清除杂草、污物，堵塞墙缝，粪便集中堆肥发酵等，以减少螨虫数量。定期使用杀虫剂预防，一般在鸡出栏后对圈舍和运动场地全面喷洒，间隔10d左右再喷洒1次。

（2）防止交叉感染　新老鸡群分隔饲养，避免混养，防止交叉感染。严格执行全进全出制度。严格卫生检疫，发现感染及时诊治。

2. 治疗

① 取20%的氰戊菊酯乳油1mL，加水10L，给鸡体药浴（鸡头部露出水面，反复提摆，使得羽毛充分湿透），并喷洒鸡窝、栖架、产蛋箱、墙壁等处。

要求鸡体灭虫与环境灭虫同步进行。也可将药液喷洒在沙堆或木屑上，让鸡自由地进行“沙浴”或“木屑浴”，防治效果也非常好，且用法简单安全。需要注意的是，鸡对于敌百虫特别敏感，很容易造成中毒，不要使用。

② 每千克水中加50～80mg敌杀死，涂刷或喷洒于鸡体，同时用此药液喷洒鸡舍、鸡窝和墙壁缝隙，房舍可用石灰水粉刷消毒。

③ 感染鸡群的治疗还可用阿维菌素、伊维菌素等拌料内服，用量为每千克饲料拌0.15～0.2g。对商品鸡可用灭虫菊酯带鸡喷雾。

④ 对于鸡突变膝螨，还要采取以下措施：先将病鸡脚泡入温肥皂水中，使痂皮泡软，除去痂皮，涂上20%硫黄软膏，每天2次，连用3～5d。也可将鸡脚浸泡在0.2%三氯杀螨醇溶液中4～5min，一面用刀刮去结痂，一面用小刷子刷脚，使药液渗入组织内以杀死虫体。间隔2～3周后，可再处理1次。

三、鸡球虫病

鸡球虫病是由一种单细胞的寄生原虫引起的雏鸡容易感染的急性流行性原虫病（寄生虫病），尤其以3～7周龄的雏鸡最易感染，以春、夏季发生最多。感染球虫后有较高的发病率和死亡率。球虫自粪便中排出，在垫料中发育，在体内潜伏期为4～6d。据统计，在育雏期死亡的鸡中，因球虫而死的可占到11%左右。

【流行病学】各个品种的鸡均有易感性，3～7周龄的鸡发病率和致死率都较高，成年鸡对球虫有一定的抵抗力。病鸡是主要传染源，凡被带虫鸡污染过的饲料、饮水、土壤和用具等，都有卵囊存在。鸡感染球虫的途径主要是吃了感染性卵囊。饲养管理条件不良，鸡舍潮湿、拥挤，卫生条件差，潮湿多雨、气温较高的季节易爆发球虫病。

【临床症状】球虫病的症状因鸡的感染程度及球虫的种类和饲养管理条件的不同而不同，根据病程的长短，可分为急性和慢性两类。

（1）急性球虫病　多见于雏鸡，病程1～3周。早期病鸡精神沉郁，头蜷缩，双翅下垂，闭目呆立，食欲不振，饮欲增加。被毛粗乱，粪便增多变稀，泄殖腔周围羽毛常因稀粪而粘连在一起。嗉囊内充满液体。贫血，鸡冠、肉垂等可视黏膜苍白。身体脱水，皮肤皱缩，逐渐消瘦。随着病情的发展，病鸡翅膀轻瘫，运动失调，病鸡常排红色胡萝卜样粪便，重者排出的全是血便。若感染柔嫩艾美耳

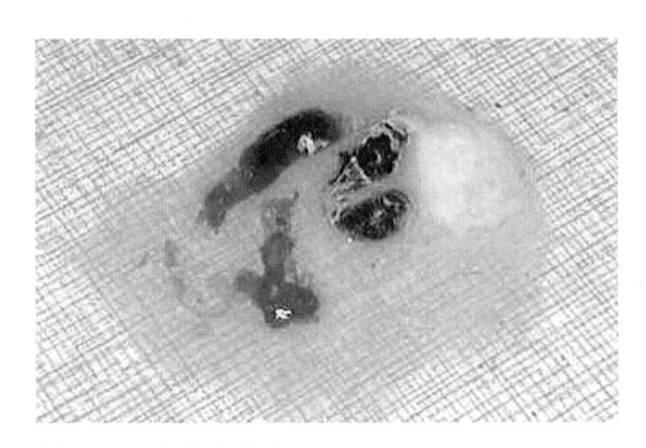

图3-6　鸡球虫病（一）

病鸡排出橘红色血样粪便

球虫，开始时粪便为咖啡色，以后变为完全的血粪（图3-6～图3-8）。死鸡泄殖腔周围常沾有血迹，并含有大量脱落的肠黏膜。如不及时采取措施，雏鸡死亡率可达50%～80%。恢复者生长缓慢。

（2）慢性球虫病　多见于4～6月龄的青年鸡或成年鸡。见于少量球虫感染，以及致病力不强的球虫感染（如堆型艾美耳球虫、巨型艾美耳球虫）。病鸡逐渐消瘦，间歇性下痢，但粪便中多不带血。病程长短不一，生产性能下降，对其他疾病易感性增强。成年鸡主要表现体重增长慢或减轻，产蛋减少。

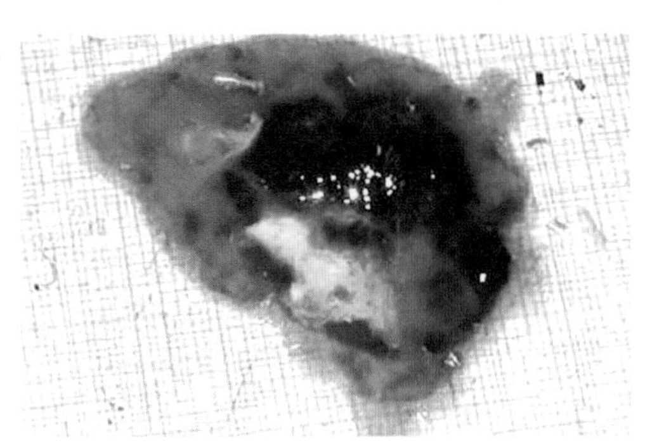

图3-7　鸡球虫病（二）

病鸡排出暗黑色粪便

图3-8　鸡球虫病（三）

病鸡排出血便

【**病理变化**】寄生在鸡体的球虫主要是艾美耳属的多种球虫。其中对鸡危害最大的是寄生于盲肠中的柔嫩艾美尔球虫和寄生于小肠黏膜中的毒害艾美尔球虫，它们引起鸡的肠型球虫病。其次是堆型艾美尔球虫、巨型艾美尔球虫和哈氏艾美尔球虫，造成鸡冠、肉髯等黏膜苍白，内脏变化主要发生在肠管，病变部位和程度与球虫的种类有关。急性病例肠管粗、有密集出血点。

（1）柔嫩艾美耳球虫病变　主要侵害盲肠。两支盲肠显著肿大，粗度可为正常的3～5倍。盲肠外表呈暗红色，肠腔中充满新鲜或暗红色的血凝块，或充满血液及肠黏膜坏死物。肠壁的浆膜面可见有灰白色小斑点。盲肠上皮变厚，并有坏死灶或严重的糜烂（图3-9、图3-10）。

（2）毒害艾美耳球虫　损害小肠中段，使肠壁扩张、增厚和有严重的坏死。在裂殖体繁殖的部位有明显的淡白色斑点状坏死灶，黏膜上有许多小出血点，肠管中有凝固的血液或有胡萝卜色胶冻状的内容物（图3-11～图3-13）。

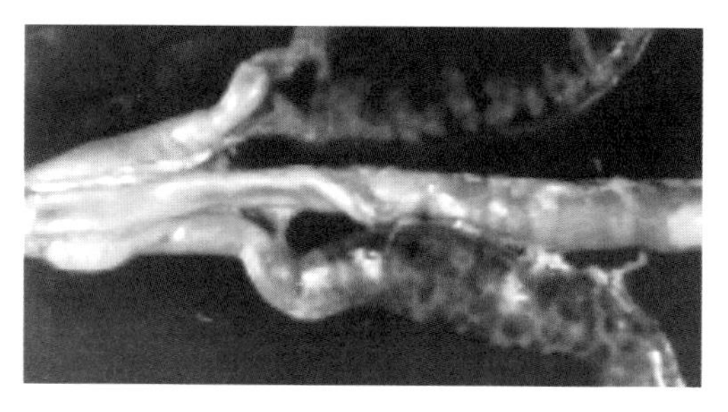

图3-9　鸡球虫病（四）

两支盲肠显著肿大，可为正常的3～5倍，肠腔中充满凝固的或新鲜的暗红色血液，盲肠上皮变厚，有严重的糜烂

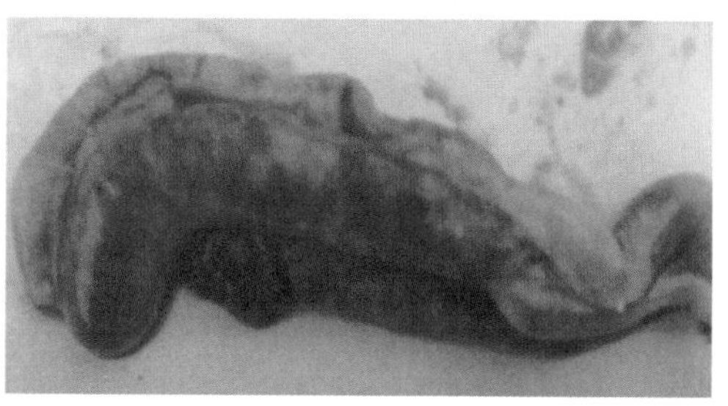

图3-10　鸡球虫病（五）

由柔嫩艾美尔球虫感染引起的盲肠出血

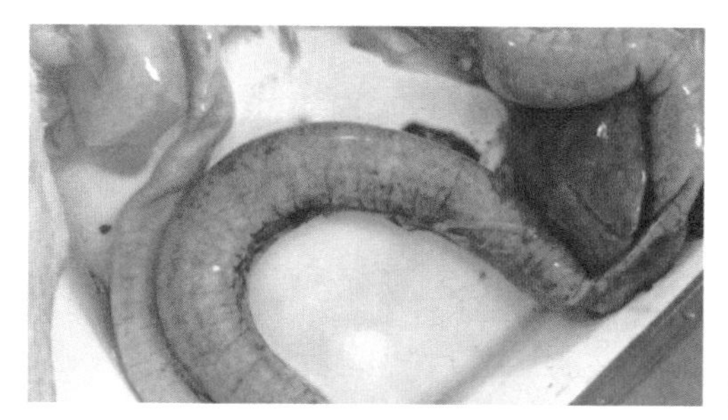

图3-11　鸡球虫病（六）

毒害艾美尔球虫导致十二指肠末端至空肠明显粗肿，浆膜面可见针尖大小、暗红色与灰白色相间的斑驳状病变

图3-12　鸡球虫病（七）

由毒害艾美尔球虫侵害的小肠，引起中段小肠充满血液

（3）巨型艾美耳球虫主要损害小肠中段，可使肠管扩张，肠壁增厚，内容物黏稠，呈淡灰色、淡褐色或淡红色液体，肠壁有溢血点（图3-14、图3-15）。

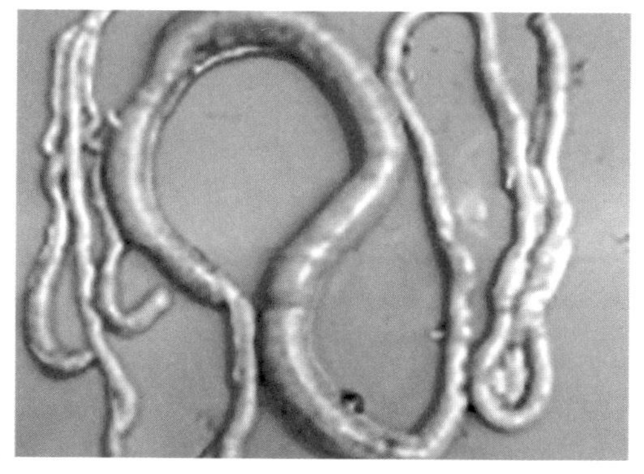

图3-13　鸡球虫病（八）

由毒害艾美尔球虫侵害的小肠，引起中段小肠充满血液

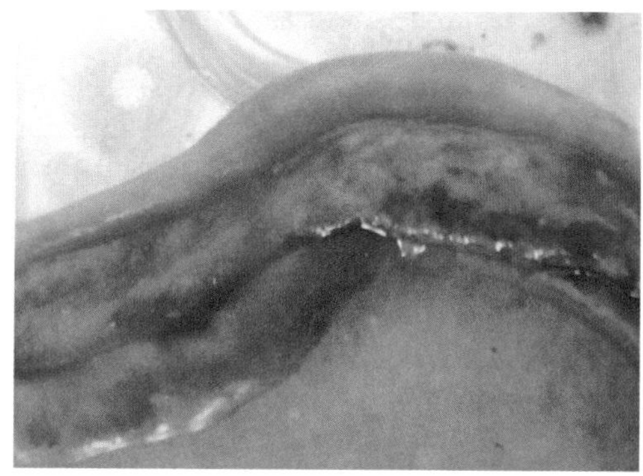

图3-14　鸡球虫病（九）

感染球虫后，小肠的后端——回肠黏膜严重出血

（4）堆型艾美耳球虫多在小肠上皮表层发育，主要损害十二指肠和小肠前段，并且同一发育阶段的虫体常聚集在一起。被损害的肠段黏膜出血，出现大量淡灰白色斑点、坏死，汇合成带状横过肠管（图3-16）。

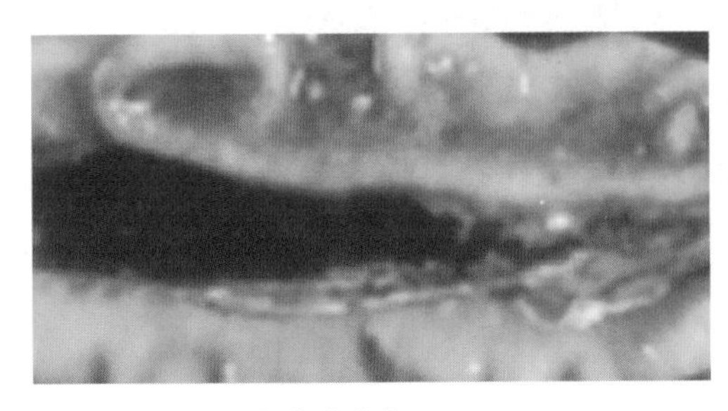

图3-15　鸡球虫病（十）

肠管扩张，肠壁黏膜增厚；内容物黏稠，呈淡灰色、淡褐色或淡红色

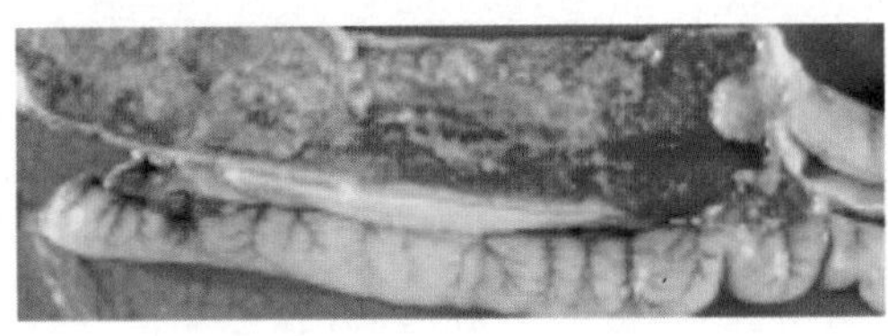

图3-16　鸡球虫病（十一）

在被损害的肠段出现大量淡白色斑点

（5）哈氏艾美耳球虫损害十二指肠和小肠前段，黏膜有严重的出血性炎症。其特征为肠壁上可见到大头针针头大小的红色圆形出血斑点（图3-17）。

若多种球虫混合感染，且日龄稍大的鸡，一般多呈慢性型。其主要病变是小肠管增粗，肠壁增厚，肠黏膜上有炎性肿胀，有大量的出血点，肠管中有大量的带有脱落的肠上皮细胞的紫黑色血液（图3-18）。

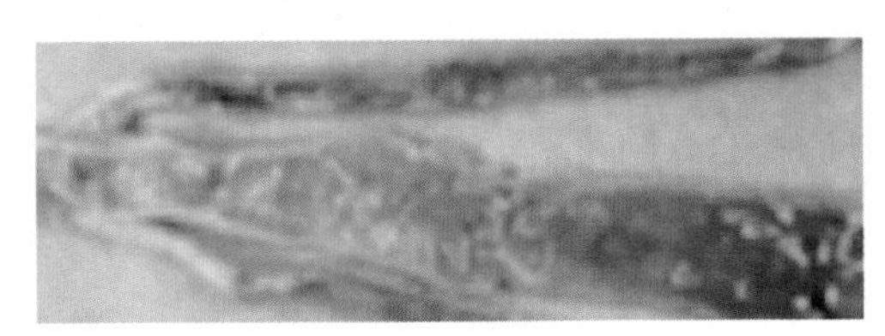

图3-17　鸡球虫病（十二）

小肠前段的肠壁上出现大量大头针针头大小的出血点，黏膜有严重的出血

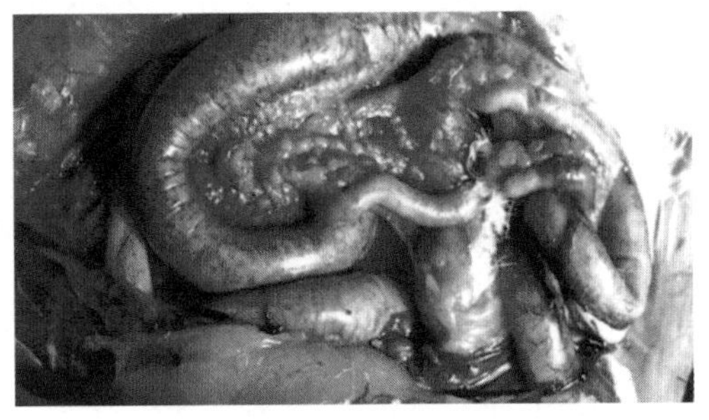

图3-18　鸡球虫病（十三）

病鸡的小肠肿胀，浆膜面有大量出血点

【防治措施】

1. 预防

球虫的生活史中一部分时间是在鸡体外发育，因此必须采取综合防治措施来预防球虫病的发生。主要是消灭卵囊，切断其生活史，不让其有孢子化的条件。

（1）搞好环境卫生，消灭传染源　球虫病主要通过粪便污染场地和用具而发生感染，因此粪便要每天清除，粪便及垫草堆积发酵处理。鸡群要全进全出，喂给全价饲料。对已经发病的鸡场，除进行药物治疗外还要及时消毒，饲养用具用

5%的漂白粉或20%生石灰水消毒，尸体要烧掉或深埋。保持饲料、饮水清洁，笼具、料槽定期消毒，一般每周1次，可用沸水、热蒸气或3% ～5%热碱水等处理。

（2）搞好隔离，切断传染源　孵化室、育雏室、成鸡舍都要分开，互不来往，用具不得混用。发现病鸡立即隔离治疗或淘汰，并对整个鸡舍进行消毒。成鸡与雏鸡分开喂养的目的是为了避免带虫的成年鸡散播病原体导致雏鸡爆发球虫病。

（3）加强饲养管理，提高鸡体抵抗力　补充维生素K可降低球虫病的死亡率，同时最好还要补充维生素A、维生素D。鸡群要密度适宜，鸡舍干燥、通风。

（4）药物预防　抗球虫药饲喂或饮水可取得一定的预防效果，可选择使用下列药物。

① 莫能霉素：预防按80～125mg/kg浓度混饲连用。

②“球虫粉”：预防按60～70mg/kg浓度混饲连用。

③ 马杜拉霉素（抗球王、杜球）：预防按5～6mg/kg浓度混饲连用。

④ 尼卡巴嗪：混饲预防浓度为100～125mg/kg，育雏期可连续给药。

2. 治疗

治疗球虫病的药物很多，常用的有以下几种。但因球虫易产生耐药性，所以无论哪种药物都不能长期应用，应轮换使用。

① 妥曲珠利溶液：治疗用量按说明书使用。

② 复方磺胺-5-甲氧嘧啶（SMD-TMP）：按0.03%拌料，连用5～7d。

③ 球痢灵：每千克饲料中加入0.2g或配成0.02%的水溶液连喂3～4d。

④ 磺胺二甲基嘧啶（SM2）：预防按2500mg/kg浓度混饲或按500～1000mg/kg浓度饮水。治疗以4000～5000mg/kg浓度混饲或1000～2000mg/kg浓度饮水，连用3d，停药2d，再用3d。16周龄以上鸡限用。

⑤ 磺胺氯吡嗪：以600～1000mg/kg浓度混饲或300～400mg/kg浓度饮水，连用3d。

⑥ 氯苯胍：预防按30～33mg/kg浓度混饲，连用1～2个月。治疗按60～66mg/kg混饲3～7d，后改预防量予以控制。

四、鸡蛔虫病

鸡蛔虫病是鸡的一种常见的肠道寄生虫病，主要危害3～10月龄的鸡，尤其以3～4月龄鸡最易感，且病情最重。在大群饲养情况下，雏鸡常由于患蛔虫病而影响生长发育，严重时引起死亡。以放养的鸡多发，因为放养鸡大部分时间都要接触地面，病鸡粪便污染饲料、饮水、土壤后，使得虫卵“接力传染”，所以放养鸡应定期进行驱虫。

【病原体】成年蛔虫虫体呈黄白色，雄虫长50～76mm，雌虫长

60～116mm。

蛔虫成虫在鸡体内交配、产卵，虫卵可以在鸡体内生长，也可以随粪便被排出体外。地面上的虫卵被鸡啄食后进入体内孵化造成鸡群感染。从吞食虫卵到发育成虫，需要35～58d。

【临床症状】雏鸡感染后，表现为食欲减退，消化紊乱，腹泻与便秘交替，发育迟缓，精神萎靡，贫血虚弱，羽毛松乱，两翅下垂，黏膜和鸡冠苍白等，最终可因衰弱而死亡。感染极严重者粪便可能带血。

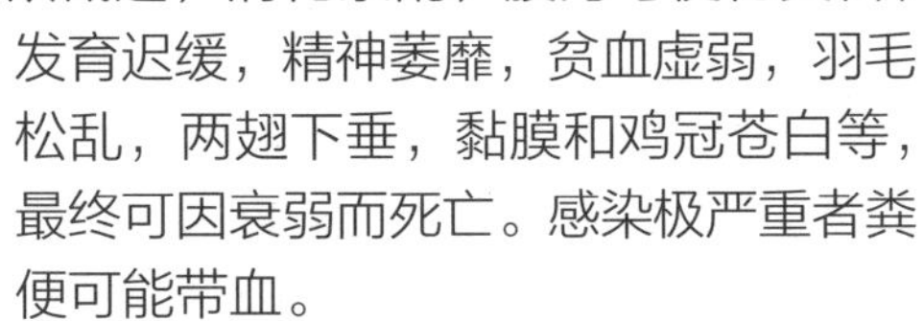

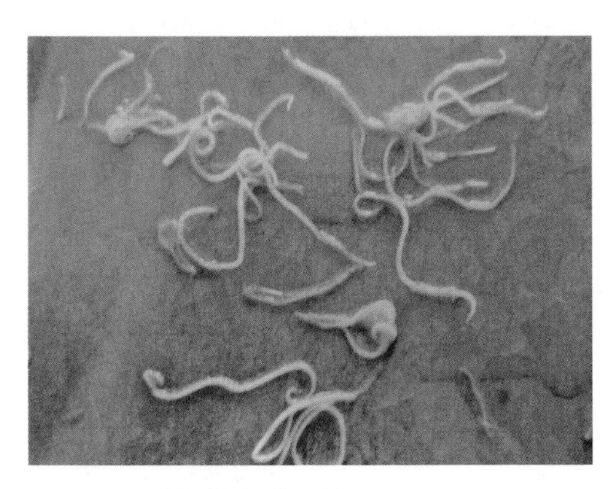

图3-19　鸡蛔虫病（一）

自鸡肠道中剥离出来的蛔虫成虫

成年鸡一般为轻度感染，严重感染的表现为下痢、日渐消瘦、产蛋下降、蛋壳变薄。

【病理变化】解剖病死鸡时，小肠内常发现大小如细豆芽样的线虫，严重时堵塞肠道。虫体少则几条，多则数百条。同时肠黏膜炎症、水肿、充血（图3-19～图3-21）。

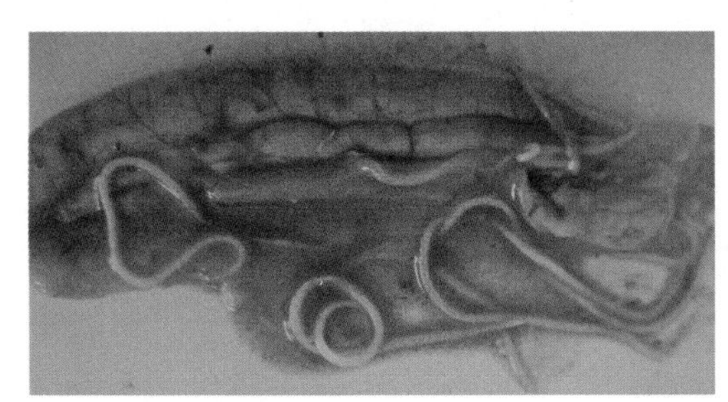

图3-20　鸡蛔虫病（二）

寄生于鸡十二指肠的蛔虫

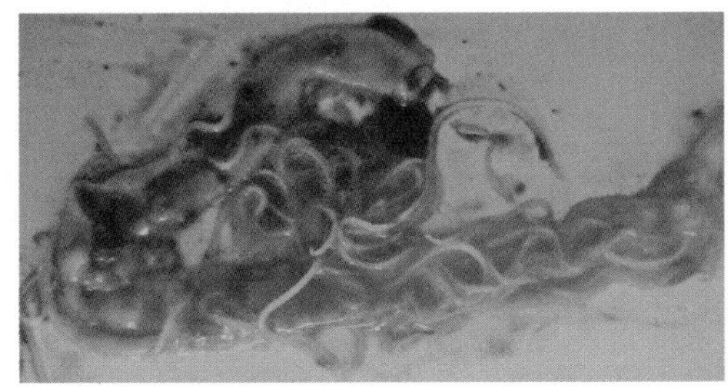

图3-21　鸡蛔虫病（三）

寄生在空肠和回肠段的蛔虫

【诊断】

（1）驱虫诊断　用驱虫药进行驱虫诊断，如发现鸡排出蛔虫即可确诊。方法是：选取数只生长不良、消瘦的雏鸡，用驱蛔灵或驱虫净（四咪唑）喂服，驱蛔灵的用量是每千克体重200～300mg。

（2）杀鸡诊断　如有必要还可杀鸡检查肠道情况，发现蛔虫即可确诊。

【防治措施】

1. 预防

做好鸡舍内外的清洁卫生工作，经常清除鸡粪及残余饲料。小面积地面及料槽经常清洗并用开水冲刷。蛔虫卵在50℃以上会很快死亡，粪便经堆沤发酵也可以杀死虫卵。蛔虫卵在阴湿地方可以生存6个月。鸡群每年进行两次预防性驱虫：成鸡第一次在10～11月份进行，第二次在翌年春季；雏鸡第一次驱虫在2～3月龄，第二次在秋末冬初。

2. 治疗

① 枸橼酸哌嗪（驱蛔灵）：按每千克体重投服200～300mg。在大群驱虫时可将药物研细，按0.2%～0.4%均匀地混入粉料中喂服一天。通常在傍晚时给药。为达到彻底驱虫的效果，经口投药前要求停食3～4h。

② 左旋咪唑：口服量是每千克体重10mg。初次在60日龄，间隔2个月再驱虫1次。

③ 硫化二苯胺：幼鸡每千克体重喂服0.3～0.5g；成鸡每千克体重用0.5～1.0g，混合在饲料中连喂2d。

④ 汽油：按每千克体重2ml嗉囊内注射。注入前，鸡只要停食半天。为了方便，也可将鸡喂半饱，摸准嗉囊，用细针头直接将汽油注入嗉囊内。

⑤ 烟草15g，切碎，文火炒焦研碎，按2%比例拌入饲料，每天2次，连喂3～7d。

五、鸡绦虫病

鸡绦虫病是由赖利属的多种绦虫寄生于鸡的十二指肠中引起的一种寄生虫病。常见的赖利绦虫有棘沟赖利绦虫、四角赖利绦虫和有轮赖利绦虫三种。各种年龄的鸡均能感染，其中以17～40日龄的雏鸡易感性最强，死亡率也最高。

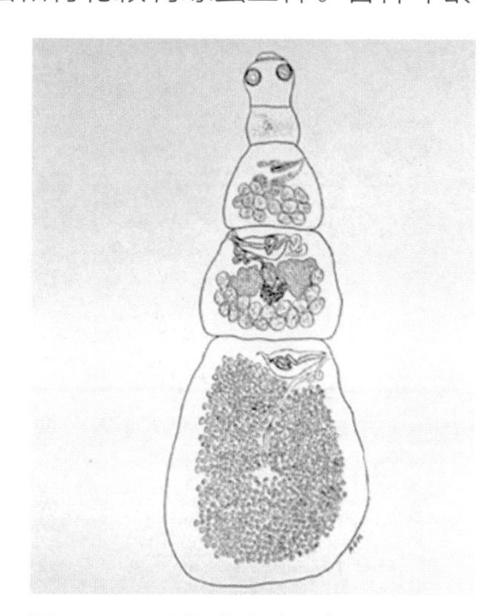

图3-22 鸡绦虫病（一）

棘沟赖利绦虫成虫示意

【病原体】棘沟赖利绦虫和四角赖利绦虫是大型绦虫，两者外形和大小很相似，长25mm，宽1～4mm。棘沟赖利绦虫头节上有圆形的吸盘，上有8～10列小钩，顶突较大，上有钩2列，中间宿主是蚂蚁（图3-22）。四角赖利绦虫，头节上的吸盘呈卵圆形，上有8～10列小钩，颈节比较细长，顶突比较小，上有1～3列钩，中间宿主是蚂蚁或家蝇。有轮赖利绦虫较短小，头节上的吸盘呈圆形，无钩，顶突宽大肥厚，形似轮状，突出于虫体的前端，中间宿主是甲虫。棘沟赖利绦虫和四角赖利绦虫的虫卵包在卵囊中，每个卵囊内含6～12个虫卵。

有轮赖利绦虫的虫孵也包在卵囊中，每个卵囊内含1个虫卵。

【临床症状】幼鸡严重，成鸡较轻。病鸡除了表现一般症状外，如食欲不振，羽毛松乱，贫血，消瘦，鸡冠和黏膜苍白，极度衰弱，两足常发生瘫痪，不能站立。还具有较特征性症状，如下痢，排白色、带有黏液和泡沫的稀粪，粪便中有时混有血样黏液，甚至混有白色绦虫节片。轻度感染造成雏鸡发育受阻，成鸡产蛋量下降或停止。严重感染时（寄生绦虫量多时）可使肠管堵塞，肠内容物通过受阻，造成肠管破裂和引起腹膜炎。绦虫代谢产物可引起鸡体中毒，出现神经症状，有进行性麻痹，从两脚开始，逐渐波及全身，即出现瘫鸡，有时部分病例经过一段时间后不治自愈，但影响将来的生产性能。鸡粪中可见小米粒大、白色、长方形绦虫节片。肠内可见绦虫成虫。

成年鸡感染本病一般不显症状，但影响鸡只抗体的产生，严重时，产蛋量下降或产蛋率上下浮动，个别严重病例出现腹腔积水即“水裆鸡”和神经症状——瘫鸡。常因激发感染细菌或病毒病而衰竭死亡。

【病理变化】由于棘沟赖利绦虫等各种绦虫都寄生在鸡的小肠，头节破坏了肠壁的完整性，从而引起黏膜出血、肠道炎症，严重影响消化功能。

（1）部分内脏器官肿大，如脾脏及肝脏肿大。肝脏肿大呈土黄色，往往出现脂肪变性、易碎，部分病例腹腔充满腹水。

（2）小肠黏膜呈点状出血，严重者，虫体阻塞肠道。部分病例肠道生成类似于结核病的灰黄色小结节，剖检可以从小肠内发现虫体（图3-23、图3-24）。肠黏膜增厚，肠道有炎症，有灰黄色的结节，中央凹陷，内部可找到虫体或黄褐色干酪样栓塞物。

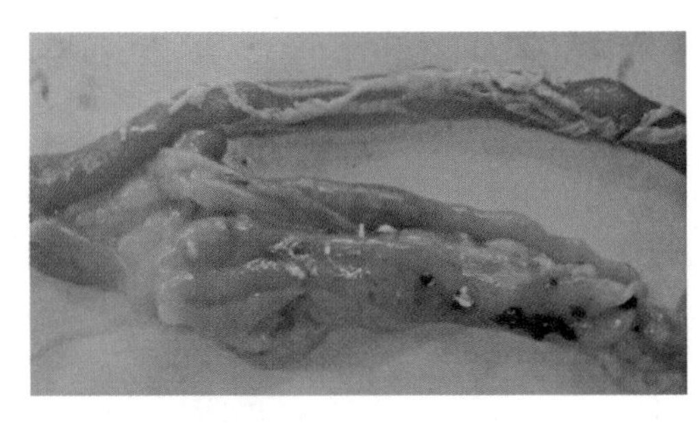

图3-23　鸡绦虫病（二）

绦虫大部分寄生在十二指肠到空肠段，后段回肠可见白色米粒大小的绦虫节片

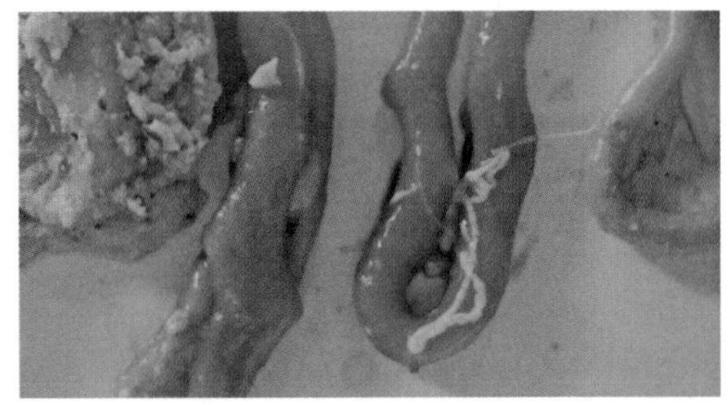

图3-24　鸡绦虫病（三）

绦虫多寄生在十二指肠到空肠段

【防治措施】

1. 预防

由于鸡绦虫在其生活史中必须要有特定种类的中间宿主参与，因此预防和控

制鸡绦虫病的关键之一是消灭中间宿主，从而中断绦虫的生活史。定期进行药物驱虫，一般在60日龄和120日龄各预防性驱虫一次。在流行地区，应定期给雏鸡驱虫，同时采取以下措施。

① 经常清扫鸡舍，及时清除鸡粪，做好防蝇灭虫工作。

② 幼鸡与成鸡分开饲养，最好采用全进全出制。

③ 制止和控制中间宿主的滋生，饲料中添加环保型添加剂，如在流行季节饲料中添加环丙氨嗪等。

2. 治疗

当鸡场发生绦虫病时，必须立即对全群进行驱虫。常用的驱虫药有以下几种。

① 硫氯酚（别丁）：每千克体重150～200mg，以1∶30的比例与饲料配合，一次投服。

② 氯硝柳胺（灭绦灵）：按照说明书使用。

③ 吡喹酮：按每千克体重10～15mg，一次投服，可驱除各种绦虫。

④ 丙硫苯咪唑：丙硫苯咪唑对赖利绦虫等有效，按每千克体重10～20mg，小群鸡驱虫可制成丸逐一投喂，大群鸡则可混料一次投服。

⑤ 氟苯达唑：按说明书的剂量混入饲料，对棘沟赖利绦虫有效，其驱虫率可达92%。

以上药物选择使用后，一般48h内虫体便可全部排出。

六、盲肠组织滴虫病（黑头病）

组织滴虫病又叫黑头病，是鸡和火鸡的一种原虫病。本病以肝的坏死和盲肠溃疡为主要特征，又由于肝脏有特殊的病变，本病还被称为传染性肝炎。

【病原体】本病的病原体是组织滴虫，该原虫有两种形式：一种是组织型原虫，寄生在细胞内，虫体呈圆形或卵圆形，没有鞭毛，大小为6～20μm；另一种是肠腔型原虫，寄生在盲肠腔的内容物中，虫体呈阿米巴状，直径为5～30μm，具有一根鞭毛，在显微镜下可以见到鞭毛的运动。

病鸡排粪时排出体外的虫体，能在外界环境中生存很久，鸡食入这些虫体便可感染。但主要的传染方式是通过寄生在盲肠内的异刺线虫的虫卵而传播的。当异刺线虫在病鸡体内寄生时，其虫卵内可带上组织滴虫。这些组织滴虫在异刺线虫虫卵卵壳的保护下，随粪便排出体外，在外界环境中能生存2～3年。当外界环境条件适宜时，则发育为感染性虫卵。鸡吞食了这样的虫卵后，卵壳被消化，线虫的幼虫和组织滴虫一起被释放出来，共同移行至盲肠部位，线虫幼虫对盲肠黏膜的机械性刺激，促进盲肠炎的发生。组织滴虫钻入肠壁繁殖进入血液，寄生于肝脏。

【流行病学】组织滴虫病最易发生于2周至3～4月龄以内的雏鸡和育成鸡，特别是雏火鸡易感性最强，病情严重，死亡率最高。成年鸡也可感染，但多呈隐性，成为带虫者，有的慢性散发。

【临床症状】本病的潜伏期一般为15～20d。病鸡精神委顿，食欲不振，缩头，羽毛松乱。头部皮肤常呈紫蓝色或黑色，所以本病又被称为“黑头病”。病情继续发展下去，患病鸡精神沉郁，单个呆立在角落处，站立时双翼下垂，闭眼，头缩进躯体藏于翅膀下，行走如同踩高跷一样。病型通常有两种：一种是最急性病例，常见粪便带血或完全血便；另一种是慢性型，患病鸡排硫黄色粪便，这种情况鸡很少见。较大的鸡一般呈这种类型，表现消瘦，大约感染后第12天，鸡体重开始减轻，但很少呈现临床症状。

【病理变化】组织滴虫病的损害常限于盲肠和肝脏。

盲肠的一侧或两侧增大、发炎、坏死，肠壁增厚，有黄色块状物或黄灰绿色渗出物附着在盲肠浆膜表面，并有特殊恶臭，有时造成溃疡。有时甚至引起盲肠穿孔发生腹膜炎，这时黄灰绿色干硬的呈多层豆腐渣样的干酪样物充塞盲肠腔，常呈管形。有的慢性病例，这些盲肠栓子可能已被排出体外。

肝损害常为特殊的圆形下陷的溃疡病灶，出现颜色各异或带有黄色坏死中心的结构。溃疡灶的大小不等，但一般为1～2cm的环形，也可能相互融合成大片的溃疡区（图3-25、图3-26）。经过治疗或发病早期的雏鸡，可能不表现典型病理变化。大多数感染群通常只有剖检足够数量的病死鸡只，才能发现典型病理变化。

图3-25　盲肠组织滴虫病（一）

肝脏有密密麻麻边缘隆起的纽扣状的溃疡、坏死灶

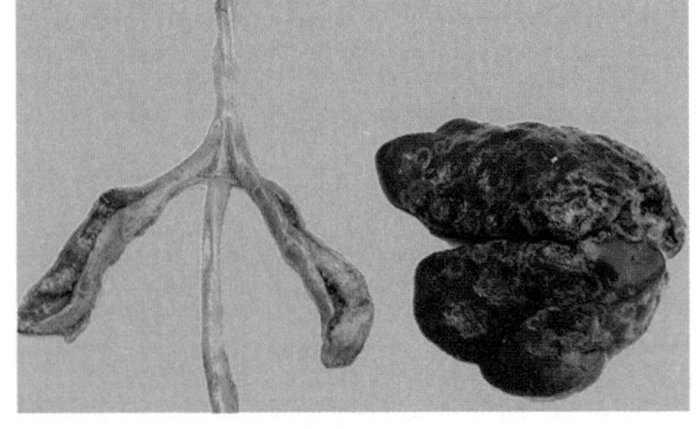

图3-26　盲肠组织滴虫病（二）

盲肠肿大，盲肠壁增厚，内有黄白色干酪样物质。肝脏表面有密密麻麻的散在圆形、硬币状坏死及溃疡灶

【诊断】本病可以根据以下特征进行诊断。

① 病鸡常排出硫黄色的粪便。取病鸡粪便作显微镜检查，在粪便中可发现虫体。

② 通过几只重病鸡的剖检（为了更准确一些可多剖检一些死鸡），发现典型病理变化，则可确诊。

③ 从剖检的鸡只取病理变化边缘刮落物制作涂片，往往能够检出其中的病原体。在染色处理较好的肝病理变化组织切片中，通常可以发现组织滴虫。

④ 粪便检查时如果检出病原体，即可确诊黑头组织滴虫。

【防治措施】

1. 预防

由于组织滴虫的主要传播方式是通过盲肠内的异刺线虫虫卵为媒介，所以有效的预防措施是排除线虫卵或减少虫卵的数量，以降低这种疾病的传播及感染。因此在进鸡前，必须清除鸡舍内的杂物并用水冲洗干净，严格消毒。严格做好鸡群的卫生管理，饲养用具不得乱用，饲养人员不能串舍，避免互相传播疾病。及时检修饮水器，定期移动饲料槽和饮水器的位置，以减少这些地区湿度过高和粪便的堆积。用驱虫净定期驱除异刺线虫，一般每千克体重用药40～50mg。

2. 治疗

常用以下几种药物进行治疗。

① 卡巴砷：卡巴砷的预防剂量是150～200mg/（kg饲料）；治疗量为400～800mg/（kg饲料），7d为一个疗程。

② 4-硝基苯砷酸：预防量为187.5mg/（kg饲料）；治疗浓度为400～800mg/（kg饲料）。

③ 氯苯砷：氯苯砷剂量为每千克体重1～15mg，用灭菌蒸馏水配成1%的溶液静脉注射。必要时3d后重复注射一次。

④ 呋喃唑酮：按照400mg/（kg饲料）拌料，连喂7d为一疗程。

七、鸡住白细胞虫病

鸡住白细胞虫病是由住白细胞原虫寄生于鸡的红细胞和白细胞内引起的一种急性血孢子虫病。病鸡因红细胞被破坏及广泛性出血，鸡冠呈苍白色，故又名“白冠病”。因本病的媒介是昆虫，故防止媒介昆虫进入鸡舍或杀灭鸡舍周围的媒介昆虫是防治本病的根本。本病对雏鸡危害严重，发病率高，症状明显，常引起大批死亡。

【病原体】住白细胞虫属于原生动物，我国已发现致鸡病的有卡氏住白细胞虫和沙氏住白细胞虫两种。

住白细胞虫的生活史由三个阶段组成：孢子生殖在昆虫体内；裂殖生殖在宿主的组织细胞中；配子生殖在宿主的红细胞或白细胞中。本虫的发育需要有昆虫媒介，卡氏住白细胞虫的发育在库蠓体内完成，沙氏住白细胞虫的发育在蚋体内完成。

【流行特点】本病的发病时间与蠓、蚋等吸血昆虫活动的季节相一致，以夏季为高峰期。各种年龄的鸡均可感染发病，但以幼雏和青年鸡易感性最高，病情也最为严重。一般童鸡（2～4月龄）和中鸡（5～7月龄）的感染率和发病率均较高，而8～12月龄的成年鸡或1年以上的种鸡，虽感染率高，但发病率不高，血液里的虫体也较少，大多数为带虫者。土种鸡对住白细胞虫病的抵抗力较强。

【临床症状】自然感染时的潜伏期为6～10d。病初发热，食欲不振，精神沉郁，流口涎，下痢，粪便呈绿色，贫血，鸡冠和肉垂苍白，生长发育迟缓，两腿轻瘫，活动困难。感染12～14d，病鸡突然因咯血、呼吸困难而发生死亡（图3-27）。中鸡和成年鸡感染后病情较轻，死亡率也较低，病鸡鸡冠苍白，消瘦，拉水样的白色或绿色稀粪，产蛋率下降，甚至停止产蛋。

【病理变化】死后剖检的主要特征是全身性皮下出血，肌肉（尤其是胸肌、腿肌、心肌）有大小不等的出血点（图3-28）。全身各内脏器官组织上，如肝脏、心脏、胰脏、肾脏等有出血，有灰白色或稍带黄色的、针尖至粟粒大的、与周围组织有明显界限的白色小结节，将这些小结节挑出并制成压片，染色后可见到有许多住白细胞原虫的裂殖子散出（图3-29～图3-32）。

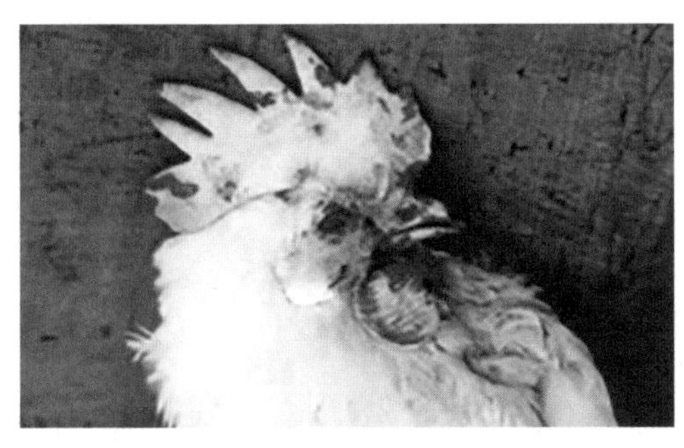

图3-27　鸡住白细胞虫病（一）

病鸡出血、咯血和呼吸困难，特征性症状是死前口流鲜血，有的病鸡咯出红色鲜血。图示病鸡咯出血液

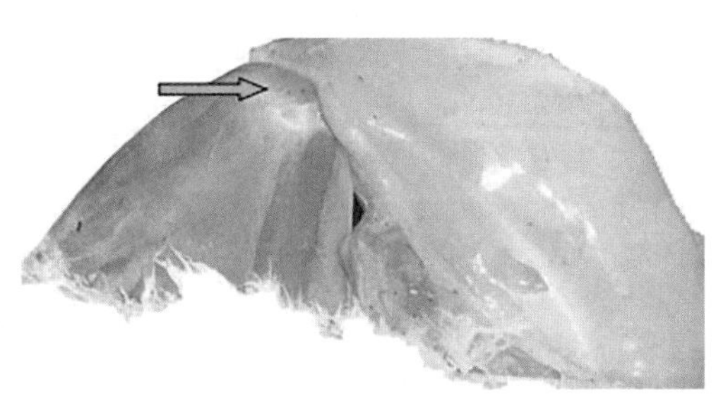

图3-28　鸡住白细胞原虫病（二）

胸肌有针尖大到米粒大的出血点

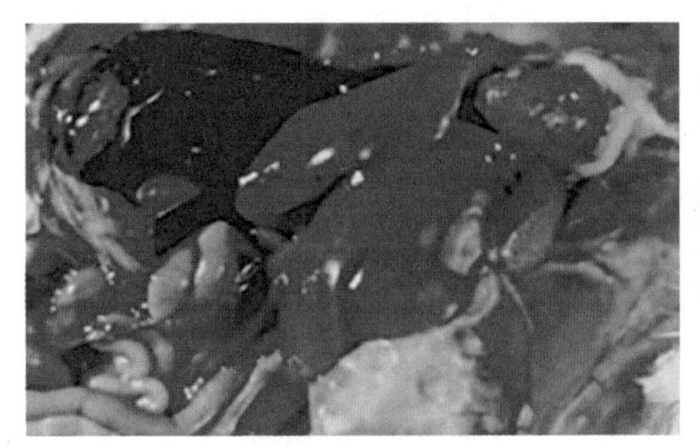

图3-29　鸡住白细胞虫病（三）

裂殖体引起的肝脏点状出血及腹膜内出血

图3-30　鸡住白细胞虫病（四）

球虫的裂殖体在心脏表面引起的小点状突起

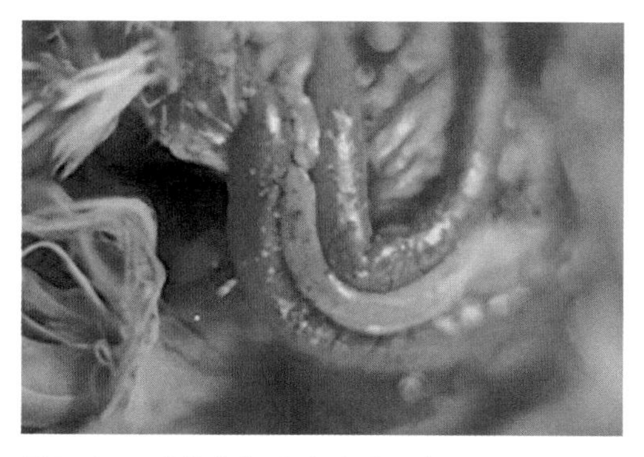

图3-31　鸡住白细胞虫病（五）
球虫的裂殖体在胰腺和十二指肠表面引起的小点状突起

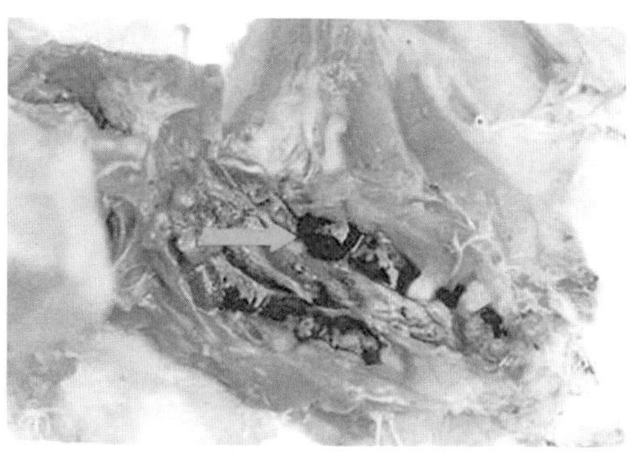

图3-32　鸡住白细胞原虫病（六）
肾脏广泛出血，形成血肿

【防治措施】

1. 预防

鸡住白细胞虫的传播与库蠓和蚋的活动密切相关，因此消灭这些昆虫媒介是防治本病的重要环节。防止库蠓和蚋进入鸡舍。每隔6～7d用杀虫药对鸡舍及周围环境进行喷雾，可收到很好的预防效果。

2. 治疗

治疗时一定要注意及时用药，治疗越早越好。最好是在疾病即将流行前或流行的初期用药。目前常用的治疗药物有下列几种：磺胺二甲氧嘧啶（SDM）、磺胺喹噁啉（SQ）、痢特灵（呋喃唑酮）、克球粉等。

① 磺胺二甲基嘧啶（SDM）：治疗有特效。用每千克饲料加磺胺二甲氧嘧啶4片，连服5～7d即愈。也可用磺胺二甲氧嘧啶300～500mg/kg饮水3～7d。

② 磺胺二甲氧嘧啶：400mg/kg和乙胺嘧啶4mg/kg混于饲料连续服用1周后，再改用预防剂量。

③ 复方敌菌净：200mg/kg混于饲料连续用。

需要注意的是，磺胺类和呋喃类药物连续服用时往往会发生中毒现象，为了防止药物中毒，可在连续用药5d后停药2～3d，然后再重复使用。在同一鸡场上，为了防止药物耐药性的产生，可交替使用上述药物。

第四章 鸡的普通病诊断与防治

一、啄癖

鸡的啄癖也叫恶食癖，还叫异食癖、同类残食癖，多发生于群养鸡。根据啄食的对象不同，可分为啄羽、啄肛、啄蛋、啄毛、啄趾、啄肉、啄头和异食癖等。本病的发生与季节、年龄、鸡只类型无关，无论平养还是放养，均可发生。其中以啄肛的危害最大，常将泄殖腔周围及泄殖腔啄得血肉模糊，甚至将后半段肠管啄出吞食（图4-1、图4-2）。还可表现为同类相残或争食所产的蛋，以至于啄食异物。鸡群中一旦发生，其余的鸡只便纷纷效仿。严重的啄癖率可达80%以上，死亡率甚至高达50%。

图4-1　啄癖（一）

尾部被严重啄伤的鸡只

图4-2　啄癖（二）

正发生啄癖的鸡群

【病因】引起啄癖的原因很复杂，归纳起来有以下一些因素。

（1）营养及饲料因素　营养供应不均衡（营养物质比例不合适），饲料中的含硫氨基酸（蛋氨酸、胱氨酸）不足，缺乏维生素或矿物质，纤维含量低，或饲料中缺乏盐分，鸡为寻找有咸味的食物常引起啄癖。也可能是鸡的摄食量不足，限饲过高或停料过久、停水时间太长等，或是饲料里药物添加不当，如某些抗球虫药的添加可引起啄毛。

（2）饲养环境因素　鸡只饲养的环境不好，饲养管理方式不妥当。如舍温过高或光线太强，湿度过大或通风不佳，饲养密度过大，产蛋鸡的产蛋巢不充足，声音太嘈杂，病死鸡未及时捡出等。鸡和雏鸡在换羽生出新毛芽的时候，皮肤发痒，自啄解痒时偶尔啄伤出血，也会招来同类的争啄。

（3）疾病感染　如患有外寄生虫，因外寄生虫的叮咬或刺激引起局部发痒，鸡只因为有痒感而自啄，一旦出血，其他鸡便纷纷前来争啄。或是中毒造成的皮肤瘙痒，如鸡痘等坏死性皮炎的发生，及机械刮伤、脱肛等。

（4）应激因素　日常生活中的捉鸡、转群、疫苗注射、换料、饮水、噪声、光照变化、鲜艳的颜色、飞鸟的窜入、长途运输、剧烈运动、过冷过热以及某些疫病都可使鸡群骚乱发生应激。

（5）品种因素　某些品种鸡殴斗性较强。

【防治措施】

1. 预防

啄癖一旦发生后往往很难纠正，因此应着眼于预防，消除上述可能引起啄癖的各种因素。主要是加强科学饲养管理，尤其要注意鸡的饲养密度、光照、温度、湿度和饲料配制等。同时，每天饲喂的时间要相对固定，特别是不能过晚，以尽量减少恶癖的发生。发现恶癖鸡要立即隔离。

（1）降低饲养密度　对于放养的鸡，其活动量大，爱打斗。鸡群一般以300只一群为宜，放养的密度一般为50～230只/667m^2；舍内饲养一般为8～10只/m^2，并设置足够多的栖架，以增加活动空间。

（2）加强饲养管理　应按个体大小和强弱不同分群喂养，以防鸡群发生以大欺小、以强欺弱现象，造成小鸡、弱鸡被啄伤后而形成啄癖。不同品种、不同颜色的鸡要分开饲养。如果是蛋鸡的育成鸡，光照应控制在每天9h以内，开产后逐渐延长至14～16h。如果突然增加光照，易引起啄癖。光照不宜过强，应适度调整照明度，以免影响鸡只的休息。配置足够多的料槽，补饲足量的营养全面的全价饲料。在鸡舍内和运动场里设置沙浴池，以分散鸡只的注意力。

（3）使用营养平衡的全价饲料　饲料中添加食盐、维生素、矿物质以及少量轻泻剂。

（4）加强鸡舍的通风换气　排除鸡舍有害气体，降低鸡舍的湿度。及时杀死鸡的体表寄生虫。

（5）断喙防治鸡的啄癖的发生　最好在雏鸡7～9日龄时进行断喙，70日龄再修喙一次。雏鸡可上下喙一齐切，青年鸡要分开切，下喙要比上喙留长些。

2. 对症处理

首先要查明原因，以便对症采取措施，确定具体的方案。

鸡发生啄癖症，如果是因为饲料中缺少食盐或某些矿物质，如缺乏钙、磷或钙、磷比例不当引起的，可在饲料中加入0.3%～0.5%的食盐，并保证足够的饮水。但添加食盐不可过量，以防食盐中毒。如果鸡发生食毛、食蛋、食肉和异食等恶癖症，制止啄癖的药物有羽毛粉、蛋氨酸、硫酸亚铁、维生素B_2和生石膏等，其中以生石膏效果较好，可按2%～3%加入饲料饲喂半个月左右。

发生啄癖时，可将蔬菜、青草吊在鸡群的头顶以转移其注意力，可收到一定效果。啄肛严重时可将鸡群关在舍内暂时不放到运动场，换上红色灯泡，或糊上红色纸张，使鸡看不出被啄鸡肛门的红色以制止啄肛，待啄癖消失后再恢复正常管理。

对被啄伤的鸡，要及时从鸡群中挑出，进行单独饲养，待伤好后再放回鸡群。对于已经被啄伤、啄破流血的地方，可涂抹颜色较暗、带有气味的药水如紫药水等防止感染，或用废机油涂抹在被啄的部位。但千万不能涂红药水，因为其他鸡见到红色会啄得更厉害。对饲养价值已不大的鸡，可作淘汰处理，不宜继续饲养。

近年来，还研制出一种鸡鼻环，发生啄癖时给全群鸡戴上可防止啄肛。

二、中暑

中暑又称热衰竭，是日射病（太阳光的直接照射）和热射病（环境温度过高、湿度过大，体热散发不出去）的总称，是酷暑季节鸡的常见病。本病以鸡急性死亡为特征。一般当气温达到35℃时，鸡就会出现一系列精神异常反应，就可发生中暑。中暑的情况随温度的升高而加剧，当环境温度超过40℃时，可发生大批死亡。

【病因】鸡生活的最适宜的环境温度在13～15℃。当温度达到30℃时，鸡的采食量会减少10%～30%。因为鸡缺乏汗腺，主要靠张口急促地呼吸，张开翅膀和下垂两翅扇动进行散热以调节体温，所以在炎热高温季节，如果湿度过大，再加上饮水不足、鸡舍通风不良、饲养密度过大等，极易发生本病。

图4-3　中暑（一）

鸡表现为伸颈，张口呼吸，翅膀张开下垂，饮水增加，采食量下降，精神委顿，鸡冠发绀

【临床症状】鸡突然发病，趴地不起，步态不稳，体温升高，触之烫手。呼吸急促、张口喘气，可明显看到胸廓剧烈收缩和扩张。翅膀张开，发出“咯咯”声。鸡冠、肉髯先充血鲜红，后发绀呈蓝紫色（图4-3～图4-5）。饮水量猛增，发生痉挛，倒地抽搐。肛门凸出，皮肤干燥，后期昏迷状态，严重者可虚脱而死。排白色或黄色水样粪便。当出现以上症状时，即可判定为中暑。鸡只死亡的时间多发生在下午和傍晚，笼养

图4-4　中暑（二）

新陈代谢和正常生理功能发生紊乱，病鸡伏卧于地，伸颈张口呼吸

图4-5　中暑（三）

病鸡张口喘气，呼吸急促，两翅张开，胸部明显地一扩一缩，趴伏于鸡笼中，不愿走动。濒临死亡鸡，鸡冠、肉髯、眼结膜呈蓝紫色

鸡比平养鸡严重，笼养鸡上层死亡较多。

【防治措施】

1. 预防

（1）调整饲粮配方，加强饲养管理　提高饲粮中的蛋白质水平和钙、磷含量，特别是提高含硫氨基酸含量，可增加3%～4%的豆饼、1%～2%的叶粉和麸皮，减少脂肪含量，多喂青饲料。由于高温，鸡通过喘息散热呼出多量的二氧化碳，致使血液的pH下降，所以饲料中应加入0.1%～0.5%的碳酸氢钠，以维持血液中的二氧化碳浓度及适宜的pH。高温季节鸡粪中含水量多，应及时清除粪便以保证舍内湿度不高于60%。平时应保持鸡舍地面干燥。另外，要提供充足的饮水。

（2）降低鸡舍的温度　在炎热的夏季，可以用凉水喷淋鸡舍的房顶。就是在鸡舍房顶设置若干喷水头，气温高时开启喷水头可使舍内温度降低3℃左右。加强通风也是防暑降温的有效措施，因为空气流动可使鸡体表面的温度降低。可在进风口设置水帘，能显著降低舍内温度（图4-6）。通风降温以纵向通风效果更好。三伏天可用喷雾器向鸡体上直接喷水。

图4-6　中暑（四）

夏季为了防止鸡群发生中暑，在鸡舍外设置的降温水帘

（3）搞好环境绿化　在鸡舍的周围栽花种草和栽植低矮灌木（可降低热辐射的50%～60%），有利于减少环境对鸡舍的反射热，能吸收太阳辐射

能，降低环境温度，而且还可以净化鸡舍周围的空气。

（4）调整饲喂时间　可将喂料时间安排在一天中气温较低的清晨及傍晚进行，以避免采食过程中产热而使鸡的散热负担加重。中午可喂一次湿拌饲料及适量青绿饲料。在饮水中添加0.04%的维生素C和0.2%的氯化铵，对提高鸡的抗高温能力和产蛋率也有明显作用。

2. 治疗

发现鸡只中暑，要及时救治。一旦发现鸡卧地不起并呈昏迷状态，应立即将鸡转移到阴凉通风处，用冷水喷雾浸湿鸡体，同时喂饮应激“速安水”溶液。在鸡冠、翅翼部扎针放血，同时肌注0.1g维生素C，灌服“十滴水”1～2滴、“仁丹”3～4粒。一般情况下，多数中暑鸡经过治疗可以很快康复。

三、腹水症

腹水症以肉鸡多发，故常常称为肉鸡腹水症，是在世界范围内流行较快的新的肉鸡疾病。本病以浆液性液体过多地聚集在腹腔以及右心扩张为特征，病末期常死于心力衰竭。本病是由多种因素引起的一种综合征。

【病因】本病的病因较为复杂，目前尚未完全了解清楚。大量资料表明，缺氧是发病的重要原因。

（1）鸡舍通风不良，鸡饲养密度过大等，造成空气中缺氧，舍内鸡粪散发的氨气、二氧化硫、二氧化碳浓度越来越高，鸡舍内灰尘含量较高，导致肺脏受损害，进而危及心脏、肝脏，引起循环系统、呼吸系统功能障碍而发生腹水症。

（2）有毒物质，如霉菌毒素、有毒脂肪、乙烷、植物毒素，饲料或饮水中食盐含量过高，维生素E和硒缺乏，药物如痢特灵中毒而诱发本病。

（3）高海拔地区气候寒冷，鸡舍温度过低。严寒使鸡体代谢增强，氧气供应不足从而诱发本病。

（4）由于肉鸡生长速度过快，摄食量大，心肺重量占体重的比例越来越小，心肺供氧能力似乎已接近极限，其代谢能力已达最高限度，使各器官组织对代谢过程的调节反应功能降低，从而对上述各种致病因素的反应性增加而引发本病。

【临床症状】本病多发生于2～6周龄的肉鸡，最早可发生于3日龄。病鸡初期精神沉郁，生长受阻，鸡冠呈暗紫红色，食欲减少，呼吸困难，个别的排白色稀粪。以后迅速发展为腹水症，显著的特征是腹部膨大、下垂、发紫，外观呈水袋状，手触有明显的波动感。病雏常以腹部着地，行动困难，只是两翅上下扇动。本病多在出现腹水后1～2d死亡，死亡率一般在10%～30%，最高可达50%以上。

【病理变化】最明显的病变是心脏扩张。剖检时腹腔内有多量的液体，一般都在20mL以上。腹腔淤积大量黄色或淡黄色透明，内有大小不等的半透明状胶冻状物（图4-7～图4-9）。肝、脾肿胀，有时有出血，表面有黄白相间的斑纹，有的肝脏呈土黄色或萎缩。心脏肿大，有的有白色区。肺部颜色变白，并可见气肿。

【防治措施】目前本病尚无特效方法，主要是改善鸡舍通风条件。适宜的舍温、良好的卫生、及时清除粪便和污水、合理调配饲料中的食盐含量、孵化阶段供给充足的氧气，都可避免引发本病。

（1）预防　可选用尿素酶抑制剂、左旋精氨酸等都具有较好的预防效果，但会大大增加饲养成本。其他方法，如饲料中添加少量碳酸氢钠、维生素E等对预防本病也有一定作用。

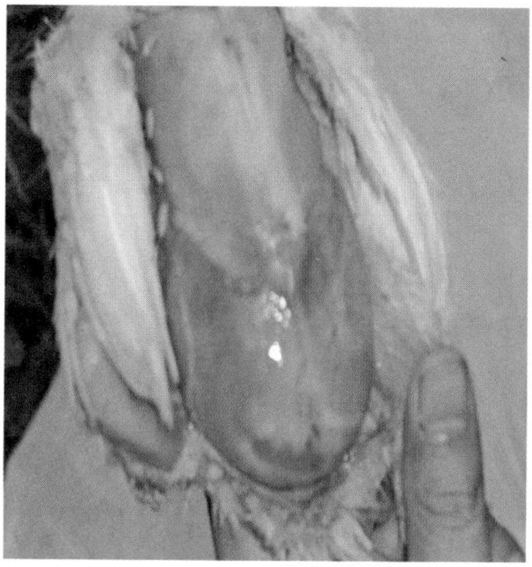

图4-7　肉鸡腹水症（一）

腹腔内有大量的呈淡黄色、透明的腹水，一般在20mL以上，多则上百毫升，内有大小不等的半透明胶冻样物

（2）治疗　肉鸡于2～4周龄阶段限饲处理（饲喂日定量的85%），可以明显减少发病。合理限饲基本上不影响肉鸡的生长肥育。

图4-8　肉鸡腹水症（二）

病鸡腹部膨大，呈水袋状，触压有波动感，腹部皮肤变薄发亮

图4-9　肉鸡腹水症（三）

病鸡腹腔积液，液体呈浅茶色，腹腔内有纤维蛋白凝块

① 用12号针头刺入病鸡腹腔先抽出腹水，然后注入青霉素、链霉素各2万单位，经2～4次治疗后可使部分病鸡恢复基础代谢。

② 发现病鸡首先让使其服用大黄苏打片（20日龄雏鸡每只每天1片，其他日龄的鸡酌情处理），以清除胃肠道内容物，然后喂服维生素C和抗生素。

③ 给病鸡皮下注射1次或2次亚硒酸钠，或服用利尿剂，有很好的效果。

四、鸡痛风病

鸡痛风病是一种蛋白质代谢障碍引起的高尿酸血症，是由于蛋白质代谢障碍和肾脏受损伤使其代谢产物——尿酸或尿酸盐（主要是钠盐）在体内蓄积而引起的，以消瘦、衰弱、运动障碍等症状为特征的疾病。根据沉积主要部位的不同，可分为内脏型和关节型。本病主要见于鸡、火鸡。当饲料中蛋白质含量过高，特别是动物内脏、肉屑、鱼粉、大豆和豌豆等富含蛋白和嘌呤碱的原料过多时，可导致严重的痛风。饲料中镁和钙过多或日粮中长期缺乏维生素A等，也可诱发痛风。

【病因】

（1）饲料中蛋白质含量过高或在饲喂正常的配合饲料之外又喂给较多的肉粉、鱼粉、豆粕等高蛋白质饲料，使得鸡血液中尿酸浓度升高，大量尿酸经肾脏排出，造成肾脏负担加重而受到损害，生成的尿酸盐沉积在肾脏、输尿管等许多部位，引起痛风病的发生。

（2）饲料中含钙过多，常在鸡体内生成钙盐，如草酸钙等，经肾脏排泄，日久会损害肾脏，例如18周龄以下的生长鸡喂含钙量3%以上的产蛋鸡饲料，经50～60d即发生痛风。

（3）饲料中维生素不足，会使肾小管和输尿管的黏膜角质化并脱落，造成尿路障碍，血液中的尿酸不能顺利排出而引起痛风。

（4）磺胺类药物用量过大或用药时间过长会损害肾脏，引起痛风。

【临床症状】痛风大多发生于母鸡，公鸡较少发生。本病大多为内脏型，少数为关节型，有时两型混合。

（1）内脏型痛风　病鸡精神萎靡，食欲不振，消瘦、贫血，可出现心跳加快和神经症状。鸡冠萎缩、苍白，粪便稀薄，排出白色黏液性稀便，内含大量白色尿酸盐，呈淀粉糊样（图4-10）。泄殖腔松弛，粪便经常不能自主地排出，污染泄殖腔下部的羽毛。内脏型痛风如不及时找出并消除病因，死鸡数量会逐渐增多。

图4-10　鸡痛风病

病鸡排出黏液性稀便，内含多量的尿酸盐（箭头所指处）

（2）关节型痛风　关节型病鸡有关节肿大、疼痛、跛行，鸡只消瘦，食欲下降等症状。由于尿酸盐在腿、足和翅膀的关节腔内沉积使关节肿胀疼痛，活动困难。

【病理变化】

（1）内脏型痛风　剖检可见肾脏肿大，颜色变浅，肾小管受阻使肾脏表面形成花纹（图4-11）。输尿管明显变粗，严重的有筷子甚至香烟粗，粗细不匀、坚硬，管腔内充满石灰样沉积物（图4-12）。心、肝、脾、胸膜、腹膜及肠系膜都覆盖一层薄膜状的或小颗粒尘埃样的白色尿酸盐，甚至腹部脂肪表面也存在（图4-13～图4-18），取少许置显微镜下观察可见到大量针尖状的尿酸盐结晶。

图4-11 （内脏型）鸡痛风病（一）

肾脏严重肿胀，并在肾小管形成结石，内脏浆膜面有石灰样白色尿酸盐沉积

（2）关节型痛风　剖检可见关节肿大，关节内充满白色黏稠液体，严重时关节组织发生溃疡、坏死（图4-19）。通常是鸡群发生内脏型痛风时，少数病鸡兼有关节病变。

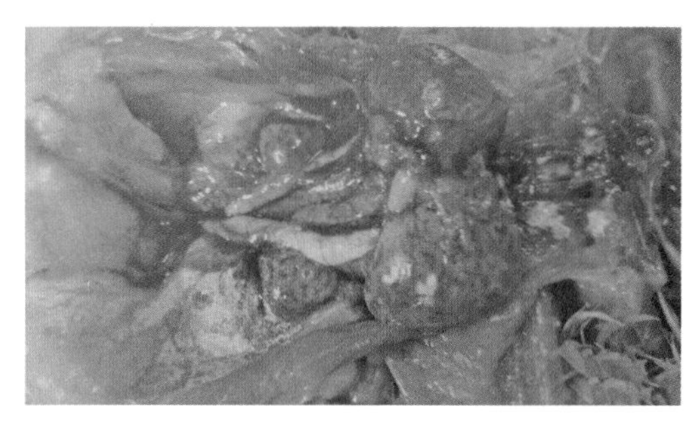

图4-12 （内脏型）鸡痛风病（二）

病鸡的输尿管扩张，积液，充满尿酸盐；肺脏膈面、腹膜有尿酸盐沉积；肾脏肿胀呈花斑状

图4-13 （内脏型）鸡痛风病（三）

病鸡的心包、胸腔内侧及腹腔脏器均有尿酸盐沉积

图4-14 （内脏型）鸡痛风病（四）

心包和肝脏表面沉积大量灰白色尿酸盐

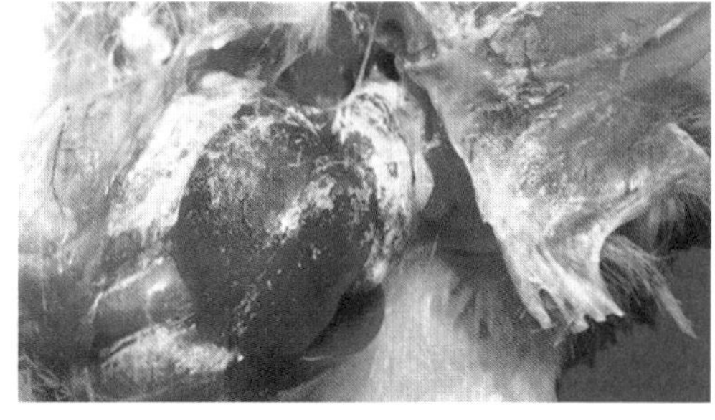

图4-15 （内脏型）鸡痛风病（五）

肝脏、腹腔表面有白色石灰样物质附着

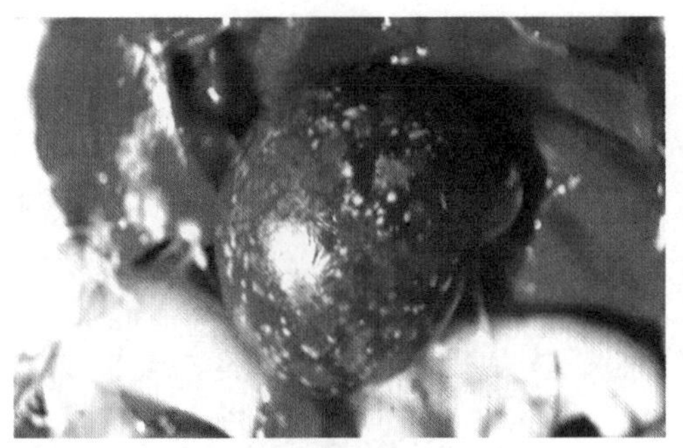

图4-16 （内脏型）鸡痛风病（六）

脾脏浆膜面有大量白色灶状结节

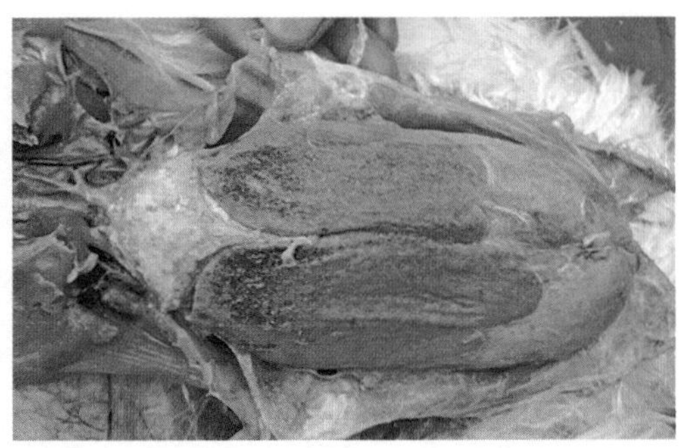

图4-17 （内脏型）鸡痛风病（七）

病情严重的病鸡，在心脏、肝脏、气囊壁、腹部脂肪的表面布满一层石灰样的尿酸盐，不易剥落

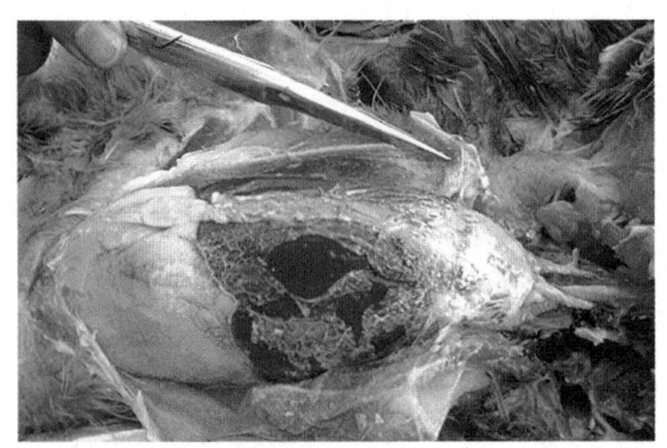

图4-18 （内脏型）鸡痛风病（八）

腹部脂肪表面散布一层石灰样的尿酸盐，结实不易剥落

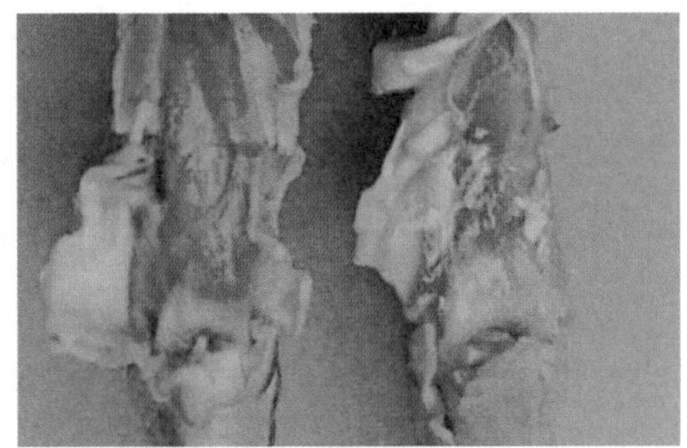

图4-19 （关节型）鸡痛风病

关节肿大变粗，关节腔内充满白色黏稠的液体，严重时关节组织发生溃疡、坏死

【防治措施】目前对本病尚无特效治疗药物，所以治疗起来较为困难，因此发病时必须找出病因加以消除。应考虑鸡群养殖的整体经济效益。因此高度消瘦贫血和关节严重变形跛行的鸡只应挑出并淘汰。同时立即调整饲料，适量减少饲料中蛋白的比例，增加维生素A和B族维生素的添加量，如有可能适当地补饲一些青饲料，有缓解症状、降低发病的作用。

五、肉鸡猝死综合征

鸡猝死综合征又称暴死征、急性死亡综合征、两脚朝天症等，是肉鸡发生的一种常见病。常发生于生长特快，肌肉丰满、外观健康、体况良好的2周龄至出栏时肉鸡。特点是发病急、死亡快，死亡率1%～5%甚至高达15%，死亡高峰在3～4周龄。

【**病因**】本病多与营养、光照、防疫、饲养、密度、应激反应等饲养管理因素有关。高能量饲料和生长快速是促进本病发生的重要原因。鸡群饲养密度大、强噪声、持续强光照射、气候突变、免疫接种、更换饲料等环境因素应激，都可诱发本病。

由于肉鸡的生长速度快，而自身的一些系统功能（如心血管功能、呼吸系统、消化系统等发育尚不完善）跟不上其发育速度。另外，饲料中蛋白质、脂肪含量过高，维生素与矿物质配比不合理也是重要因素之一。青年鸡采食量大，超量营养摄入体内造成营养过剩，呼吸加快，心脏负担加重，相应的需氧量增加，造成快速生长与系统功能不完善的矛盾，从而发生猝死。

【**流行特点**】本病一年四季均可发生，但以夏、冬两季发病略高。特别多发生在体质健壮、生长迅猛的肉鸡，肉鸡体重愈大，发病愈高，死亡鸡较鸡群平均体重大。公鸡的发病率比母鸡高。其发病有两个高峰期，即3周龄和6～7周龄。

本病发病急，常常突发性死亡，应激敏感鸡当受到惊吓时死亡率最高。发病鸡群死亡率为1%～5%。惊吓、噪声、饲喂活动及气候突变等应激因素均可使死亡率增加。

【**症状**】一般发病前常无明显的先兆，突然发病。大部分是在给食时死去。病鸡失去平衡，向前或向后倒地扑动，翅膀剧烈扇动，痉挛，狂叫或尖叫，很快死亡（图4-20）。从失去平衡到死亡的时间多在35～70min。死亡的鸡多数表现为背部着地，仰卧姿势，两脚朝天，颈部伸直或扭曲。部分鸡呈腹卧或侧卧姿势，腿、颈伸展。

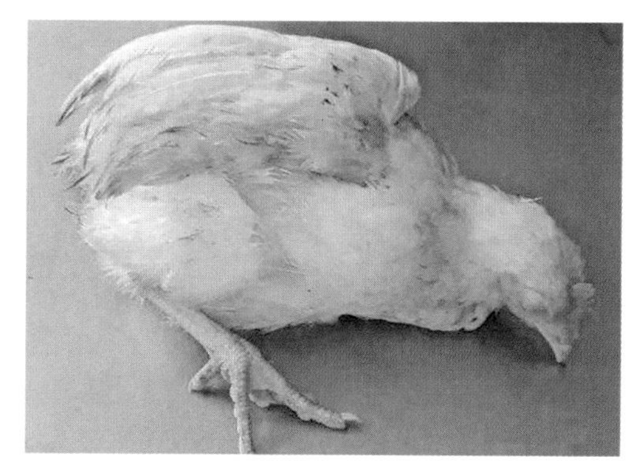

图4-20　肉鸡猝死综合征（一）

病鸡失去平衡，侧卧姿势，颈部扭曲，以喙触地

【**病理变化**】剖检可见鸡冠、肉垂充血，肌肉苍白。主要特征是鸡的肺脏呈现弥漫性严重充血、淤血、水肿。腹腔内有大量的没有凝固的血液（图4-21）。气管内有泡沫渗出物。病鸡心脏比正常鸡大几倍，心包液增多，心室紧缩，呈长条状，质地硬实，内无血液。心房扩张淤血，充满血凝块，但无血栓。肝轻度肿大，质脆，色苍白，有时出现破裂，大量出血，呈红褐色（图4-22）。脑充血，有出血点。

【**防治措施**】在肉鸡的饲养过程中，尽量减少不良因素的刺激。限制饲养，降低肉鸡的生长速度；提高日粮中蛋白质水平；添加维生素；用植物油等代替动物脂肪；实行间断光照；改善饲养环境，保持鸡舍清洁卫生，注意通风换气；养殖密度适当；保持鸡群安静，尽量减少噪声及应激等，这些都可以减少本病的发病率。

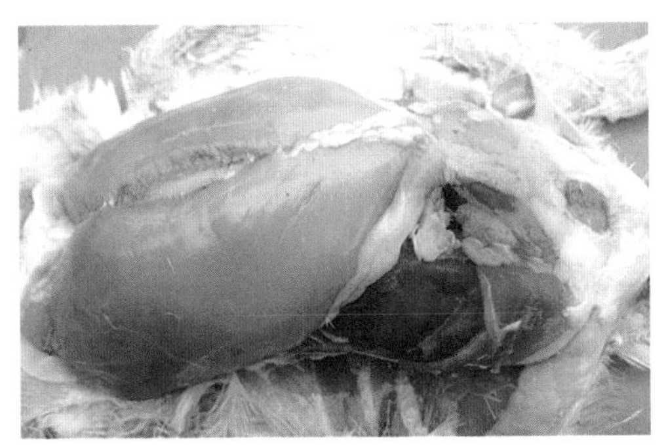

图4-21　肉鸡猝死综合征（二）

透过腹部肌肉可以看到腹腔内有未凝固的血液

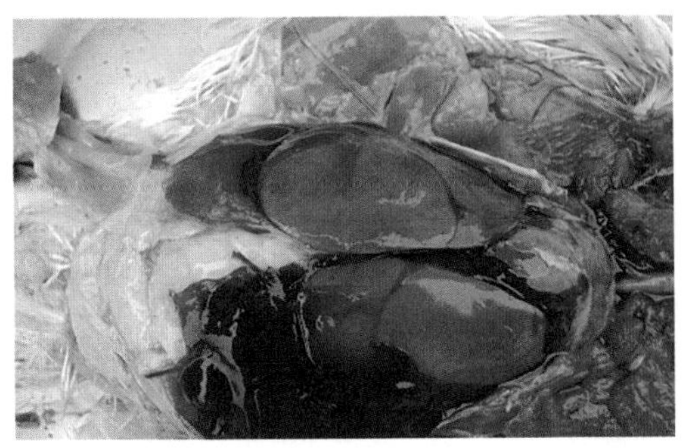

图4-22　肉鸡猝死综合征（三）

病鸡肝脏大量出血，呈红褐色

1月龄前不添加动物油脂，尽量少喂颗粒料，改颗粒饲料为粉状饲料。雏鸡在10～21日龄时，每只鸡可用碳酸氢钾按0.5g饮水或在每千克饲料中掺入3.6g碳酸氢钾拌料进行预防，有一定的效果。

六、脂肪肝出血综合征

脂肪肝出血综合征简称为脂肝病，主要发生在笼养的产蛋鸡，是一种以肝脏中大量脂肪沉积、肝被膜下出血、产蛋率下降、死亡率增高为特点的代谢性疾病。本病为散发性。

【病因】本病的病因到现在还不完全清楚，一般认为是非病原性的，而是与外界因素、遗传因素等有关。笼养鸡活动受到限制又摄入过高的能量饲粮，导致脂肪过度沉积是造成脂肝病的主要原因。如玉米等含量过高，而蛋白质饲料，尤其是动物性蛋白质以及胆碱、叶酸、维生素B_{12}、维生素B_6、烟酸等维生素含量不足，容易发生本病。处于产蛋高峰期营养良好的蛋鸡，当受到某些应激因素的刺激（如光照不足、突然换料、调换饲养员、改变饲养制度等）时，可造成产蛋率下降，致使体内过剩的营养转化为脂肪而诱发本病。饲料中含有黄曲霉毒素时，也会引起肝脏脂肪变性，也是引起蛋鸡脂肪肝的因素之一。

【临床症状】本病常发于体况良好、产蛋量高的鸡群。病鸡多为体重大、肥胖、比标准体重高25%～30%的鸡只。发病的征兆是产蛋突然下降或达不到应有的产蛋高峰，全群的产蛋率可从80%以上降至50%左右。鸡冠和肉髯苍白色，上面挂有皮屑，腹部下垂。很多的病鸡可因惊吓而突然死亡。

【病理变化】死亡的鸡只，剖检时可见肝脏肿大、色黄，有油脂样光泽，质地脆而易碎，被膜下有出血点或绿豆大至黄豆大的血肿。如果肝脏破裂，腹腔内有大量的血凝块，并部分地包着肝脏（这些血凝块来自肝脏），腹腔内和内脏周围有大量的脂肪（图4-23～图4-26）。死亡的鸡处于产蛋高峰期的，输卵管中常有

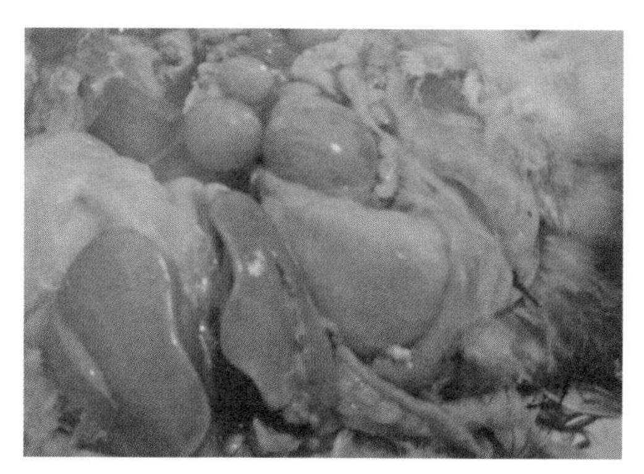

图4-23　脂肪肝（一）

病鸡的肝脏发黄、易碎，腹部脂肪层加厚

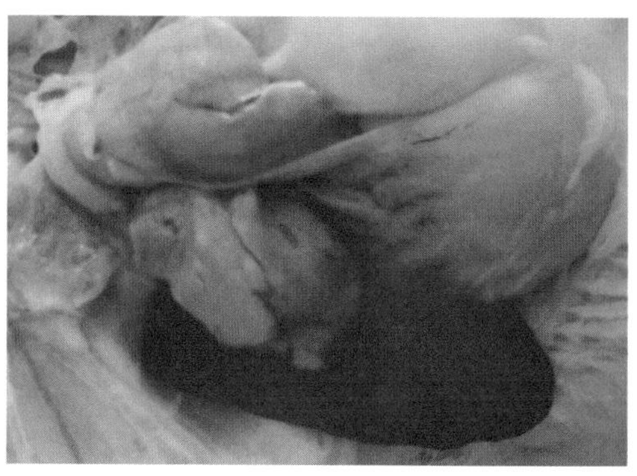

图4-24　脂肪肝（二）

脂肪肝的病鸡肝脏破裂、大出血死亡。肝脏发黄、质脆易碎

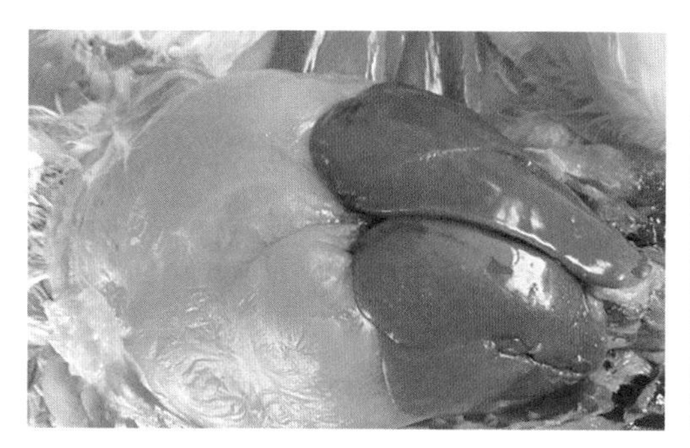

图4-25　脂肪肝（三）

病鸡腹部脂肪增多，肝脏呈黄色油腻状

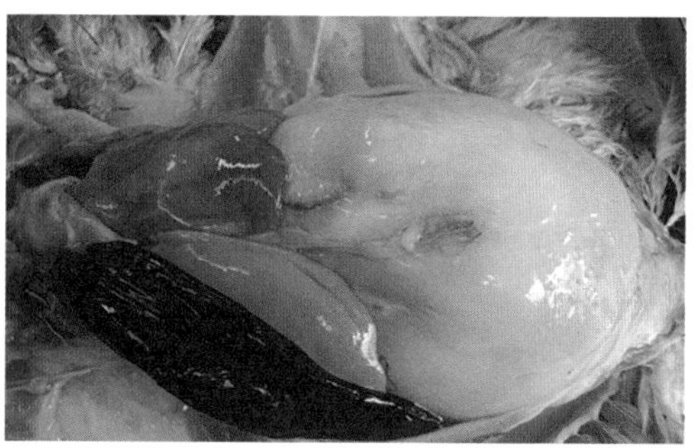

图4-26　脂肪肝（四）

一侧（下方）肝脏出血呈大块血凝块，包裹在肝脏的周围。肝脏颜色变浅

正常发育的蛋。

【防治措施】

1. 预防

目前预防鸡脂肝发生的措施主要有以下几条。

① 防止开产前的小母鸡蓄积过量的体脂。

② 饲粮中应保持能量与蛋白质的平衡。

③ 维生素A、生物素、B族维生素、蛋氨酸等营养素，在饲粮中要有足够的水平。

④ 禁止饲喂霉败变质的饲料。

2. 治疗

治疗可采取每吨料添加硫酸铜63g，胆碱550g，维生素B_{12} 3.3g，维生素E 5000国际单位，蛋氨酸550g。同时，将日粮中的粗蛋白水平提高1%~2%。

七、有机磷农药中毒

有机磷农药在我国广泛应用，常用的有敌百虫、杀螟松、倍硫磷等。这些农药虽毒性有差异，但均属于剧毒农药，鸡对这类药物很敏感。由于管理不善，鸡只误食了这些含有农药的饲料或饮水而引起中毒。

【临床症状】最急性中毒有时不见任何症状就突然死亡。病鸡食欲废绝，头吐白沫，流涎，瞳孔缩小，下痢、便血，嗉囊积食，呼吸困难，肌肉震颤无力、痉挛，运动失调，失去平衡，不能站立和行走。鸡冠和肉髯呈紫色，体温下降，呼吸道被黏液堵塞而窒息或麻痹，最后可因昏迷而死。

图4-27　鸡有机磷农药中毒
病鸡排出铁锈色（糖稀）样便

【病理变化】主要是对消化器官和呼吸器官的刺激和腐蚀。嗉囊、腺胃、肌胃内容物有大蒜味。胃肠黏膜出血、肿胀、溃疡，病程长的有坏死。病鸡排出铁锈色的稀粪（图4-27）。肝、肾肿大变脆，被膜容易剥离。心肌、心冠脂肪有出血点。肺水肿。血液呈紫色。

【防治措施】由于鸡对有机磷非常敏感，所以要防止饲料和饮水被有机磷农药所污染。尽量不用有机磷药物给鸡驱虫。中毒后的治疗可采用下列方法。

① 迅速排除毒物，采用嗉囊冲洗或嗉囊切开术取出带毒食物或灌服盐类泻剂。

② 特效解毒药：肌注解磷定0.2～0.5mL或肌注硫酸阿托品0.2～0.5mL，以抑制副交感神经的兴奋性。

③ 强心补液：肌注葡萄糖氯化钠溶液或葡萄糖维生素C溶液，可防止因心力衰竭而造成的死亡。

八、食盐中毒

食盐是鸡不可缺少的物质之一，适量的食盐有增进食欲、增强消化、促进代谢等的作用。但鸡对食盐很敏感，尤其是幼鸡。鸡对食盐的需要量，占饲料的0.25%～0.5%，以0.37%最为适宜，若过量则极易引起中毒，甚至造成死亡。

【病因】本病的发生主要是因配合饲料时，食盐用量过大或搅拌不均匀，或使用的鱼粉中含盐量过高，同时又限制了饮水，或饲料中其他营养物质如维生素E、钙、镁及含硫氨基酸缺乏，而引起食盐中毒。

【临床症状】病鸡表现为渴感，大量饮水，惊慌不安地尖叫。口鼻内有大量的黏液流出。嗉囊软肿，拉水样稀粪（图4-28）。运动失调，时而转圈，时而倒地，步态不稳。呼吸困难，虚脱，抽搐，痉挛，最后可因昏睡而死亡。

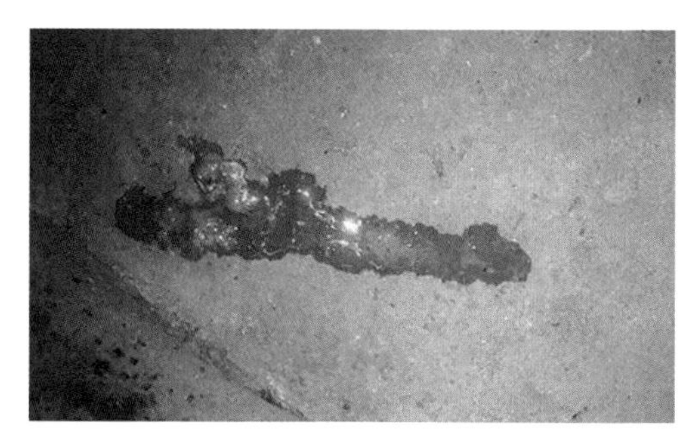

图4-28　鸡食盐中毒

病鸡排出水样稀粪

【病理变化】剖检可见皮下组织水肿，食道、嗉囊、胃肠黏膜充血或出血。腺胃表面形成假膜。血液黏稠，凝固不良。肝肿大，肾变硬，色变淡。病程较长者，还可见肺水肿。腹腔和心包囊中有积水，心脏有针尖状出血点。

【防治措施】

① 严格控制饲料中食盐的含量，尤其对幼鸡。一方面严格检测饲料原料鱼粉或其副产品的盐分含量；另一方面配料时加食盐也要求粉细，并且一定要混合均匀。

② 平时要保证充足的新鲜洁净饮用水。

③ 发现中毒后立即停喂原有饲料，换无盐或低盐分易消化饲料，直至康复。

④ 给病鸡饮用5%的葡萄糖水或红糖水以利尿解毒，早期服用植物油缓泻可减轻症状。病情严重者，可另加0.3%～0.5%醋酸钾溶液逐只灌服。

九、呋喃类药物中毒

呋喃类药物中毒是指鸡摄入了过量的呋喃类药物，而引起的以神经症状为特征的中毒病。代表性药物有呋喃唑酮（痢特灵）、呋喃西林、呋喃妥因等。如果用量过大或连续用药时间过长或在饲料中搅拌不匀，均会引起鸡的中毒甚至大批死亡。

【临床症状】

（1）急性中毒　病鸡初期精神沉郁，羽毛松乱，双翅下垂，缩头呆立，站立不稳，减食或不食。继而出现典型的神经症状，兴奋不安、转圈、鸣叫，倒地后两腿伸直作游泳姿势，角弓反张，抽搐而死。也有呈昏睡状态，最后昏迷而死（图4-29～图4-31）。

（2）慢性中毒　主要呈现腹水症的特征。腹部膨大，按压时有波动感。

【病理变化】主要是消化道黏膜出血，消化道内容物呈现黄染（图4-32～图4-34）。肝脏淤血、肿胀，胆囊内充满胆汁（图4-35）。心肌褪色、变硬（图4-36）。

图4-29 呋喃类药物（痢特灵）中毒（一）

精神呆滞，羽毛松乱，两翅下垂，食欲减少或废绝，呼吸缓慢，站立不稳

图4-30 呋喃类药物（痢特灵）中毒（二）

病鸡出现转圈、惊厥，最后昏迷死亡。病情较轻者，可缓慢康复，但生长发育受阻

图4-31 呋喃类药物（痢特灵）中毒（三）

病鸡头颈无力，以喙着地

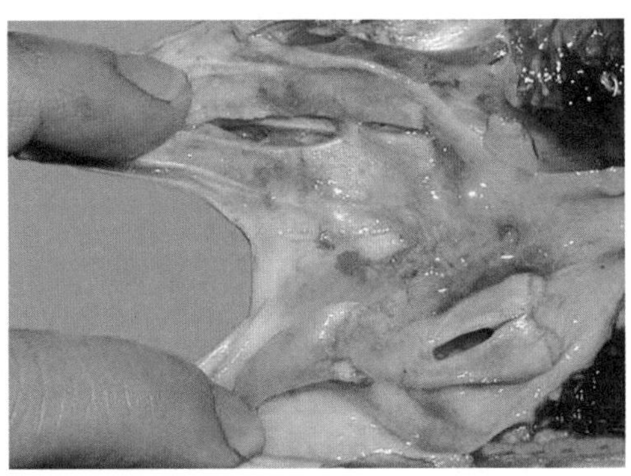

图4-32 呋喃类药物（痢特灵）中毒（四）

口腔中有灰黄色黏液

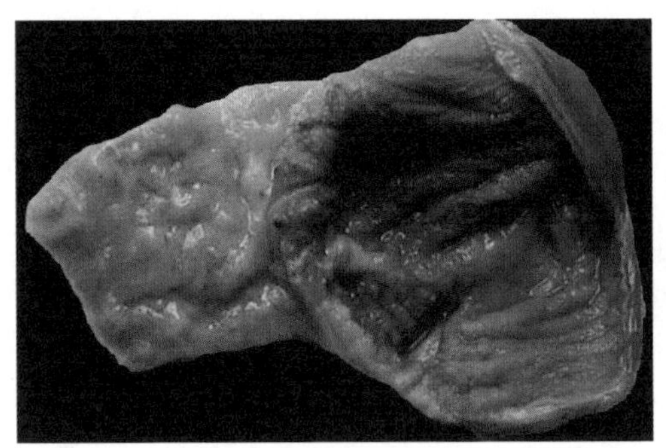

图4-33 呋喃类药物（痢特灵）中毒（五）

病鸡腺胃内容物灰黄色，如糨糊状

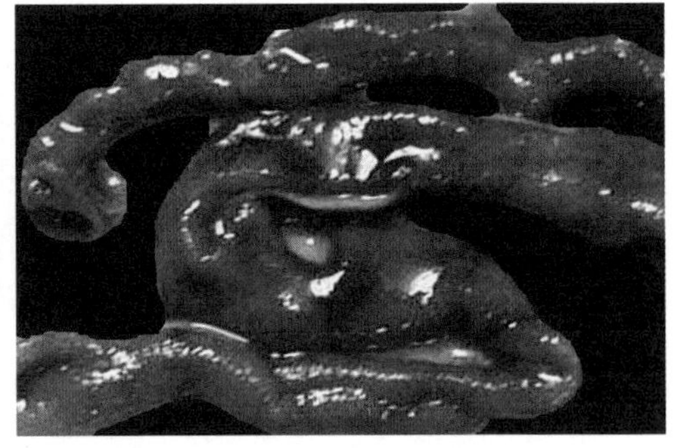

图4-34 呋喃类药物（痢特灵）中毒（六）

肠黏膜严重充血、出血

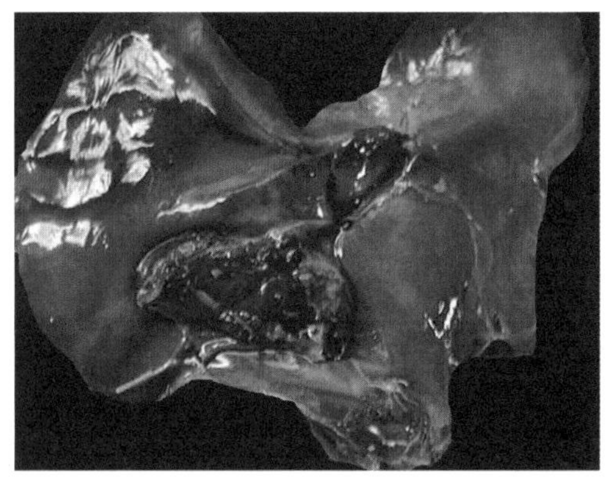

图4-35　呋喃类药物（痢特灵）中毒（七）
肝脏淤血、稍肿胀，胆囊胀大，充满胆汁

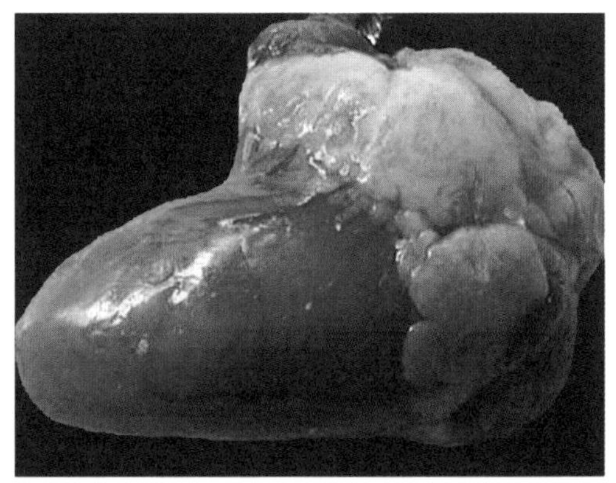

图4-36　呋喃类药物（痢特灵）中毒（八）
中毒的病鸡心肌褪色、变硬

【防治措施】

1. 预防

使用呋喃类药物应严格控制剂量。

① 用呋喃西林防治球虫病时，饲料内含药量：雏鸡不得超过0.02%，成鸡不得超过0.01%，且连续用药不要超过7d，若再喂，应停药3d。

② 呋喃西林最好与痢特灵（呋喃唑酮）配合混饲喂鸡，两种药物占饲料量的万分之二至万分之四左右，两药各占一半。用药时一定要拌匀，即先将药放在少量饲料中充分拌匀，之后再放到全部饲料中搅拌。食槽的数量要足够，保证每只鸡都能吃到，以防有的鸣吃得过量而中毒。用药时间最好在早晨或中午，不要在晚上，这样便于观察，发现中毒应立即停药并治疗。

2. 治疗

目前尚无特效解毒药。应立即更换饲料，同时灌服0.01%～0.05%高锰酸钾水或5%葡萄糖水，连续用药3～4d。对慢性中毒而引起腹水症的，可试用腹水净、腹水消等药物。具体还可选择下列方法进行处理。

① 试用甘草糖水解毒。

② 口服硫酸镁催泻排毒。

③ 成鸡可做嗉囊冲洗或嗉囊切开术取出带毒食物。

十、磺胺类药物中毒

磺胺类药物是治疗鸡细菌性疾病和球虫病的常用药物，但如果使用方法不当，如超量使用或持续使用很容易引起中毒。其毒性作用主要是损害肾脏，同时能导致黄疸、过敏、酸中毒和免疫抑制等。

【临床症状】急性中毒时主要表现为痉挛和神经症状。

慢性中毒时，病鸡精神沉郁，食欲不振或消失，饮水增加，拉稀，粪黄褐色或灰白色（图4-37）。鸡冠和肉髯萎缩苍白，鸡体贫血，黄疸，生长缓慢。产蛋鸡表现为产蛋明显下降，产软壳蛋和薄壳蛋。

【病理变化】特征性变化为皮下、肌肉、冠、髯、颜面和眼睑及内部脏器广泛出血，尤以胸肌、大腿肌更为明显，呈点状或斑状或条状出血（图4-38、图4-39）。血液稀薄，血液凝固不良。肠道、肌胃与腺胃有点状或长条状出血。肝、脾、心脏有出血点或坏死点（图4-40）。肾肿大，输尿管增粗，充满大量白色的尿酸盐。

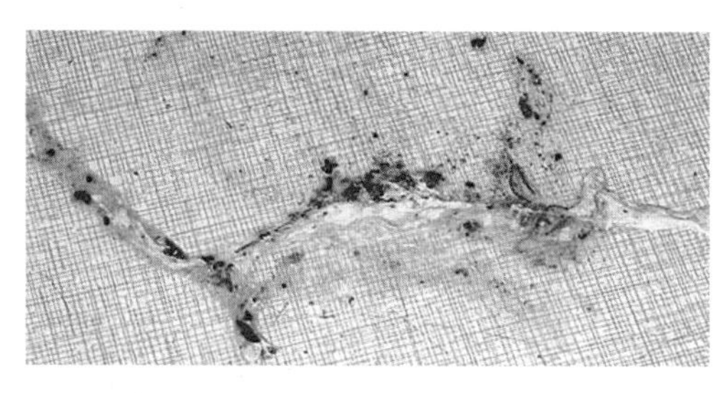

图4-37　磺胺类药物中毒（一）
粪便呈酱油色或灰白色

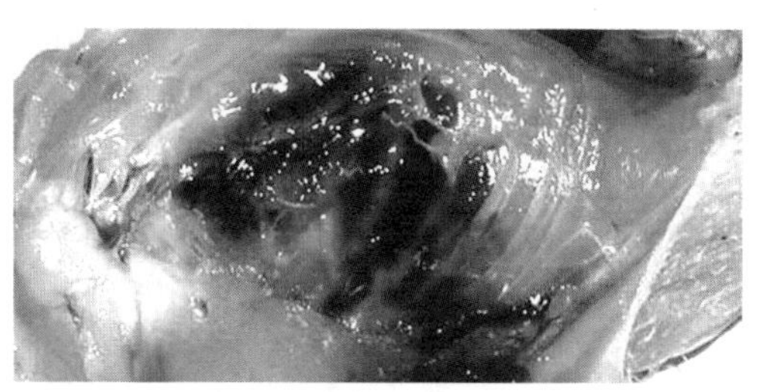

图4-38　磺胺类药物中毒（二）
胸肌严重出血

图4-39　磺胺类药物中毒（三）
腿部肌肉斑片状出血

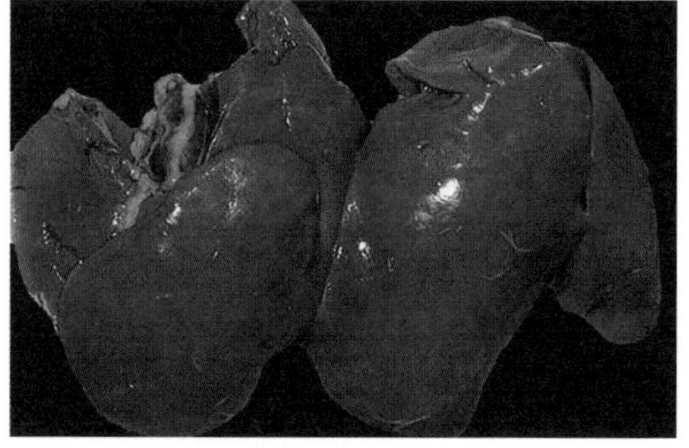

图4-40　磺胺类药物中毒（四）
肝脏肿大，紫红或黄褐色，充血、出血，质脆易碎

【防治措施】谨慎使用磺胺类药物，如必须使用时，饲料和药物要充分混匀，要严格掌握用药剂量和疗程，连续用药时间不能超过1周。发现中毒应立即停药，同时供给充足的饮水，在饮水中加入碳酸氢钠或葡萄糖，也可在饲料中加维生素K。治疗可以选择下列药物。

① 1%～5%碳酸氢钠溶液适量。用法：鸡自饮。

② 维生素K 0.5g。用法：混饲，拌入100kg饲料喂服。

③ 维生素C 25～30mg。用法：一次口服。

十一、喹乙醇中毒

喹乙醇作为鸡的生长促进剂，其在鸡体内有较强的蓄积作用，小剂量连续应用，也会蓄积中毒。预防细菌性传染病，一般在饲料中添加喹乙醇100mg/kg，连用7d，停药7～10d；治疗量一般在饲料中添加200mg/kg，连用3～5d，停药7～10d。本病发生的大多数原因是用药量过大或连续应用。

【症状】病鸡精神沉郁，缩头嗜睡，羽毛松乱，减食或不食，排黄色水样稀粪。鸡喙、冠、颜面及鸡趾变紫黑，卧地不动，很快死亡。

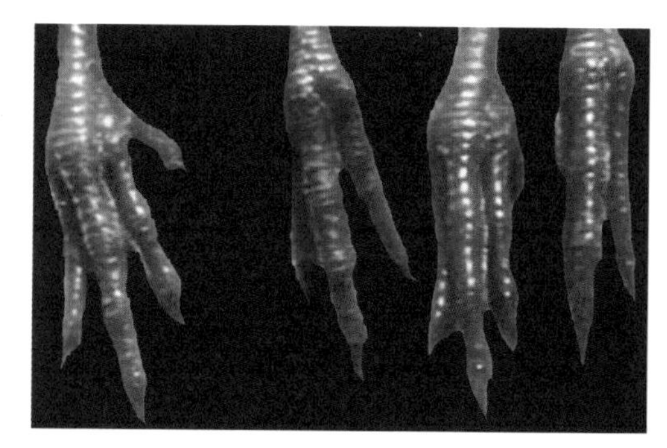

图4-41　喹乙醇中毒（一）

脚趾部变黑

【病理变化】皮肤、肌肉发黑（图4-41）。消化道出血，尤以十二指肠、泄殖腔最为严重。腺胃乳头或乳头间出血，肌胃角质层下有出血点和出血斑，腺胃与肌胃交界处有黑色的坏死区（图4-42～图4-44）。心冠状脂肪和心肌表面有散在出血点，心肌柔软（图4-45）。肝肿大，有出血斑，色暗红，质脆，切面糜烂多汁。脾、肾肿大，质脆。成年母鸡卵泡萎缩、变形、出血。输卵管变细。

【防治措施】严格控制用药剂量，并有一定的休药期。

① 即更换饲料，停止饲喂喹乙醇。

② 百毒解250g兑25kg水，连饮3～5d。5%葡萄糖溶液，连饮3～5d。电解多维，连饮3～5d。

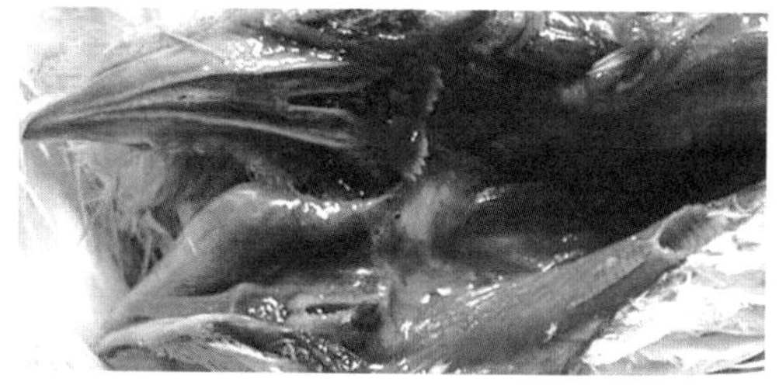

图4-42　喹乙醇中毒（二）

口腔内有大量灰白色黏液

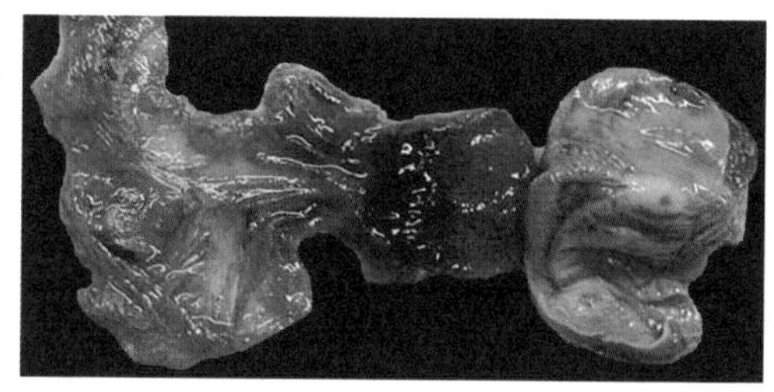

图4-43　喹乙醇中毒（三）

食道下部及腺胃黏膜严重充血、出血，肌胃角质下层出血

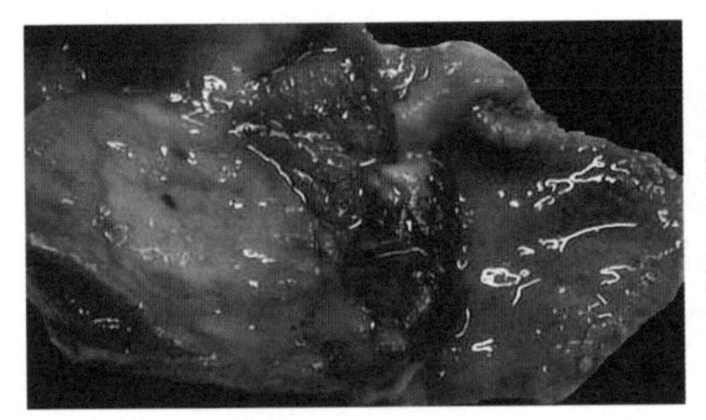

图4-44 喹乙醇中毒（四）

肌胃和腺胃交界处出现严重的溃疡、出血

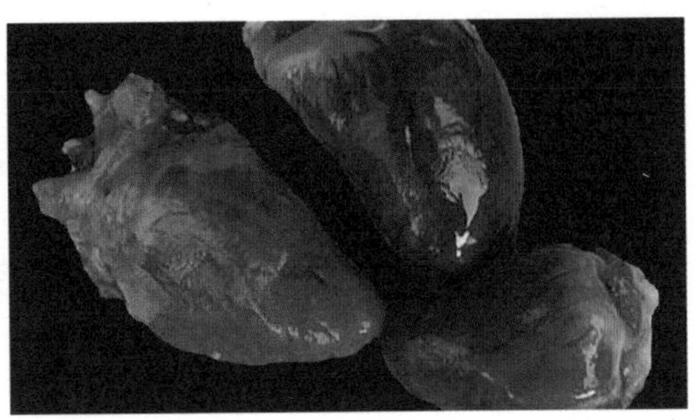

图4-45 喹乙醇中毒（五）

心脏充血、出血，心肌变性、黄染

十二、维生素A缺乏症

维生素A是一种脂溶性维生素，其功能可维护视觉和黏膜，特别是呼吸道和消化道上皮层的完整性，并能促进机体骨骼的生长，调节脂肪、蛋白质、碳水化合物代谢功能。当日粮中维生素A供给不足或消化吸收障碍时，鸡除生长缓慢外，还表现严重的干眼病，即夜盲。黏膜、皮肤上皮角质化、变质，生长停滞，眼苍白干燥，流泪，上、下眼睑常粘在一起。发展到一定程度，眼内充满干酪样物质，极易继发感染而失明。

【病因】维生素A只存在于动物体内。植物性饲料虽不含维生素A，但含有胡萝卜素，黄玉米中含有玉米黄素，它们在动物体内都可以转化为维生素A。胡萝卜素在青饲料中比较丰富，但在谷物、油饼、糠麸中含量很少。引起维生素A缺乏的主要原因如下。

（1）饲料中缺乏维生素A　饲料中维生素A的含量不足或其质量低劣或鸡的需要量增加。长期使用米糠、麸皮等维生素A或胡萝卜素含量过低的饲料，而饲料中又没有添加多维素，很容易造成维生素A缺乏。

（2）饲料中维生素受到破坏　维生素添加剂拌入饲料后存放时间过长，或饲料在存放过程中受日晒、雨淋、高温等不利条件的影响，都可使饲料中的维生素A类物质发生氧化分解而被破坏。如果饲料中缺乏维生素E，不能保护维生素A免受氧化，也会造成失效过多。

（3）维生素A吸收、转化障碍　饲料中脂肪不足，或鸡患有消化道、肝胆疾病等，均会影响维生素A或胡萝卜素的吸收；饲料中铜、锰等微量元素不足时，会阻碍胡萝卜素的转化。

（4）鸡舍环境差　鸡舍冬季潮湿，阳光不足，空气不流通，鸡缺乏运动，都可促使本病发生。

（5）其他因素。如饲料中维生素E不足或不饱和脂肪酸、硝酸盐、亚硝酸盐等含量过多时，或某些酸性添加剂等一些抗营养物质的作用，会使饲料中维生素A或胡萝卜素的活性降低或丧失。

【临床症状】维生素A轻度缺乏时，鸡的生长、产蛋、种蛋孵出率及抗病力受一定影响，但往往不被察觉。当严重缺乏维生素A时，才出现明显典型的临床症状。

雏鸡的维生素A缺乏症，表现为精神不振，发育不良，羽毛脏乱，食欲减退，消瘦，行动迟缓，呆立，两脚无力，步态不稳，嘴、脚爪的黄色变浅。病情发展到一定程度时，出现特征性症状：鼻腔有分泌物，初为水样，逐渐变为黏液脓性。眼睑肿胀鼓起，眼内流出水样液体，初期为无色透明，后变为黏液状物，眼内积聚有白色干酪样物，使上、下眼睑粘合而睁不开（图4-46）。若用镊子轻轻拨开眼皮，可见眼皮下蓄积黄豆大的白色干酪样物质（可完整地挑出），眼球凹陷，角膜混浊，呈云雾状，变软，严重时发生角膜穿孔，半失明或失明，最后可因看不见采食而死亡。眼部症状是病鸡的特征性症状。如果不及时加以治疗，死亡率可达90%以上。

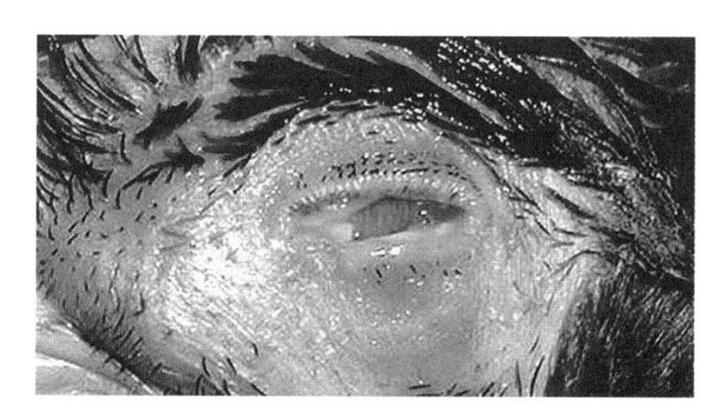

图4-46　维生素A缺乏症（一）

病鸡眼周围羽毛脱落，眼内有泡沫状分泌物或白色干酪样分泌物

成年鸡缺乏维生素A，起初产蛋量减少，种蛋受精率和孵化率下降，抗病力降低。随着病程发展，逐渐呈现精神不振，体质虚弱，消瘦，羽毛松乱。鸡冠、腿、爪颜色褪色变淡，眼内和鼻孔流出水样分泌物，继而分泌物逐渐浓稠呈牛奶样，致使上、下眼睑粘在一起，眼内逐渐蓄积乳白色干酪样物质（豆腐渣样分泌物），使眼部肿胀。此时若不把蓄积的物质去除，可引起角膜软化、穿孔，最后造成失明。口腔黏膜上散布一种白色小脓疱或覆盖一层灰白色假膜。鸡蛋内血斑发生率及严重程度增加。公鸡性功能降低，精液品质下降。

【病理变化】剖检病鸡，可见其口腔、咽部、食道黏膜、嗉囊、肌胃及腺胃黏膜上散布着许多灰白色细小脓疱样小结节，小结节突出于黏膜表面，有时融合连片，成为灰白色假膜覆盖在黏膜表面，这是本病的特征性病变（图4-47～图4-51）。成年鸡的病变比雏鸡明显。气管黏膜附着一层白色鳞片状角质化上皮。同时，内脏器官出现尿酸盐沉积，与内脏型痛风相似。最明显的是肾肿大，颜色变淡苍白，表现有灰白色网状花纹，肾小管常充塞尿酸盐，输尿管变粗，扩张1～2倍，也充塞尿酸盐（图4-52）。心、肝等脏器的表面也常有白霜样尿酸盐覆盖。胆囊肿胀，胆汁浓稠（图4-53、图4-54）。法氏囊含有豆腐渣样物。雏鸡的尿酸盐沉积一般比成年鸡严重。

【防治措施】

（1）预防　饲料不宜放置过久，如需保存应防止饲料酸败、发酵、产热和氧

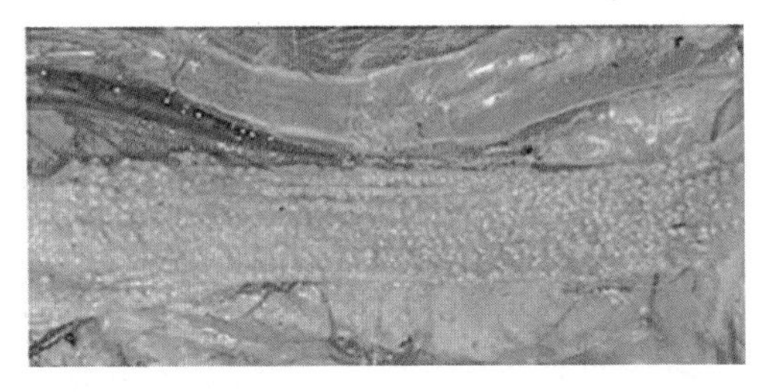

图4-47　维生素A缺乏症（二）

出现本病特征性病变——口腔、咽、食道黏膜有白色结节，呈现过度角质化

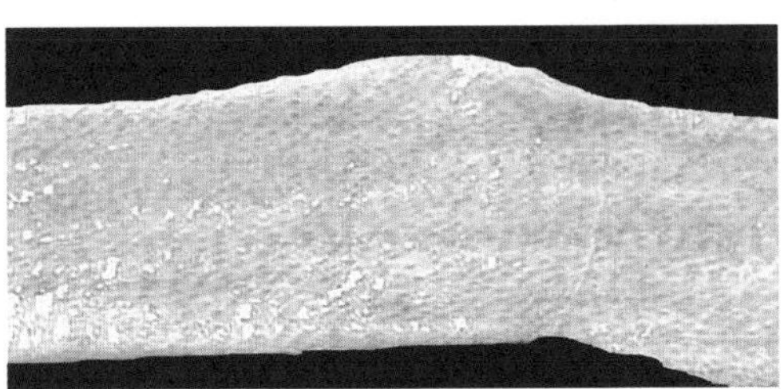

图4-48　维生素A缺乏症（三）

食道黏膜脓疱样变

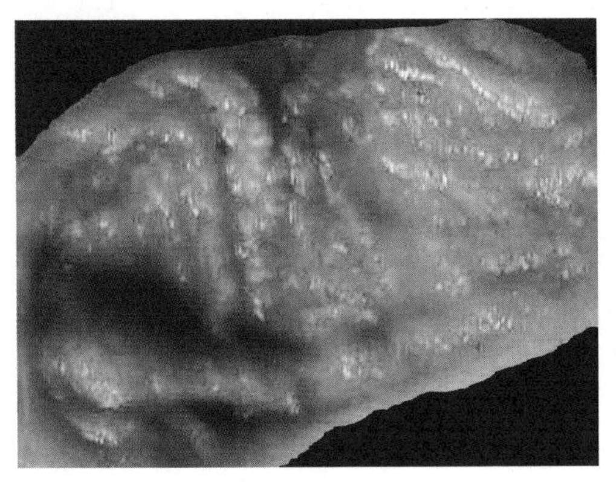

图4-49　维生素A缺乏症（四）

嗉囊黏膜黏液腺受损，出现白色结节

图4-50　维生素A缺乏症（五）

腺胃黏膜上皮增生、角化

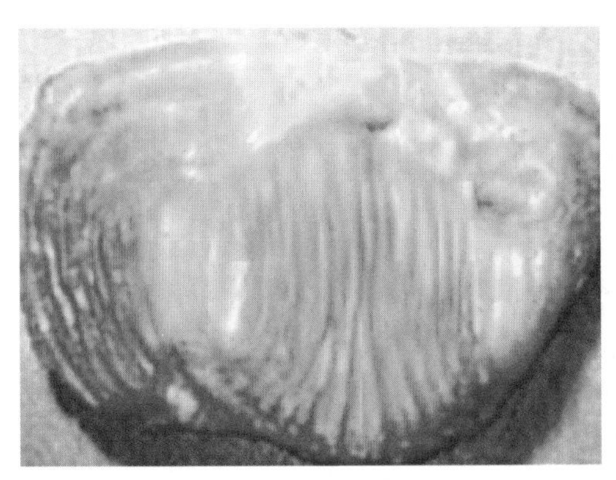

图4-51　鸡维生素A缺乏症（六）

肌胃角质层尿酸盐沉积

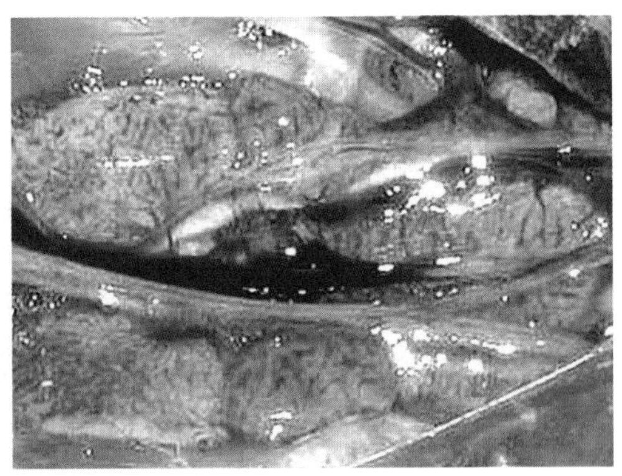

图4-52　维生素A缺乏症（七）

肾脏肿大，有大量的尿酸盐沉积，表面有白色网状花纹。输尿管变粗

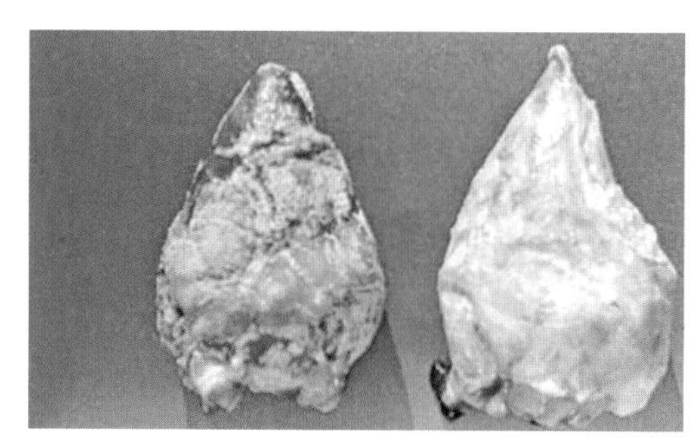

图4-53　鸡维生素A缺乏症（八）

心脏外表面尿酸盐沉积

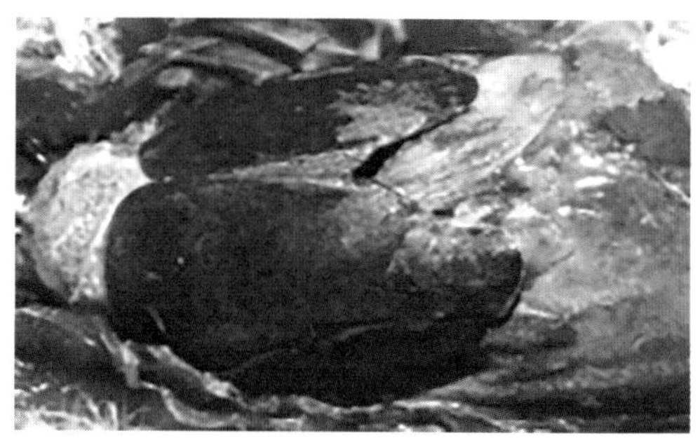

图4-54　维生素A缺乏症（九）

心、肝表面有尿酸盐沉积

化，以免维生素A或胡萝卜素遭到破坏。配制日粮时，应考虑饲料中实际具有的维生素A活性，最好现配现用。

（2）治疗　鸡发生维生素A缺乏症时，可在饲料中补充维生素A，如鱼肝油及胡萝卜等。群体治疗时，可按1%～2%浓度混料添加鱼肝油，连用2周。还可按每千克体重补充维生素A 1万国际单位，对急性病例的疗效较好，大多数病鸡可以很快恢复健康。成年病重鸡，每日口服1～2滴鱼肝油，连续7d。

十三、维生素B_1缺乏症

维生素B_1因分子中含有硫和氨基，故又称硫胺素，又由于缺乏会引起神经炎，故又称为抗神经炎维生素。本病是由于维生素B_1缺乏引起的、以神经组织的病变和碳水化合物代谢障碍为主要临床特征的一种营养代谢性疾病。由于会出现神经功能失调等神经症状，所以，维生素B_1缺乏症又称为多发性神经炎。

【病因】大多数常用饲料中维生素B_1均很丰富，特别是糠麸以及饲用酵母中。所以鸡实际应用的日粮中都含有充足的硫胺素，无须补充。鸡发生缺乏的主要病因是饲粮中维生素B_1遭受破坏所致，归纳起来主要有以下几点。

（1）饲料中硫胺素遭受破坏　如饲料发霉或贮存时间太长，维生素B_1分解。饲料中添加了某些矿物质、碱性物质、硫化物、硫酸盐、防霉剂、氨丙啉（球虫抑制剂）等，这些物质能破坏维生素B_1或与维生素B_1有拮抗作用。

（2）饲养不当　如长时间喂饲单一的含维生素B_1少的饲料，也会引起缺乏。

（3）胃肠道出现疾病　这时会导致消化吸收障碍，也会引起维生素B_1的缺乏。

（4）鱼粉品质差，硫胺素酶活性太高　生鲜鱼中含有很高的硫胺素酶，会引起维生素B_1的破坏，所以用生鱼代替鱼粉喂鸡常引起本病。

【临床症状】维生素B_1属于水溶性维生素，水溶性维生素很少或几乎不能在体内贮备。雏鸡对维生素B_1缺乏十分敏感，饲喂缺乏维生素B_1的饲粮后约经10d即可出现症状。

鸡缺乏维生素B_1的典型症状是多发性神经炎。病鸡突然发病，呈现“观星”姿势，头向背后极度弯曲呈角弓反张状，由于腿麻痹不能站立和行走，病鸡以跗关节和尾部着地，坐在地面或倒地侧卧，严重时衰竭死亡。

（1）成年鸡硫胺素缺乏约3周后才出现临诊症状。病初食欲减退，生长缓慢，羽毛松乱无光泽，腿软无力和步态不稳。鸡冠常呈蓝紫色。以后神经症状逐渐明显，开始是脚趾的屈肌麻痹，接着向上发展，腿、翅膀和颈部的伸肌明显地出现麻痹。有些病鸡出现贫血和拉稀。体温下降至35.5℃。

（2）雏鸡缺乏硫胺素约1周即可发病，表现为食欲减退，体温降低，体重减轻，消瘦，生长发育不良，羽毛蓬乱无光泽，两腿无力，步态不稳，有的病鸡出现下痢。随着病情的发展，外周神经逐渐出现多发性神经炎的症状。病鸡的腿、翅、颈的伸肌痉挛，以尾部着地，犬坐于自己屈曲的腿上，或坐于地上或倒地侧卧，头向后极度扭曲，呈特殊的角弓反张、“观星”姿势，严重时衰竭死亡（图4-55～图4-57）。

【病理变化】病理剖检可见到皮肤发生广泛性水肿（图4-58）。肾上腺肥大，母鸡比公鸡明显。生殖器官如睾丸、卵巢发生萎缩，睾丸比卵巢萎缩得更明显（图4-59、图4-60）。心脏轻度萎缩，右心扩张，心房比心室较易受害。胃肠壁严重萎缩。十二指肠溃疡。

【防治措施】针对病因采取有力的措施可以控制本病的发生。

（1）预防　对本病的预防主要是饲料配合要全价，避免减少含维生素B_1丰富的糠麸类饲料如糠麸、豆饼、酵母、青绿饲料及干草粉等。避免对饲料进行不适当的加工调制。对影响维生素B_1摄入、吸收的疾病要积极治疗。饲料中添加破坏或拮抗维生素B_1的物质时，要适当增加糠麸类饲料的比例，或添加人工合成的维生素B_1粉。防止饲料发霉，不饲喂变质、劣质鱼粉。

图4-55　维生素B_1缺乏（一）

病鸡发生多发性神经炎，角弓反张症状

图4-56　维生素B_1缺乏（二）

身体虚弱，发绀，多发性神经炎引起的麻痹症状

图4-57 维生素B_1缺乏症（三）

多发性神经炎引起病鸡扭颈是维生素B_1缺乏症的特征性症状

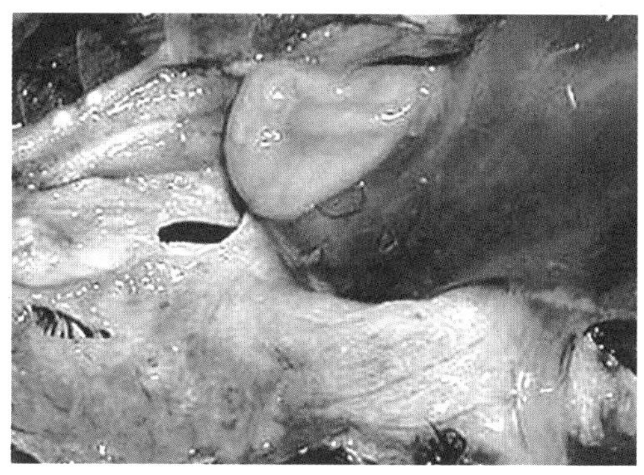

图4-58 维生素B_1缺乏症（四）

病鸡的皮下胶冻样浸润

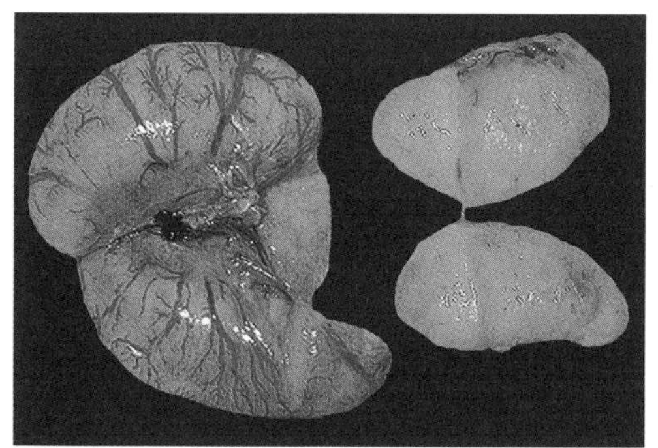

图4-59 维生素B_1缺乏症（五）

睾丸萎缩（左侧为正常大小的睾丸；右侧为萎缩的睾丸）

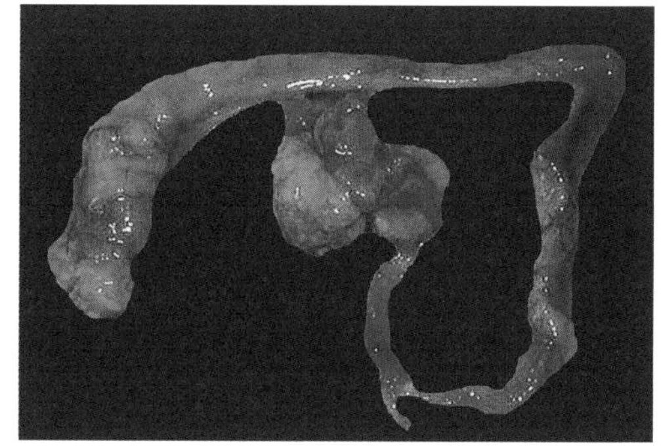

图4-60 维生素B_1缺乏症（六）

病鸡的卵巢、输卵管萎缩

（2）治疗 对病鸡可用维生素B_1进行治疗，每千克饲料加10～20mg，连用1～2周。病重鸡可采用口服或肌内注射的方法，每只鸡5～10mg，每天1～2次，连用3d，经过治疗多数能很快见效。

十四、维生素B_2缺乏症

鸡维生素B_2缺乏症是一种鸡的营养缺乏病，典型特征是病鸡（尤其幼鸡）趾爪向内蜷曲、双腿发生瘫痪麻痹、物质代谢障碍。维生素B_2（又叫核黄素）是动物体内十多种酶的组成成分，与动物生长和组织修复有密切关系，对碳水化合物、蛋白质和脂肪代谢具有十分重要的作用。鸡因体内合成维生素B_2的量很少，所以必须由饲粮供应，否则就会发生缺乏症。

【病因】各种青绿植物和动物蛋白富含维生素B_2，动物消化道中许多细菌、酵母菌、真菌等微生物都能合成。可是常用的禾谷类饲料中核黄素特别贫乏，每千克不足2mg。所以，鸡如果不注意添加维生素B_2易发生缺乏症。维生素B_2缺乏症通常有以下几个原因。

① 饲料补充核黄素的量不足。

② 药物的拮抗作用，如氯丙嗪等能影响维生素B_2的利用。

③ 动物处于应激状态，维生素B_2需要量增加。

【临床症状】雏鸡缺乏维生素B_2多在1～2周龄发生腹泻，生长缓慢，消瘦衰弱，羽毛蓬乱无光，绒毛减少。随后出现消化系统功能障碍，食欲减退，不愿行走，背部羽毛脱落。其最为明显的特征性症状是卷爪麻痹症状，足趾多向内卷曲，足跟肿胀，不能行走，或以跗关节着地负重行走，或展开翅膀维持身体的平衡，双腿发生瘫痪（图4-61～图4-64）。腿部肌肉萎缩和松弛，皮肤干而粗糙。病雏往往因吃不到食物而饿死。

图4-61　维生素B_2缺乏症（一）

严重时无论病鸡呈现何种姿势，脚趾均向内弯曲

图4-62　维生素B_2缺乏症（二）

雏鸡腿爪畸形，脚趾向内卷曲，跗关节着地

图4-63　维生素B_2缺乏症（三）

特征性症状是足趾向内蜷曲，中趾尤为明显

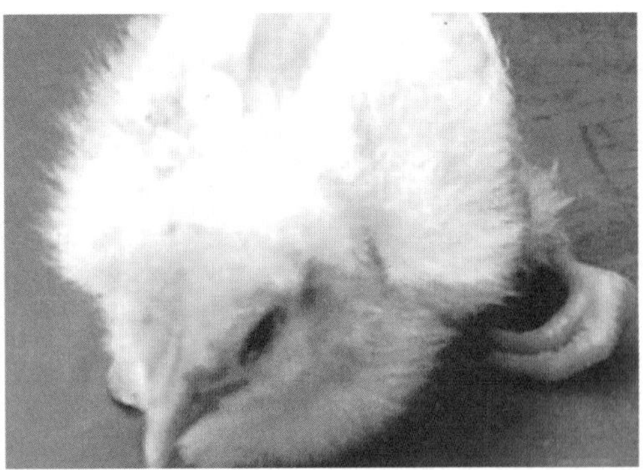

图4-64　维生素B_2缺乏症（四）

雏鸡趾弯曲、麻痹

育成鸡及成年鸡到了病的后期，腿敞开而卧，双腿瘫痪，完全卧地不起。母鸡的产蛋量下降，蛋白稀薄，蛋的孵化率降低。母鸡日粮中维生素B_2的含量低，则种蛋入孵后胚胎死亡率增加，未能出壳的鸡胚体形矮小，水肿。勉强出壳的病雏，绒羽发育不全，羽毛特征性地弯绕，不能撑破羽毛鞘，孵出的雏鸡呈棒状羽毛。

【病理变化】剖检病变是外周神经干的髓鞘局限性变性，坐骨神经和臂神经显著肿大、松弛变软，尤其坐骨神经的肿大更为明显，有时比正常粗3～5倍，其中坐骨神经变粗为维生素B_2缺乏症典型病变（图4-65～图4-68）。病死鸡的胃肠黏膜萎缩，胃肠壁变薄，肠内有大量泡沫状内容物。另外，病死的产蛋鸡肝脏增大且柔软，脂肪含量增加。

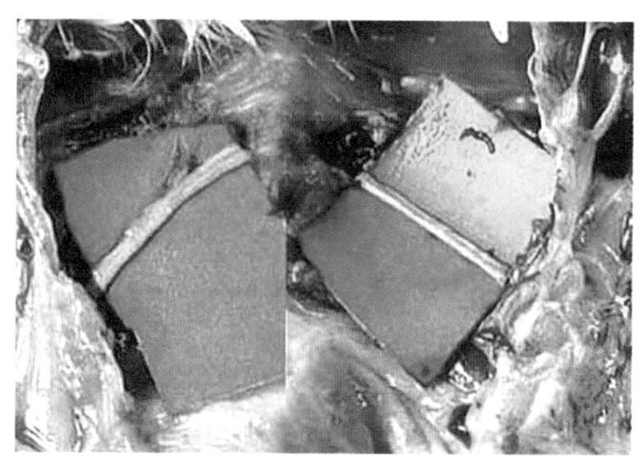

图4-65　维生素B_2缺乏症（五）

重症的雏鸡可见坐骨神经肿胀变粗（左侧为病变神经；右侧为正常对照）

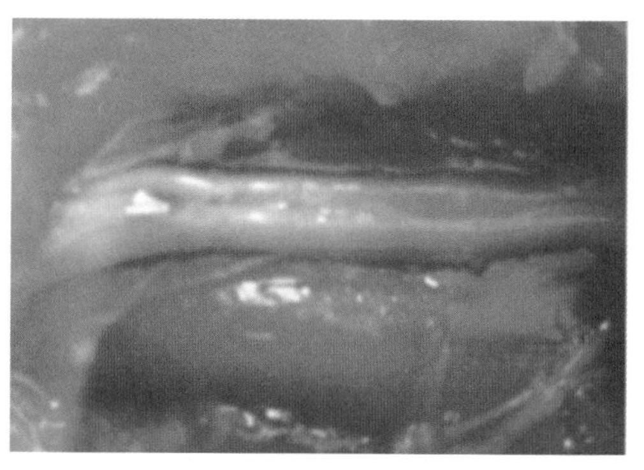

图4-66　维生素B_2缺乏症（六）

病鸡右侧坐骨神经水肿，失去横纹

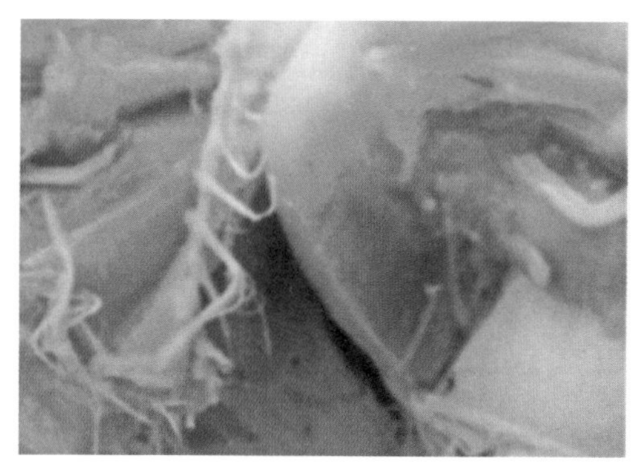

图4-67　维生素B_2缺乏症（七）

左、右两侧坐骨神经肿胀，横纹消失

图4-68　维生素B_2缺乏症（八）

颈部两侧迷走神经均水肿，失去横纹，呈透明状

【防治措施】

（1）预防　预防本病的主要措施是在配制日粮时，要有足够的维生素B_2，注

意添加如新鲜青绿饲料、优质草、叶粉、谷类籽实、糠麸、鱼粉、蚕蛹粉、酵母和乳制品等。饲料贮存时间不能过久，避免风吹、日晒、雨淋，在调制时更应避免阳光的破坏作用。

（2）治疗　对于病重鸡，治疗效果很差，例如，对足爪已蜷缩、坐骨神经损伤的病鸡，即使用核黄素治疗也无效，病理变化难以恢复，故建议直接淘汰。病情较轻的鸡，可在每吨饲料中添加6～9g的维生素B_2，连续1～2周；也可采用口服或肌内注射的方法，每只鸡每次1～2mg，连续2～3d，均有一定的疗效。

十五、维生素B_3缺乏症

维生素B_3又称泛酸、抗皮炎因子，对蛋白质、脂肪和碳水化合物的代谢具有重要作用，缺乏会导致辅酶A的合成减少。饲料中一般含维生素B_3较为丰富，但玉米中含量较少，长期饲喂可导致雏鸡维生素B_3缺乏，如不及时补充，可导致碳水化合物、脂肪、蛋白质代谢障碍而引起本病。

【临床特征】病鸡神经障碍，生长发育受阻。头部、趾间和脚底皮肤发炎，皮糙。羽毛蓬乱，羽毛粗糙，头部羽毛易脱落。口角和眼睑有黏性渗出物。口角、肛门周围和爪部开裂，结痂，爪部皮肤上皮逐渐脱落。另外，还多伴有骨短粗症，表现为骨骼畸形，胫骨短而弯曲、翅短和肩胛骨前端短而弯曲。

雏鸡维生素B_3缺乏时还表现为羽毛蓬乱甚至脱落，口角有结痂，眼睑边缘有小颗粒状病灶呈屑样物附着，上下眼睑被渗出物粘着而影响视力，上皮角化缓慢地脱落，严重时趾间和脚底部外层皮肤出现裂纹与裂口。有的患鸡在脚的肉球上形成疣性赘生物（图4-69、图4-70）。

成鸡维生素B_3缺乏时还表现为产蛋下降，孵化率低，种蛋入孵后死胚较多，出壳雏体质衰弱，鸡胚短小，皮下出血和水肿。

图4-69　维生素B_3缺乏症（一）

病鸡生长发育不良，羽毛粗乱，呈现暗淡和粗糙的羽毛

图4-70　维生素B_3缺乏症（二）

鸡爪部皮肤出血、干裂、皮肤粗糙，增生角化甚至坏死，形成疣性赘生物，脚趾炎症

【病理变化】剖检病死鸡见口内有脓样分泌物，腺胃内有混浊不透明的灰白色渗出物。肝肿大，呈暗黄色、浅黄色的污秽样。脾脏有萎缩，肾脏肿大，脊髓神经纤维变性。

【防治措施】

（1）预防　注意日粮的合理配合，平时注意添加含维生素B_3较多的饲料，如酵母、花生饼、麸皮、米糠、苜蓿粉及青绿饲料等。

（2）治疗　发病后向日粮中添加2～3倍于标准量的维生素B_3，并注意复合维生素B的添加。治疗可在每千克料中添加泛酸钙20～30mg，连用2周。

十六、维生素D缺乏症

本病的发生是由于维生素D供应不足或钙磷摄入不足或钙磷比例不合理等因素引起的。这是一种以骨骼、喙和蛋壳发育异常为特征的营养代谢性疾病。维生素D的主要作用是促进肠黏膜对钙、磷的吸收，增加其在血液中的含量。因此，维生素D是调节鸡体钙、磷代谢的重要物质之一。

【病因】维生素D不足或缺乏，一般与日粮中钙、磷含量有关。当日粮中维生素D含量不足或鸡本身患有胃肠道消耗性疾病时，即可发生佝偻病（数周龄至数月龄鸡）或软骨症（成年鸡）。归纳起来的原因有以下几点。

① 鸡长时间得不到阳光照晒，且日粮中维生素D的供给不足。

② 鸡患胃肠疾病或肝、肾等疾病时，维生素D在体内的转化、吸收和利用受到阻碍。

③ 饲料中锰的含量较多时，维生素D的作用会受到一定的影响。

【临床症状】鸡缺乏维生素D时，最早可在10日龄左右即可出现临床症状，但大多在3～4周龄后。幼龄鸡表现为生长发育受阻，羽毛蓬乱无光，两腿无力，步态不稳，不愿走动，喜卧地。喙和脚爪变软，弯曲，变形（图4-71），腿骨变脆，易发生骨折。常以跗关节蹲伏休息，同时鸡体向两边摇摆，丧失平衡（图4-72）。幼龄鸡的肋骨出现念珠状结节，生长发育不良，称为佝偻病。

成年鸡缺乏维生素D时，一般在2～3个月后才出现症状。前期表现为蛋壳变薄或产软壳蛋，产蛋减少，种蛋孵化率显著降低，病程越长越严重。骨质变软、脆弱、疏松，容易发生骨折，关节肿大、变形，尤其是踝关节明显肿大。严重时鸡喙、脚爪、腿骨均可变软、变形，两腿无力，常蹲伏于地，行走困难、步态僵硬（图4-73、图4-74）。胸骨呈现S状弯曲。成年鸡称为软骨症。

【病理变化】剖检变化主要表现在骨骼。骨骼变软、变形，易于折断，如鸡喙、脚爪和锁骨变软易于弯曲。胸骨也弯曲，往往呈S状（图4-75、图4-76）。肋骨失去正常硬度，与肋软骨连接处的肋骨内侧面明显肿大，形成数个圆形结节，似串珠状隆凸（图4-77～图4-79）。维生素D严重缺乏时，骨骼出现明显变形，

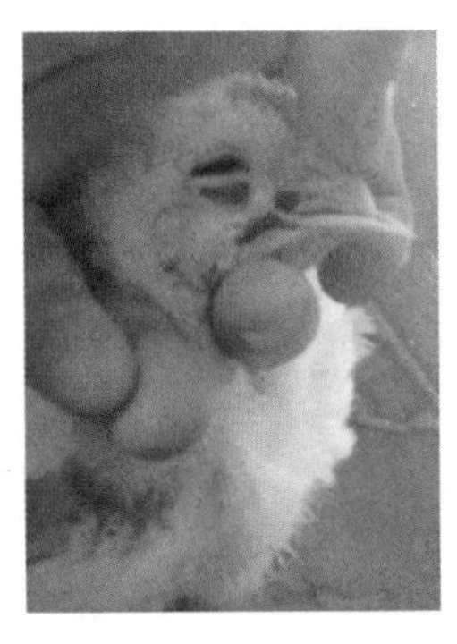

图4-71　维生素D缺乏症及佝偻病（一）
软骨症的雏鸡喙柔软易弯曲、有弹性、易变形

图4-72　维生素D缺乏症及佝偻病（二）
软骨症的雏鸡站立困难

图4-73　维生素D_3缺乏症（一）
病鸡的X型腿

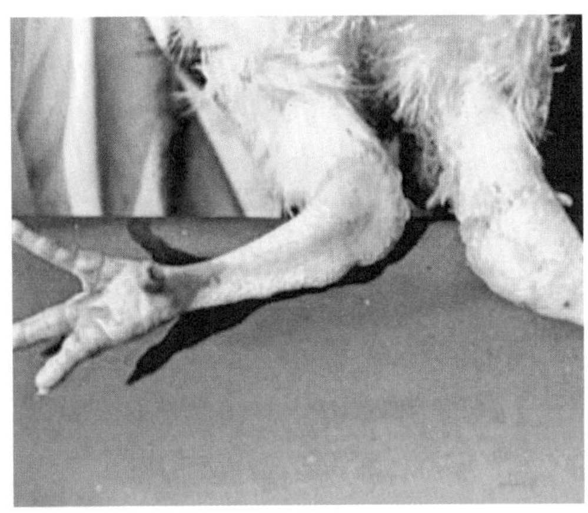

图4-74　维生素D_3缺乏症（二）
鸡骨畸形，X型腿

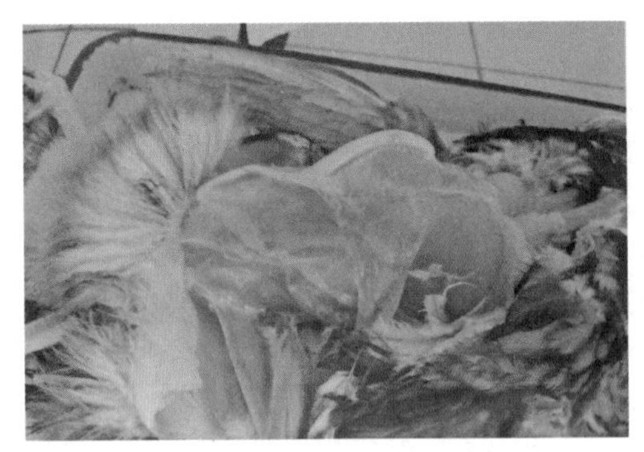

图4-75　维生素D缺乏症及佝偻病（三）
产蛋鸡或青年鸡得软骨症时，表现出的龙骨弯曲、变形

图4-76　维生素D缺乏症及佝偻病（四）
产蛋鸡软骨症多见于肋骨的背肋和胸肋的交界处，其向胸腔内凹陷，导致胸腔狭窄

图4-77　维生素D缺乏症及佝偻病（五）

肋骨与脊柱接合部呈球状肿胀，肋骨失去正常硬度，肋骨和椎骨接合处胸廓呈凹陷

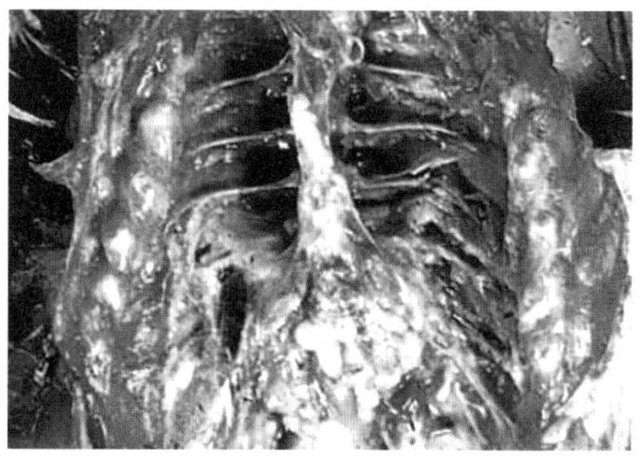

图4-78　维生素D缺乏症及佝偻病（六）

佝偻病，鸡肋骨念珠状突起

胸骨在中部常有异常凹陷。

【**防治措施**】保证饲料中有足量的钙、磷和适宜的钙磷比例，保证维生素D的充足供给。常用的碳酸钙、磷酸钙、乳酸钙、磷酸二氢钠、骨粉等钙磷药物以及鱼肝油、维生素D等制剂补充钙磷。将病鸡置于光线充足、通风良好的鸡舍内或用紫外线灯照射。鸡饲料不要存放时间过长。雏鸡和青年鸡每千克饲料中维生素D含量应不少于200国际单位。产蛋鸡的饲料中应不少于200～500国际单位。

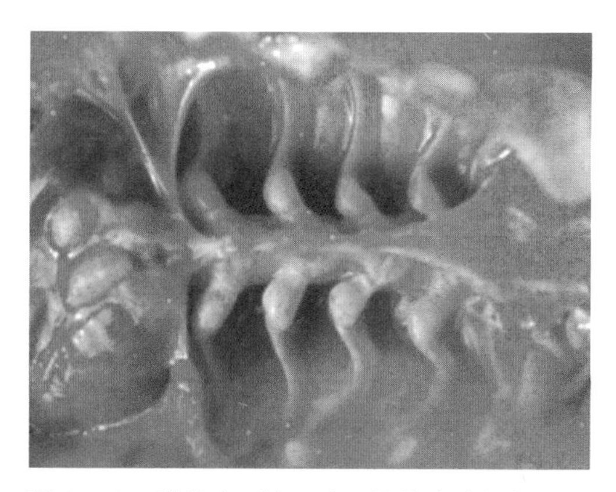

图4-79　维生素D缺乏症及佝偻病（七）

雏鸡佝偻病，肋骨椎端呈念珠状膨大

对病鸡进行治疗时，可在饲料中添加鱼肝油，同时在饲料中适当多添加一些多种维生素，连用10～20d。也可用维生素D_3注射液，按1万国际单位/千克体重，肌内注射，也有良好的疗效。雏鸡佝偻病可一次性大剂量喂给维生素D 1.5万～2.0万国际单位（仅喂1次），或肌内注射1万国际单位的维生素D_3（仅注1次）。

十七、维生素E-硒缺乏症（脑软化病）

维生素E-硒缺乏症是以脑软化症、渗出性素质、白肌病和成鸡繁殖障碍为特征的营养缺乏性疾病。

由于硒和维生素E是动物机体必需的营养物质，维生素E具有重要的抗氧化功能，它和硒元素共同防止细胞形成过氧化物，硒是完成此生理功能的必需成分。

【病因】维生素E缺乏症的发生很大程度上与饲料有关。因为维生素E不稳定，极易氧化破坏，饲料中其他成分也会影响维生素E的营养状态，从而造成缺乏症发生。其主要原因有以下几点。

① 饲料维生素E含量不足，配方不当或加工失误。

② 饲料维生素E氧化破坏。如籽实饲料一般条件下保存6个月维生素E损失30%~50%。

③ 维生素A、B族维生素等其他营养成分的缺乏。

④ 饲料中微量元素硒不足。

【临床症状及病理变化】本病多发生于3～6周龄的雏鸡。发病后表现为精神沉郁，瘫痪，常倒于一侧。根据病程的长短不同，可分为三种类型。剖检可见小脑软化，脑膜水肿，小脑表面出血点和灰白色的坏死灶。脑回展平，有黄绿色混浊样的坏死区，有时皱缩而下陷。

（1）急性型　本型主要是因其心肌严重受损所致。常无明显的临床症状突然死亡，尤其是在受惊吓、急剧的运动过程中。病程稍微延长后，可观察到食欲缺乏或无，精神高度沉郁，鸡冠青紫色，呼吸困难等症状。刚出壳的雏鸡明显有皮下水肿，病鸡因为脑软化的原因而站立不稳（图4-80、图4-81）。

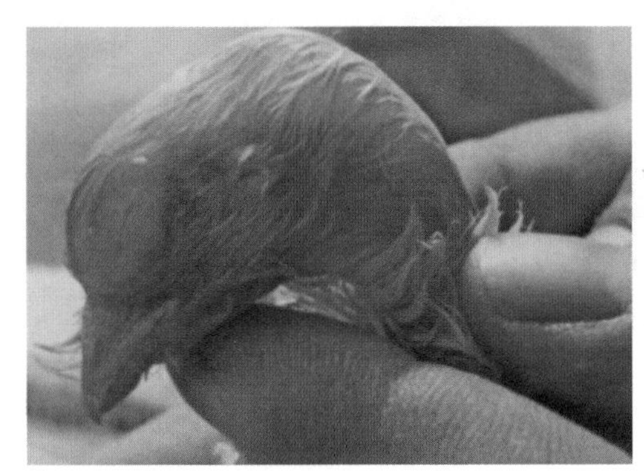

图4-80　维生素E-硒缺乏症（一）

新出壳的雏鸡颈部皮下水肿、透明

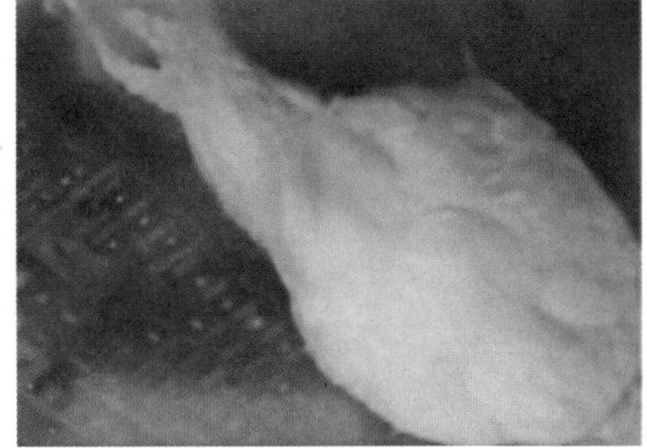

图4-81　维生素E-硒缺乏症（二）

严重缺乏时，由于脑软化会造成病鸡站立不稳，头颈部伏卧地面，体温降低

（2）亚急性型　又可分为以下三种类型。

① 白肌病：主要在胸肌、腿部肌肉、肌胃及心肌发生病变，呈现白色平行直线状的坏死变化，引起跛行，卧地不起，循环障碍和呼吸困难等症状。当维生素E缺乏而同时伴有蛋氨酸缺乏时，约4周龄的小鸡呈现肌营养不良，胸肌和腿肌色浅、苍白，胸肌纤维呈淡白色条纹（图4-82～图4-88）。病鸡皮下有淡黄色胶冻状渗出物（图4-89、图4-90）。

图4-82　维生素E-硒缺乏症（白肌病）(一)
病鸡腿肌有大量的白色坏死斑

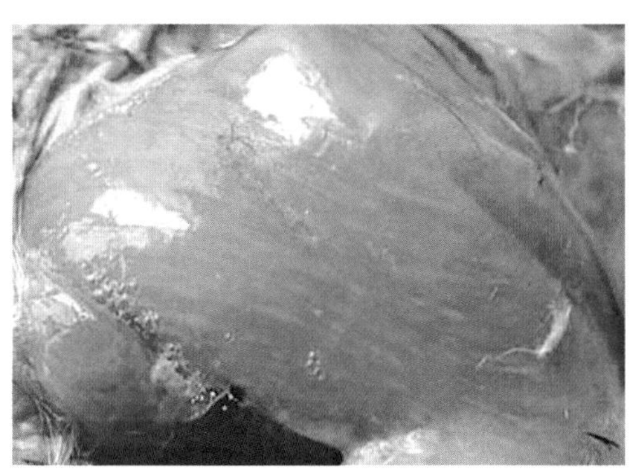

图4-83　维生素E-硒缺乏症（白肌病）(二)
病鸡腿肌的条状坏死

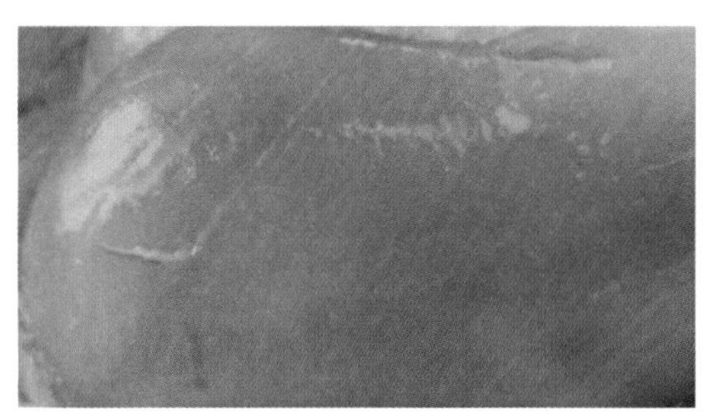

图4-84　维生素E-硒缺乏症（白肌病）(三)
胸肌肌纤维坏死性变化

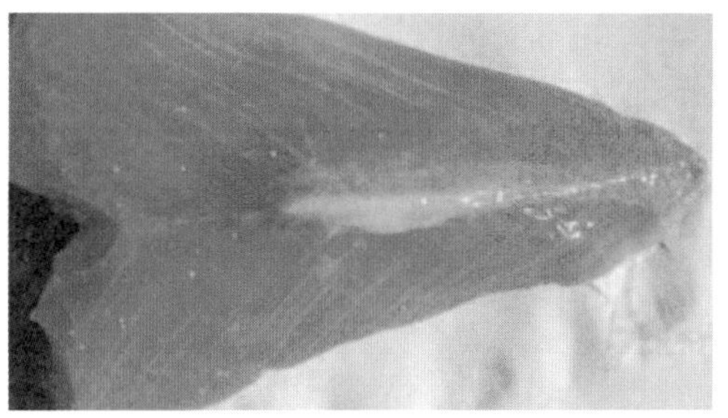

图4-85　维生素E-硒缺乏症（白肌病）(四)
胸肌的白色条纹

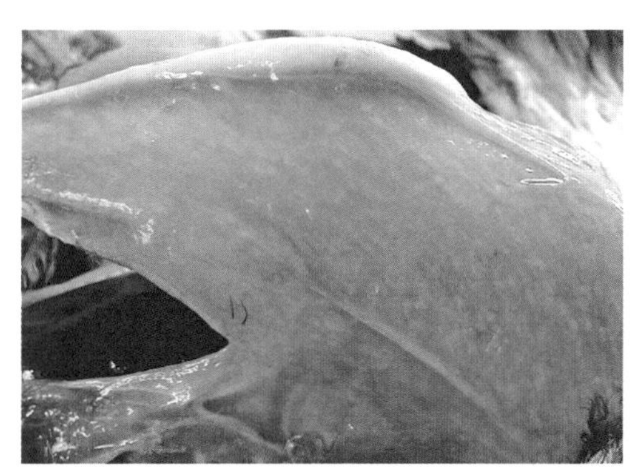

图4-86　维生素E-硒缺乏症（白肌病）(五)
可见突出于肌肉表面的灰白色坏死灶

图4-87　维生素E-硒缺乏症（白肌病）(六)
全身横纹肌因营养不良而坏死

② 渗出性素质病：主要发生在小鸡阶段，以腹部皮下发生出血性渗出液病变为特征。病鸡皮肤外观呈绿色，触诊有波动感，这是因血管渗透性增加，而导致的皮下积聚了大量的渗出液（图4-91～图4-93）。

图4-88　维生素E-硒缺乏症（白肌病）（七）

严重时，肌肉变性坏死，失去光泽和弹性，呈熟肉样

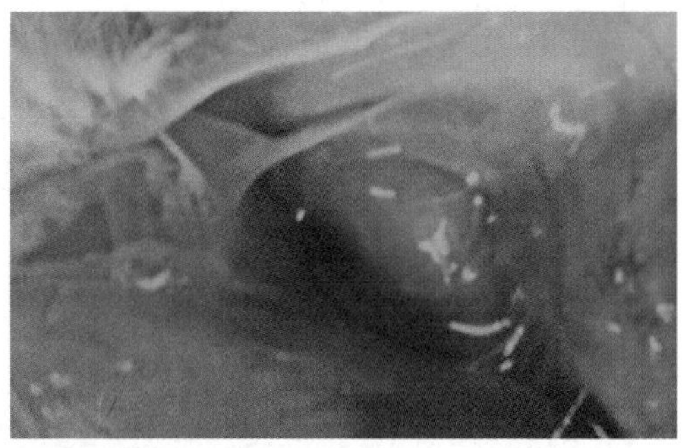

图4-89　维生素E-硒缺乏症（白肌病）（八）

病鸡腿内侧渗出性素质，皮下有胶冻状渗出物

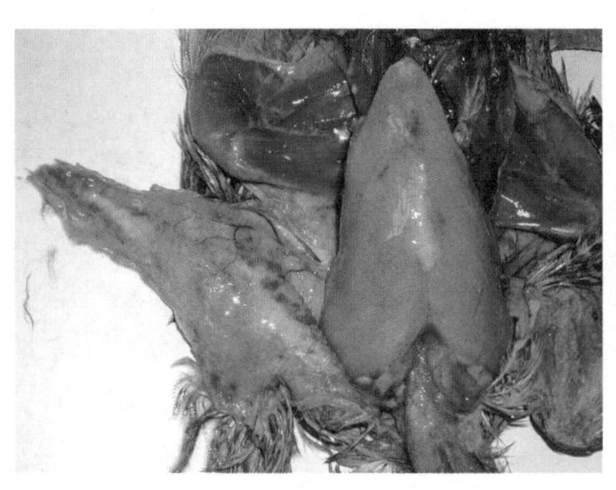

图4-90　维生素E缺乏症（白肌病）（九）

皮下胶样浸润，渗出液呈淡黄色

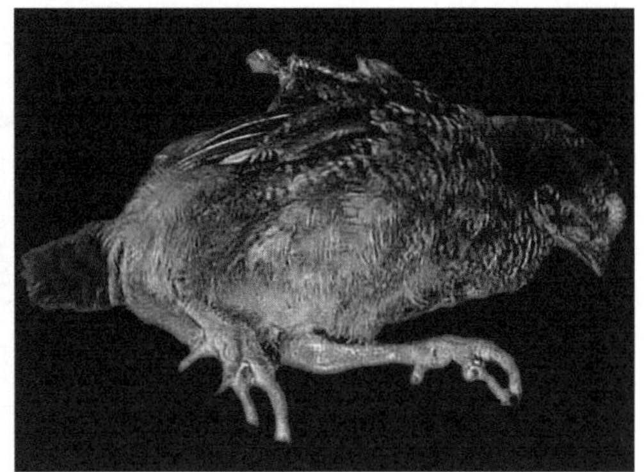

图4-91　维生素E-硒缺乏症（渗出性素质病）（一）

皮肤因出血性渗出呈蓝绿色，有时可见突然死亡

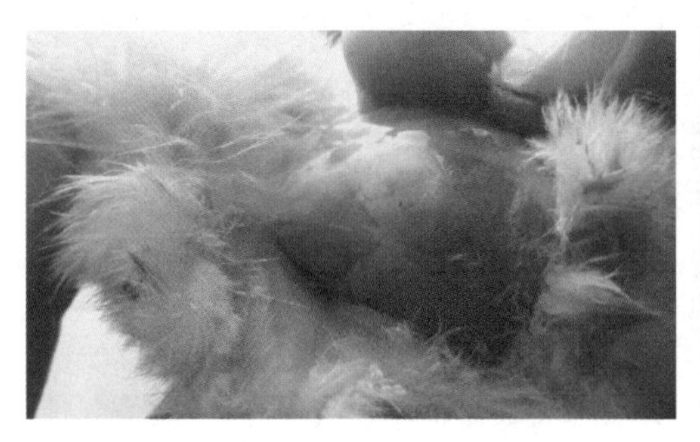

图4-92　维生素E-硒缺乏症（渗出性素质病）（二）

新出壳雏鸡胸腹部、两腿之间有浅黄色胶冻样渗出物

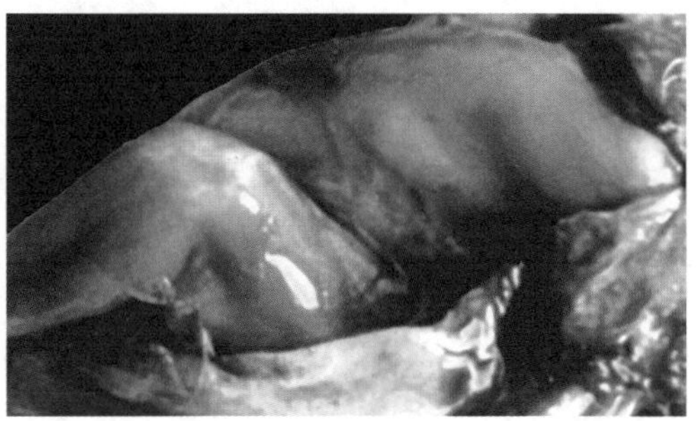

图4-93　维生素E-硒缺乏症（渗出性素质病）（三）

常由维生素E和硒同时缺乏所致，病鸡皮下水肿，充血、出血，水肿液呈蓝绿色

③ 神经型：本型也以小鸡最常见。病鸡站立不稳，头颈呈反弓朝天状或出现痉挛扑翅等神经症状（图4-94、图4-95）。发生脑软化症，脑组织（以小脑病变较为严重）水肿和出血，最终多因脑组织变性而死亡。

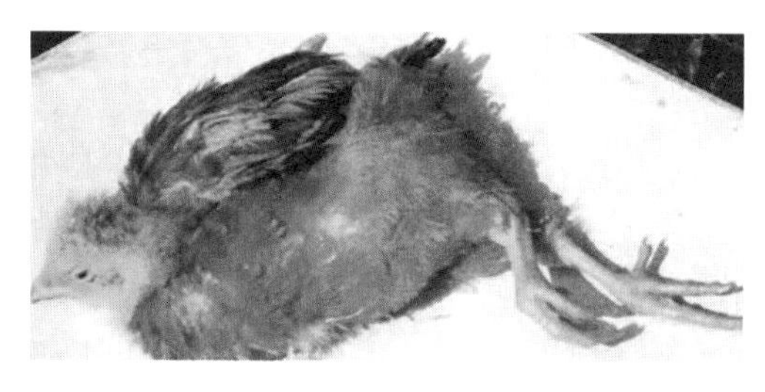

图4-94 维生素E-硒缺乏症（神经型）（一）

雏鸡不能站立，常倒于一侧

图4-95 维生素E-硒缺乏症（神经型）（二）

雏鸡除了出现瘫痪之外，会有头部震颤现象。剖检可见明显的脑软化、液化变化

（3）慢性型 鸡群主要反应为生长增重缓慢，消瘦，体质弱，易腹泻等症状。病变表现为脑出血，脑软化、液化（图4-96～图4-99）。

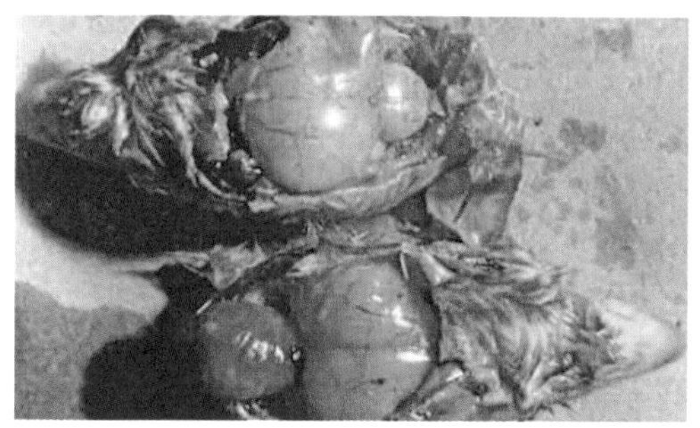

图4-96 维生素E-硒缺乏症（慢性型）（一）

雏鸡小脑软化症，小脑增生及出血（上侧为健康对照）

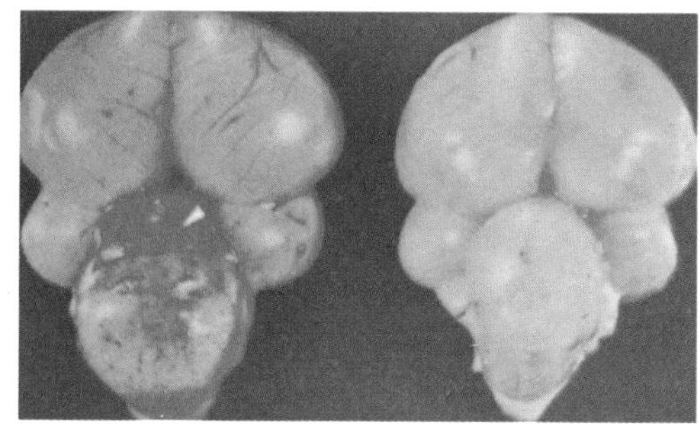

图4-97 维生素E-硒缺乏症（慢性型）（二）

小脑出血、液化病变（右侧为正常小脑）

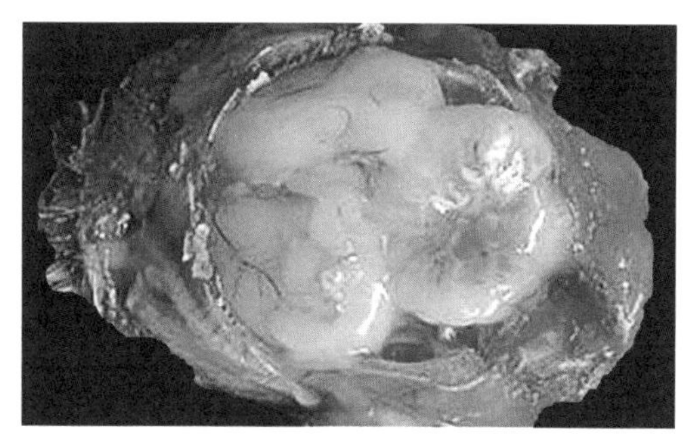

图4-98 维生素E-硒缺乏症（慢性型）（三）

脑膜水肿，小脑肿胀，小脑切面出血、液化，纹理模糊不清（靠右侧的部位）

图4-99 维生素E-硒缺乏症（慢性型）（四）

病鸡大脑枕叶的液化现象

【防治措施】饲料中应添加充足的维生素E，如醋酸维生素E粉或片剂。新鲜谷物饲料的外层糠麸及胚芽，一般含有较丰富的维生素E。对于缺硒的，每千克饲料硒含量应达到0.1mg。常用的制剂有亚硒酸钠、硒酸钠等。

① 饲料中添加足量的维生素E，每千克鸡日粮应含有10～15国际单位，连用2周。

② 饲料中添加抗氧化剂，饲料不要贮存时间过长，否则会受到无机盐、不饱和脂肪酸及拮抗物质的破坏。

③ 植物油中含有丰富的维生素E，在饲料中加入植物油，也可达到治疗本病的效果。

十八、维生素K缺乏症

本病的发生是由于维生素K缺乏所引起的，以血凝时间延长或出血不止等为特征的一种营养代谢性疾病。维生素K缺乏时可见皮下结缔组织、胸肌、腿肌、翅膀肌肉、脑膜、肝、脾及腹膜有出血点或出血斑，甚至在腹腔内大出血。病鸡凝血时间延长，常可因为流血不止而死。红骨髓变性，变为苍白或黄色，这是本病最为常见的病变。

【病因】因为维生素K在动植物饲料中含量较多，而且鸡自身也能够合成，所以在一般情况下不容易出现维生素K缺乏症。但在下列情况下可出现维生素K缺乏症。

① 鸡肠道合成维生素K的数量较少，不能完全满足机体的需要，而且饲料中维生素K供给不足，就会出现本病。

② 饲料贮存期过长，或饲料中含有与维生素K相拮抗的物质，如真菌毒素、水杨酸、草木樨等，都能抑制维生素K发挥作用。

③ 饲料中添加的某些药物，能抑制肠道微生物合成维生素K，如磺胺类、抗球虫药、抗生素等。

④ 胃肠、肝脏出现疾病时，使鸡的吸收障碍，影响维生素 K的摄入和吸收。

⑤ 维生素K易被日光破坏，喂给没有避光贮存的饲料易引起缺乏症。

【临床症状】鸡缺乏维生素K一般并不会马上出现临床症状，而是在2～3周后才出现。幼鸡、中鸡要较成年鸡多发。

病鸡生长发育受阻，精神不佳，蜷缩发抖，扎堆，容易出血。病鸡体躯不同部位，如胸部、翅膀、皮下和腹部有大小不等的出血斑点。病鸡冠、肉髯苍白（图4-100）。种鸡的蛋孵化率降低，胚胎死亡率高。若鸡的内脏器官发生出血时，可造成短时间死亡。

【病理变化】剖检变化主要是胸部、腿部、翅膀肌肉和腹腔内有大量出血，且血液不易凝固（图4-101）。肌胃角质层及角质下有出血灶。急性病例常有肌胃

图4-100　维生素K缺乏症（一）

鸡贫血，鸡冠、肉髯及颜面部苍白

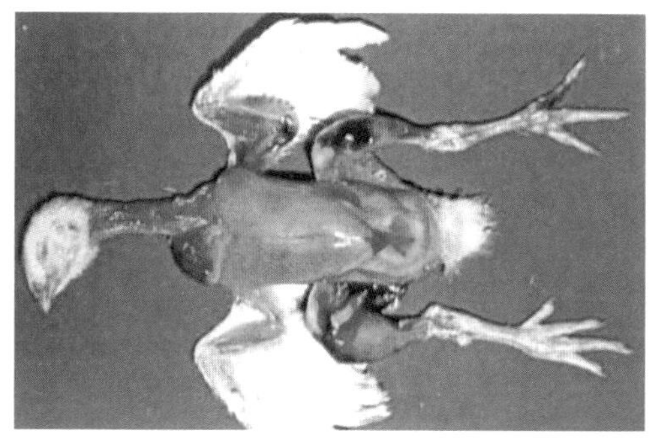

图4-101　维生素K缺乏症（二）

病鸡剖检可见皮下有出血点

出血引起的炎症、坏死，有时形成局部性溃疡。由于出血和骨髓造血机能障碍的双重原因，造成鸡只严重贫血，部分鸡很快死亡。

【防治措施】

（1）预防　主要是针对病因采取相应的措施，如消除各种导致维生素K摄取、吸收和转运障碍的因素，在饲料中添加充足的维生素K，添加富含维生素K的饲料和维生素K添加剂。饲料应避光保存，以免维生素K被破坏。磺胺类和抗生素药物应用时间不宜过长，以免影响胃肠道微生物合成维生素K。

（2）治疗　在鸡群中发现有贫血和出血的鸡，应马上挑出，尽快确诊和治疗。发生本病后，对病鸡可用维生素K_3进行治疗，每千克饲料中添加3～5mg，用药后4～6h，血液凝固即基本恢复正常。在用药时必须注意的是，人工合成的维生素K_3具有一定的刺激性，不可长期使用。同时多喂一些青绿饲料和动物性饲料。

附录一 鸡眼部症状疾病的比较

1. 传染性喉气管炎、传染性支气管炎

主要症状：眼肿怕光，闭眼，流泪，眼发红，上下眼睑和瞬膜水肿，变红，有外翻，眼裂缩小，呈结膜炎症状。传染性喉气管炎以双侧眼居多；传染性支气管炎多为单侧眼有症状。

2. 鸡脑脊髓炎

以1~3周龄小鸡多发，运动失调和震颤（特别是头部震颤明显）。病鸡轻瘫或完全麻痹，双眼发直、呆钝，眼部出现水晶体混浊或瞳孔反射消失。

3. 眼型马立克病

主要症状：眼虹膜色素消失，变为灰白色或蓝灰色（正常为青栗色或橙黄色）。瞳孔缩小，边缘不齐，呈锯齿状，严重者瞳孔消失，最后失明。

4. 眼型鸡痘

主要症状：眼脓肿，可挤出成团的干酪样物，单侧居多，慢性经过。

5. 曲霉菌眼炎

主要症状：瞬膜下形成干酪样小球，眼睑鼓凸，角膜中央溃疡。

6. 支原体病

主要症状：初期流泪，进而眼睑肿胀，结膜发红，渗出液由黏液性变为脓性。上下眼睑粘连，眼球凸出，眼皮肿大。

7. 传染性鼻炎

主要症状：头部显著浮肿。眼脓肿，分泌物逐渐增多，由浆液变成脓性，呈淡黄色。眼睑粘连、水肿，最后眼球发炎而失明。以单侧眼居多。

8. 眼型大肠杆菌病

主要症状：单侧型眼炎，眼睑肿胀，流泪，有黏性分泌物。

附录二
鸡用中药

一、常用的几种中药类型

1. 食欲调节剂

主要由消食、理气、健脾等药物组成，具有调节、促进消化的作用，可提高饲料的利用效率。苦味调节剂有陈皮、厚朴、青皮、黄柏、苦参、蒲公英；芳香调节剂有茴香、石菖蒲、枳壳、苍术、香附；辛辣调节剂有辣椒、白芥子；消化调节剂有山楂、神曲、麦芽。

2. 抑菌杀虫剂

主要由清热解毒药物组成，具有抑菌、杀菌、抗病毒及破坏、清除毒性物质等作用。有大蒜、白头翁、雄黄、艾蒿、贯众、野菊花、蒲公英、马齿苋、苦参、仙鹤草、地榆、穿心莲等。

3. 新陈代谢调节剂

主要由滋阴壮阳、补气、补血等药物组成，具有增强内分泌功能、促进新陈代谢的效果。有黄芪、女贞子、刺五加、苍术、枸杞子、淫羊藿、何首乌等。

4. 天然矿物调节剂

主要由富含矿物质的药物组成。有芒硝、石膏、麦饭石等。

5. 应激调节剂

主要由补气类药物组成，可促进细胞质及血液中皮质酮浓度的提高，减弱鸡对各种应激、刺激的敏感性，减少应激综合征的发生，降低死亡率。有甘草、石菖蒲、白药等。

二、常用的中草药

1. 甘草

【功效】含有三萜类、黄酮类、生物碱与多糖等成分。具有补脾益气、润肺止咳、清热解毒、缓急止痛以及抗菌、抗病毒、抗炎、抗过敏与提高免疫力之功能。对葡萄球菌、大肠杆菌、结核分枝杆菌、原虫以及腺病毒等均有一定的抑制作用。

【应用参考】可与党参、白术、茯苓、黄芪、人参、桂枝、生地黄、阿胶、麻黄、杏仁、石膏、沙参、麦冬、桑叶、白芍、连翘、板蓝根、牛蒡子、桔梗、金银花、蒲公英、车前子、大黄、滑石、芍药等配合使用。

2. 黄连

【功效】清热燥湿，泻火解毒。对多种革兰氏阴性菌及阳性菌如大肠杆菌、葡萄球菌、溶血性链球菌、肺炎双球菌、炭疽杆菌等均具有抑制作用，对各型流感病毒、某些致病性真菌、钩端螺旋体及滴虫等也有抑制作用。

【应用参考】用于肠炎、肺炎、咽喉炎、消化不良等症。本品与其他药配伍，可防治禽霍乱、鸡白痢、火鸡黑头病等。常与黄芩、黄柏等配伍使用。

3. 板蓝根

【功效】清热解毒，凉血，利咽。本品对枯草杆菌、金黄色葡萄球菌、大肠杆菌、溶血链球菌均有抑制作用。对流感病毒也有一定作用，还能抑杀钩端螺旋体。其抗菌、抗病作用与其根含靛苷有关。

【应用参考】常用于细菌性感染、败血症、肺炎、肠炎、血痢、咽炎等。与其他药物配伍可防治鸡传染性法氏囊病、禽霍乱、鸡传染性气管炎及雏鸡腹泻等病。

4. 金银花

【功效】清热解毒，透表止痢。对金黄葡萄球菌、白色葡萄球菌、溶血性链球菌、大肠杆菌、铜绿假单胞菌、肺炎双球菌等均有抑制作用，其中对金黄色葡萄球菌的抗菌作用为最强，对铜绿假单胞菌、大肠杆菌等次之。若与抗生素或黄芩等合用，可提高抑菌效果，并可减少耐药菌株的产生。还可促进机体淋巴母细胞的转化作用，增强白细胞吞噬金黄色葡萄球菌的作用。

【应用参考】常用于流感、肠炎、其他热性传染病等。有报道，与其他药配伍可防治霍乱、鸡传染性喉气管炎、支气管炎等。本品常与连翘、板蓝根、黄芩等配伍使用。

5. 蒲公英

【功效】清热解毒，散结消肿，利湿。对金黄色葡萄球菌、溶血性链球菌、肺炎双球菌、铜绿假单胞菌、变形杆菌、结核分枝杆菌及某些皮肤真菌有抑制作用。

还有利胆、利尿、健胃等作用。

【应用参考】常用于肠炎、腹泻、肺炎、胆道感染、咽喉炎等。有报道，与其他药配伍可防治鸡传染性喉气管炎、禽霍乱等。

6．连翘

【功效】清热解毒，散结消肿，疏解风热。连翘酚对金黄色葡萄球菌有较强抑制作用。本品水煎剂对肺炎双球菌、大肠杆菌、溶血性链球菌均具有抑制作用，并有抗流感病毒作用。还能降低血管通透性，防止渗血，出现出血性斑点。本品还具有利胆、平喘、强心、利尿作用。

【应用参考】用于流感、肺炎、肠炎等。有报道，与其他药配伍可防治传染性法氏囊病、禽霍乱、鸡白痢、雏鸡腹泻等。常与金银花配伍使用。

7．野菊花

【功效】清热解毒。对金黄色葡萄球菌、溶血性链球菌、大肠杆菌、铜绿假单胞菌均有抑制作用。还能增强机体白细胞的吞噬功能。

【应用参考】用于流感、肠炎、脑炎等。

8．白头翁

【功效】清热解毒，凉血止痢。本品煎剂对痢疾杆菌、伤寒杆菌、枯草杆菌、铜绿假单胞菌、金黄色葡萄球菌、大肠杆菌以及流感病毒等均有抑制作用。其酒精提取物有镇静、镇痛、抗痉挛作用，对肠黏膜有收敛止泻、止血作用。

【应用参考】有报道，与其他药配伍可用于防治鸡球虫、鸡白痢、禽霍乱、禽伤寒、喉气管炎等。

9．青蒿

【功效】退虚热，凉血，解暑，止疟。青蒿素及其衍生物对间日疟原虫和恶性疟原虫有强大而快速的杀灭作用，还具有抗血吸虫、抗华支睾吸虫的作用，对环形泰勒焦虫及巴贝斯焦虫有效。

【应用参考】有报道，与其他药配伍可用于防治鸡球虫及其他原虫、肠炎、痢疾等。

10．栀子

【功效】泻火除烦，清热利湿，凉血解毒。本品对金黄色葡萄球菌、脑膜炎双球菌及多种皮肤真菌有抑制作用。水煎剂能杀死钩端螺旋体和血吸虫成虫。还有解热、镇静、降压等作用。

【应用参考】有报道，与其他药配伍可用于防治禽霍乱、鸡白痢、禽出血性败血症等。

11．薄荷

【功效】疏散风热，清头目，利咽喉，透疹毒。煎剂对人型结核分枝杆菌、伤寒杆菌有抑制作用。还有兴奋中枢神经，发汗解热，促进肠蠕动，缓解肠管痉挛，制止肠内异常发酵以及镇痛、止痒等作用。

【应用参考】有报道，与其他药配伍可用于防治鸡传染性法氏囊病、禽出败、鸡白痢、感冒发热、中暑、水泻、痢疾、消化不良等。

12. 小茴香

【功效】散寒止痛，理气和胃，祛痰补阳。本品能促进胃肠蠕动和分泌，排除肠内气体，有助于缓解胃肠痉挛，减轻疼痛。

【应用参考】有报道，与其他药配伍可用于防治雏鸡白痢、禽肠胃炎、消化不良等。

13. 花椒

【功效】温中止痛，杀虫止痒。本品对溶血性链球菌、金黄色葡萄球菌、肺炎双球菌、痢疾杆菌、白喉杆菌、伤寒杆菌等有抑制作用。小剂量能增强肠蠕动，大剂量则能抑制蠕动。对局部有麻醉止痛作用。

【应用参考】有报道，与其他药配伍可用于防治鸡湿热痢疾、肠胃炎、消化不良等。

14. 山楂

【功效】消食化积，破气散瘀。本品对痢疾杆菌、铜绿假单胞菌均有抑制作用。还能增加胃中酶类的分泌，促进消化。所含解脂酶也能促进脂肪食物消化。山楂酸还有强心作用。本品还可以扩张血管，增加血流量，降血压。

【应用参考】有报道，与其他药配伍可用于防治鸡白痢、痢疾、肠胃炎、消化不良等。

附录三
疫苗接种方法

1. 滴鼻、点眼法

主要适用于鸡新城疫Ⅱ系、Lasota系疫苗、传染性支气管炎疫苗及传染性喉气管炎弱毒疫苗的接种。

滴鼻、点眼可用滴管、空眼药水瓶或5mL注射器（针尖磨秃）。需先用1mL蒸馏水试一下，看有多少滴。2周龄以下的雏鸡以每毫升50滴为好，每只鸡2滴，每毫升滴25只鸡，如果1瓶疫苗适用于250只鸡的，就稀释成250÷25=10（mL）。疫苗应用生理盐水或蒸馏水稀释，不能用自来水，以免影响免疫接种的效果。

操作方法：操作者左手轻轻握住鸡体，食指与拇指固定住小鸡的头部，右手用滴管吸取药液，滴入鸡的鼻孔或眼内，当药液滴在鼻孔上不吸入时，可用右手食指把鸡的另一个鼻孔堵住，药液便很快被吸入。

2. 饮水法

适用于饮水法的疫苗有鸡新城疫Ⅱ系、Lasota系疫苗、传染性支气管炎疫苗、传染性法氏囊病疫苗等。饮水免疫法要注意以下问题：

① 在投放疫苗前，要停供饮水2～3h（依不同季节酌定），以保证鸡群有较强的渴欲，能在2h内把疫苗水饮完。

② 配制鸡饮用的疫苗水，需在用时按要求配制，不可预先配制备用。

③ 稀释疫苗的用水量要适当。正常情况下，每500份疫苗，2日龄至2周龄用水5L，2～4周龄7L，4～8周龄10L，8周龄以上20L。

④ 水槽的数量应充足，可以供给全群鸡同时饮水。

⑤ 应避免使用金属饮水槽，水槽在用前不应消毒，但应充分洗刷干净，不含有饲料或粪便等杂物。

⑥ 水中应不含有氯和其他杀菌物质。盐碱含量较高的水应煮沸、冷却，待杂质沉淀后再用。

⑦ 要选择一天当中较凉爽的时间用疫苗，疫苗水应远离热源。

⑧ 有条件时可在疫苗水中加0.5%脱脂奶粉，对疫苗有一定的保护作用。

3. 翼下刺种法

主要适用于鸡痘疫苗、鸡新城疫Ⅰ系疫苗的接种。进行接种时，先将疫苗用生理盐水或蒸馏水按一定倍数稀释，然后用接种针或蘸水笔尖蘸取疫苗，刺种于鸡翅膀内侧无血管处。小鸡刺种一针即可，较大的鸡可刺种两针。

4. 肌内注射法

主要适用于接种鸡新城疫Ⅰ系疫苗、鸡马立克病弱毒疫苗、禽霍乱弱毒疫苗等。使用时，一般按规定倍数稀释后再注射。注射部位可选择胸部肌肉、翼根内侧肌肉或腿部外侧肌肉。

5. 皮下注射法

主要适用于接种鸡马立克病弱毒疫苗、新城疫Ⅰ系疫苗等。接种鸡马立克病弱毒疫苗，多采用雏鸡颈背皮下注射法。注射时先用左手拇指和食指将雏鸡颈背部皮肤轻轻捏住并提起，右手持注射器将针头刺入皮肤与肌肉之间，然后注入疫苗液。

附录四
鸡常见病的鉴别诊断

1. 腹泻——黄白色稀便

（1）雏鸡白痢　多发生于2周龄以内的雏鸡，小鸡蜷缩如球，肛门粘白糊状粪便，肛门周围羽毛被粪便粘结。剖检可见卵黄吸收不全，肝脏表面有白色坏死小点。

（2）大肠杆菌病　除拉稀外，鸡站立不稳定、不食。剖检见肝脏铜绿色，有针尖大小的白色坏死点，肠道有出血。

（3）急性禽霍乱　除拉稀外，临床上出现口流黏液，呼吸困难。剖检见全身黏膜出血，肝脏肿大，具有白色坏死点，心脏表面脂肪出血，小肠中见卵黄蒂以上出血。

（4）传染性法氏囊病　粪便如水，恶臭，鸡群不愿动，蹲伏，常啄肛门。剖检见法氏囊肿大、出血，严重者如紫色葡萄样。

（5）尿酸盐沉积　除拉水样便外，鸡饮水量加大，腿关节肿胀。剖检见内脏表面有白色尿酸盐沉积。询问病史时有饲喂高蛋白质饲料的情况，据此可以推测为尿酸盐沉积。

（6）饲养缺陷或饲养管理不当　发病主要原因是使用劣质饲料或饲喂发霉变质饲料，或育雏时温度高低不稳定。

2. 腹泻——绿色稀便

（1）急性鸡瘟　除拉绿色稀便外，临床上出现黏液倒流出嗉囊。鸡站立不稳、蹲伏、不愿走动。剖检见腺胃黏腺与肌胃交界处、腺胃乳头出血。小肠黏膜及盲肠扁桃体出血。

（2）传染性喉支气管炎　除拉绿色稀便外，鸡咳嗽出带有血液的黏液，鸡出现伸颈张口喘气。剖检可见到喉、气管黏膜出血性黏液。

（3）急性伤寒　拉绿色或白色稀便，鸡不愿活动，直立呈企鹅样姿势。剖检见肝脏肿大发红。

（4）传染性滑膜炎　除了拉绿色稀便外，还见鸡出现渐进性消瘦，生长发育不良，行走困难。关节肿胀，不愿活动。剖检见胶冻样渗出物。

3. 腹泻——水样稀便

（1）肾型传染性支气管炎　病鸡精神不振，持续排白色或水样粪便，饮水量明显增加。主要集中于20～35日龄的雏鸡，60～90日龄育成鸡死亡较低。剖检出现大花肾、肿大，其他内脏无典型变化。

（2）食盐中毒　拉稀的同时伴有饮水量增加，口流黏液。严重者出现转圈、抽搐，很快死亡，成群死亡。

（3）副伤寒　开始为稀粥样，后呈水样，肛门有粪便污染。剖检见肝、脾淤血肿大，盲肠有干酪样的芯子，小肠出血。

4. 腹泻——稀便带血

（1）盲肠球虫　主要常发生于有地面垫料饲养的鸡群，鸡拉血便前曾有过地面垫料潮湿、饮水器漏水现象。鸡逐渐消瘦，生长发育不良。剖检可见盲肠肿胀。血便是本病特征性症状。

（2）黄曲霉中毒　拉血便前有喂发霉饲料的历史，鸡采食量下降，严重发育不良。剖检见肝脏发黄而且有出血斑。

（3）黑头病　除拉血便外，鸡有饲养在潮湿地面的历史，与盲肠球虫的区别在于盲肠和肝脏的病变有特异性，因而又称为“盲肠肝炎”。盲肠肿大，内有同心圆样栓塞，肝脏肿大，表面有纽扣状坏死灶。

（4）混合型球虫病　其粪便初期为糖浆样稀便，伴随鸡渐渐消瘦，体重达不到标准体重。剖检时见到十二指肠、小肠壁有小圆点样出血，其他脏器无特征变化。

5. 腹泻——拉带有饲料的稀便

（1）热应激　这与天气炎热密切相关，鸡通过大量饮水来降低体温，伴发有张口呼气的症状。

（2）换料应激　出现病症前有更换饲料的历史，而且先换料的鸡群先发病，没有换料的拉稀较少，但死亡并没有增加。

（3）鸡群抗生素滥用　见于在治疗疾病时，同时服用几种抗生素，服用时间过长，死亡率虽然下降，但鸡群采食明显下降，增重速度下降，拉稀增多。

6. 呼吸道疾病——喘气

（1）传染性喉支气管炎　气管中有出血变化。

（2）急性新城疫　新城疫气管黏膜出血发炎，常见于喂服治疗支原体病的药物后，呼吸困难未见好转，而且日益加重，伴发有鸡不愿走动，伏在地面上或网上。有的伴发有腿脚麻痹，站立不稳或瘫痪症状，死亡数目逐渐增加。

（3）白喉型鸡痘　常发生于夏秋蚊子较多的季节，有蚊虫叮咬的历史。鸡不愿吃料和饮水。剖检见到喉头部有结痂和厚厚的一层膜。

（4）曲霉菌病　呼吸困难，张口呼吸，喘气。剖检见肺脏表面黄色结节物，肾脏肿胀。

（5）鸡鼻气管鸟杆菌　主要发生于6周龄左右的肉鸡。病变特征为严重的单侧或双侧纤维素化脓炎、气囊炎，心包腔内有积液。

7. 呼吸道疾病——咳嗽

（1）鸡支原体病　伴发的症状有气喘、打喷嚏，鼻液先浆液性后变成黏液性，鼻孔周围有明显的鼻垢。眼睑肿胀向外突出，眼内有豆腐渣样物。剖检常见到气管、气囊有炎性分泌物。

（2）鸡传染性喉气管炎　其症状为病鸡伸颈张口吸气，口中流出带有血样的黏液。严重的在气管内有干酪样栓塞物，鸡死亡数目逐渐增加。

（3）鸡传染性支气管炎　发病后咳嗽日趋严重，鼻孔周围附着黏性的鼻液，呼吸困难。剖检可见到在气管的下1/3处出血发炎，有黄白色黏液附着。鸡死亡逐渐增加。

（4）鸡衣原体病　出现喘式呼吸，严重时出现蛤蟆叫声。一般抗生素治疗无效。

（5）传染性鼻炎　常见于成年鸡、产蛋鸡。发病集中于寒冷季节。有肿头症状，伴发鸡的肉垂也出现肿胀。肿胀初期常为一侧面部肿胀，之后整个面部逐渐肿胀发紫。鼻腔、鼻窦有黏液物且逐渐增多。产蛋鸡伴有产蛋率全群突然下降表现，但死亡不多。

（6）禽流感　除面部肿胀外，鸡伴有呼吸困难，出现张口呼吸，而且突然死亡，死亡率急剧上升，有的高达50%。

（7）脑型大肠杆菌病　病鸡拉稀，鸡一侧眼房积脓，眼失明。若伴有呼吸困难的，则死亡率上升。

8. 神经症状——转圈、震颤

转圈、震颤是指鸡出现一种不随意的强制运动姿势或特殊运动，如无目的地倒退、头扭曲、歪斜、抖动等。这是由于大脑半球一侧受到刺激，大脑失去了平衡功能。临床上常见于鸡新城疫、传染性脑脊髓炎、维生素B_1缺乏症、痢特灵中毒、维生素E-硒缺乏症等。

（1）鸡新城疫　鸡颈部侧转成90°～180°，有的转成“S”形，翅膀麻痹下垂。病鸡伴有呼吸困难，打喷嚏。剖检见腺胃黏膜乳头有出血点，肠出血。

（2）传染性脑脊髓炎　常发生于1～2周的雏鸡。易受惊吓，不愿走动。用手把握小鸡感觉鸡身体在颤抖。

（3）维生素B_1缺乏症　头颈极度向后弯曲，呈角弓反张、昂首观星姿势。雏鸡伴发有拉稀便，发育不良。

（4）痢特灵中毒　鸡表现兴奋不安，鸣叫不已，扭颈、翅腿僵直，旋转运动，无目的向前奔跑，角弓反张。一般情况在3h内死亡占大半或几乎全部。剖检见口腔、嗉囊及胃中有黄色黏液，肠道有黄色物。询问有喂过痢特灵的病史。

（5）维生素E-硒缺乏症　病鸡行走困难，有的后退，头部向两侧或向下弯曲。剖检见胸部和腿部肌肉发白。

9. 啄癖症

啄癖又叫恶癖，是啄肛癖、啄蛋癖、啄脚趾癖、啄羽癖等的统称。以大群饲养的鸡群发生最多。一旦发生，鸡互相啄食，轻者受伤，严重的被啄死或压死，经济损失严重。临床上常见的原因有光照过强、饲养密度过大、饲料中硫化物不足等。

（1）光照过强，饲养密度过大　鸡只出现自食羽毛，啄羽毛、肛门。而且靠近南侧阳光透射强的一侧，发病较多。

（2）饲料中硫化物不足　多在小雏鸡发生，表现啄食脚趾、羽毛，引起流血或瘫痪，有的脚趾甚至被完全啄掉。

（3）饲料中缺乏钙质和蛋白质　主要发生于蛋鸡群，鸡啄食软壳蛋，或者自产自食。

（4）螨病　表现鸡自食羽毛，或互相吸食羽毛，有的几乎成为“秃鸡”。还表现在捡蛋和喂料时手臂有被叮咬的感觉。

10. 腹水

腹水是指鸡的腹部膨胀，打开腹腔后有大量液体流出。腹水可见于各种日龄的鸡只，以肉鸡发病较多，危害最大。常见于肉鸡腹水症、鸡白痢沙门氏菌病、衣原体病等。

（1）肉鸡腹水症　集中于冬春寒冷季节，发病日龄集中于35日龄前后的肉鸡。治疗效果较差。剖检见心脏肿大、淤血，质地松软。肝脏肿大、淤血。

（2）鸡白痢　其区别于肉鸡腹水症在于其发病日龄上，鸡白痢发病没有季节之分，主要集中于12～24日龄的雏鸡，发病鸡只营养不良，且一直有拉稀症状。

（3）衣原体病　除了腹部肿胀外，输卵管、子宫都有水肿液体。主要发生于产蛋鸡，雏鸡发生少，严重影响产蛋率的升高。在肉鸡主要表现心包大量积液，后期出现腹腔有积液。

（4）禽流感　常见于40日龄肉鸡，前期有流感的发病史，治疗效果差时继发腹水症。

（5）曲霉菌感染　常见于地面饲养的肉鸡，其发病与使用霉变的垫料和发霉饲料有关。发病肉鸡在1～7日龄发生过喘式呼吸，11日龄后出现腹水。病理上主要以肺脏出现黄色的坏死灶为特征。

（6）痢特灵中毒　主要见于肉鸡，有痢特灵添加剂量过大的病史。病理上表现心脏冠状沟出血，腺胃弥漫性出血。

11. 拐子鸡

（1）葡萄球菌病　病鸡伏卧不愿行动，站立不稳，死亡逐渐增加。关节肿胀，发热。剖检发病的关节有干酪样渗出物，胸腹部、大腿内侧肌肉水肿，皮肤变成黑紫色。

（2）慢性霍乱　病鸡出现慢性拉稀，鸡体消瘦，死亡率不高，但每天都有死亡。趾部关节肿大。剖检肿大的关节，可见关节面粗糙，内含红色或灰白色混浊液体。

（3）病毒性关节炎　病鸡有特征性的犬坐姿势。发病的关节不肿胀，不发热，多发生于肉鸡，发病率可达15%，死亡率为10%。最早出现于19日龄，多发生于21日龄。

（4）大肠杆菌病　伴有腿站立困难症状，鸡拉黄绿稀粪。鸡不愿采食后逐渐开始瘫痪，挑出后3d左右死亡。剖检见肝出现铜绿色肿胀。

（5）传染性滑膜炎　可触诊到肿胀的关节，并伴发呼吸道症状。剖检可见跗关节有胶冻样渗出物。

附录五
鸡病诊断技术总结

一、流行病学调查

1. 发病快慢情况

如果发病突然，病程短急，可能是急性传染病或中毒病；如果发病时间较长则可能是慢性病。

2. 发病数量

病鸡数量少或零星发病，则可能是慢性病或普通病；病鸡数量多或同时发病，可能是传染病或中毒性疾病。

3. 生产性能

对肉鸡要了解其生长速度，增重情况及均匀度；对产蛋鸡应观察产蛋率、蛋重、蛋壳质量、蛋壳颜色等。

4. 发病日龄

鸡群发病日龄不同，可提示不同疾病的发生。

① 各种年龄的鸡同时或相继发生同一疾病，且发病率和死亡率都较高，可提示新城疫、禽流感、鸡瘟及中毒病。

② 1月龄内雏禽大批发病死亡，可能是沙门氏菌、大肠杆菌、法氏囊病、肾传支等。如果伴有严重呼吸道症状可能是传支、慢性呼吸道病、新城疫、禽流感等。

5. 饲养管理情况

了解鸡只发病前后采食、饮水情况，鸡舍内通风及卫生状况等是否良好。

6. 用药情况

若用抗生素类药物治疗后症状减轻或迅速停止死亡，可提示细菌性疾病；若用抗生素药无作用，可能是病毒性疾病或中毒性疾病或代谢病。

7. 流行状况调查

对可疑是传染性疾病的，除进行一般调查外，还要进行流行病学调查，包括现有症状、既往病史、疫情调查、平时防疫措施落实情况等。

8. 饲料情况调查

对可疑营养缺乏的鸡群要对饲料进行检查，重点检查饲料中能量、粗蛋白、钙、磷等情况，必要时对各种维生素、微量元素和氨基酸等进行成分分析。

9. 中毒情况调查

若饲喂后短时间内大批发病，个体大的鸡只发病早、死亡多，个体小的鸡发病晚、死亡少，可怀疑是中毒病。要对鸡群用药进行调查，了解用何种药物、用量、药物使用时间和方法，是否有投毒可能，舍内是否有煤气，饲料是否发霉等。

二、病史和疫情调查

1. 调查了解既往病史

了解养殖户的鸡群过去是否发生过什么重大疫情，有无类似疾病发生及其经过与结果如何等情况，借以分析本次发病和过去发病的关系。如过去发生大肠杆菌病、新城疫，而对鸡舍未进行彻底的消毒，鸡也未进行预防注射，可考虑旧病复发。

2. 调查附近的养鸡场的疫情

调查附近鸡场（户）是否有与本场相似的疫情，若有可考虑空气传播性传染病，如新城疫、流感、鸡传染性支气管炎等。若鸡场饲养有两种以上禽类，而只有鸡发病，则提示为鸡的特有传染病；若所有家禽都发病，则提示为家禽共患的传染病，如霍乱、流感等。

3. 调查引种情况

有许多疾病是经过种蛋传递的，如鸡白痢、支原体病、脑脊髓炎等。进行引种情况调查可为本地区疫病的诊断提供线索。若新进带菌、带病毒的鸡与本地鸡群混合饲养，常引起新的传染病暴发。

4. 调查平时的防疫措施落实情况

了解鸡群发病前后采用何种免疫方法、使用何种疫苗。通过询问和调查，可获得许多对诊断有帮助的第一手资料，有利于作出正确诊断。

三、临床检查

（一）群体检查

在鸡舍内一角或外侧直接观察，也可以进入鸡舍对整个鸡群进行检查。因为鸡是一种相对敏感的动物，因此进入鸡舍应慢慢进入，以防止惊扰鸡群。检查群体主要观察鸡群精神状态、运动状态、采食、饮水、粪便、呼吸以及生产性能等。

1. 鸡群精神状态检查

（1）正常状态下　鸡对外界刺激反应比较敏感，听觉敏锐，双眼圆睁有神。稍微有一点刺激便头部高抬，来回观察周围动静。严重刺激会引起惊群、压堆、乱飞、乱跑、发出鸣叫。

（2）病理状态下　鸡首先反映精神状态变化，会出现精神兴奋、精神沉郁或嗜睡。

① 精神兴奋：鸡对外界轻微的刺激便表现出强烈的反应，剧烈刺激可引起惊群、乱飞、鸣叫。临床多见于药物中毒、维生素缺乏症等。

② 精神沉郁：鸡只对外界刺激反应轻微，甚至没有任何反应，表现为离群呆立、头颈卷缩、双眼半闭、行动呆滞等。临床上许多疾病均会引起精神沉郁，如沙门氏菌感染、霍乱、法氏囊病、新城疫、禽流感、肾支、球虫病等。

③ 嗜睡：表现为重度的萎靡、闭眼似睡、站立不动或卧地不起，给予强烈刺激才引起轻微反应甚至无反应，可见于许多疾病后期，往往愈合不良。

2. 运动状态检查

（1）正常状态下，鸡的行动敏捷、活动自如。休息时往往双肢弯曲卧地，起卧自如，有一点刺激马上站立活动。

（2）病理状态下的运动异常

① 跛行：跛行是临床最常见的一种运动异常，表现为腿软、瘫痪、喜卧地，运动时明显瘸腿。临床多见钙磷比例不当、维生素D_3缺乏症、痛风、病毒性关节炎、滑液囊支原体病、中毒等。小鸡跛行多见于新城疫、脑脊髓炎、维生素E-硒缺乏症。肉仔鸡跛行多见于大肠杆菌、葡萄球菌、铜绿假单胞菌感染。刚购入的雏鸡出现瘫痪多见于小鸡腿部受寒或脑脊髓炎等。

② 劈叉：青年鸡一腿伸向前、另一腿伸向后，形成劈叉姿势或双翅下垂，多见神经型马立克病。小鸡出现劈叉多为仔鸡腿病。

③ 观星状：鸡的头部向后极度弯曲形成所谓的“观星状”姿势，兴奋时更为明显，多见于维生素B_1缺乏症。

④ 扭头：病鸡头部扭曲，在受惊吓后表现更为明显，临床多见新城疫后遗症。

⑤ 偏瘫：小鸡偏瘫在一侧，双肢后伸，头部出现震颤，多见于脑脊髓炎。

⑥ 肘部外翻：鸡只运动时肘部外翻，关节变短、变粗，临床多见于锰缺乏症。

⑦ 企鹅状姿势：病鸡腹部增大，运动时左右摇摆幅度较大，像企鹅一样运动，临床上肉鸡多见于腹水综合征，蛋鸡多见于早期传染性支气管炎或衣原体感染导致输卵管永久性不可逆损伤引起"大裆鸡"，或大肠杆菌引起的严重输卵管炎（输卵管内有大量干酪物）。

⑧ 趾曲内翻：两趾弯曲（曲于内侧）、卷缩，以肢关节着地，并展翅维持平衡，临床多见于维生素B_2缺乏症。

⑨ 双腿后伸：产蛋鸡双腿向后伸直，出现瘫痪，不能直立，个别鸡在舍外运动后能够恢复，多为笼养鸡产蛋疲劳症。

⑩ 犬坐姿势：病鸡呼吸困难时，往往呈犬坐姿势。头部高抬，张口呼吸，跖部着地。小鸡多见于曲霉菌感染、肺型白痢，成鸡多见于喉气管炎、白喉型鸡痘等。

⑪ 强迫采食：鸡的头颈部不自主地盲目点地，像采食一样。多见于强毒新城疫、球虫病、坏死性肠炎等。

3. 采食状态检查

（1）正常状态下，鸡的采食量相对比较大，特别是笼养产蛋鸡，加料后1～2h即可将食物吃光。检查采食量可根据每天饲料记录就能准确掌握摄食增减，也可以观察鸡的嗉囊大小，料槽内的剩余料的多少和采食时鸡的采食状态等。如舍内温度较高，采食会减少，舍内温度偏低则采食量会上升。采食量减少是反映鸡病最敏感的一个症状，能最早反映鸡群健康状况。

（2）病理状态下采食量增减直接反映鸡群健康状态，临床多见于以下几种情况。

① 采食量减少：表现加入料后，采食不积极，啄食几口后就退缩到一旁，料槽余量过多，比正常采食量下降。临床中许多病均能使采食量下降，如沙门氏菌病、霍乱、大肠杆菌病、败血型支原体病、新城疫、流感等。

② 采食量废绝：多见于病的后期，往往预后不良。

③ 采食量增加：多见于食盐过量，饲料能量偏低，或在疾病恢复过程中，反映疾病正在好转。

4. 粪便观察

许多疾病均会引起鸡的粪便变化和异常。因此粪便检查具有重要意义。粪便检查应注意粪便性质、颜色和粪便内异物等情况。

（1）正常粪便的形态和颜色　正常情况下鸡粪便像海螺一样，下面大上面小，呈螺旋状，多为棕褐色，上面有一点白色的尿酸盐颜色。鸡有发达的盲肠，早晨排出稀软糊状的棕色粪便；刚出壳小鸡尚未采食，排出胎便为白色或深绿色稀薄的液体。

（2）影响粪便的因素

① 温度对粪便的影响：鸡的粪道和尿道相连于泄殖腔，粪、尿同时排出。再加上鸡无汗腺，体表覆盖大量羽毛，因此室温增高，鸡的粪便就变得相对比较稀，特别是夏季会引起水样腹泻；如果温度偏低则粪便变稠。

② 饲料原料对鸡粪便的影响：若饲料中加入杂饼、杂粕（如菜籽粕）等会使粪便发黑；若饲料加入白玉米和小麦会使粪便颜色变浅。

③ 药物对粪便影响：若饲料中加入腐殖酸钠会使粪便变黑。

（3）粪便病理异常　在排除上述影响粪便的生理因素、饲料因素、药物因素以外，若出现粪便异常多为病理状态。临床多见有粪便颜色和性质的变化、粪便异物等。

① 粪便颜色变化

a. 发白：粪便稀而发白，如石灰水样，在泄殖腔下羽毛被尿酸盐污染呈石灰渣样。临床多见痛风、雏鸡白痢、钙磷比例不当、维生素D缺乏症、法氏囊病、肾型传染性支气管炎等。

b. 鲜血便：粪便呈鲜红色像鲜血一样。临床多见盲肠球虫病、啄伤。

c. 发绿：粪便颜色发绿，呈草绿色。临床多见新城疫感染、伤寒和慢性消耗性疾病（马立克病、淋巴细胞白血病、大肠杆菌病）。另外，当鸡舍通风不好时，环境的氨气含量过高，粪便亦呈绿色。

d. 发黑：粪便颜色发暗发黑呈煤焦油状。临床多见于小肠球虫病、肌胃糜烂、出血性肠炎。

e. 黄绿便：粪便颜色呈黄绿带黏液。临床多见于坏死性肠炎、流感等。

f. 西瓜瓤样便：粪便内带有黏液，颜色似番茄酱色。临床多见于小肠球虫病、出血性肠炎或肠毒综合征。

g. 带血丝：在粪便上带有鲜红色血丝。临床多见于鸡前殖吸虫病或啄伤。

h. 颜色变浅：比正常颜色变浅。临床多见于肝脏疾病，如盲肠肝炎、包涵体肝炎等。

② 粪便性质变化

a. 水样稀便：粪便呈水样，临床多见于食盐中毒、卡他性肠炎。

b. 粪便中有大量未消化的饲料：此病症又称料粪，粪有酸臭味。临床多见于消化不良、肠毒综合征。

c. 粪便中带有黏液：粪便中带有大量脱落上皮组织和黏液，粪便有腥臭味。临床多见于坏死性肠炎、流感、热应激等。

③ 粪便异物

a. 带有蛋清样分泌物：雏鸡多见于法氏囊病；成鸡多见于输卵管炎、禽流感等。

b. 带有黄色干酪物：粪便中带有黄色纤维素性干酪物结块。临床多见于因大肠杆菌感染而引起的输卵管炎症。

c. 带有白色米粒大小结节：在粪便中带有白色米粒大小结节。临床多见于绦虫病。

d. 带有泡沫：若小鸡在粪便中带有大量泡沫，临床多见于小鸡受寒或葡萄糖过量或用葡萄糖时间过长。

e. 有假膜：在粪便中带有纤维素或有脱落肠段样假膜。临床多见于堆式球虫病、坏死性肠炎等。

f. 带有大线虫：临床多见于线虫病。

5. 呼吸系统检查

临床上鸡的呼吸系统疾病占70%左右，许多传染病均引起呼吸道症状，因此呼吸系统检查意义重大。

（1）正常情况下　鸡每分钟呼吸次数为22～30次。鸡的呼吸次数主要通过观察泄殖腔下侧的腹部及肛门的收缩和外突来计算的。呼吸系统检查主要通过视诊、听诊来完成。视诊主要观察呼吸频率、张嘴呼吸次数、是否甩血样黏条等；听诊主要听群体中呼吸道是否有杂音，在听诊时最好在夜间熄灯后慢慢进入鸡舍进行。

（2）病理状态下呼吸系统异常

① 张嘴伸颈呼吸：表现为呼吸困难，多是由呼吸道狭窄引起。临床多见于传染性喉气管炎后期、白喉型鸡痘、支气管炎后期；雏鸡出现张嘴伸颈呼吸，多见于肺型白痢或霉菌感染。热应激时也会出现张嘴呼吸。

② 甩血样黏条：在过道、笼具、食槽等处发现有带黏液血条。临床多见于喉气管炎。

③ 甩鼻音：听诊时听到鸡群有甩鼻音。临床多见于败血型支原体病、传染性支气管炎、传染性喉气管炎、新城疫、禽流感、曲霉菌病等。

④ 怪叫音：当喉头部气管内有异物时会发出怪叫声。临床多见于传染性喉气管炎、白喉型鸡痘等。

6. 生长发育及生产性能检查

（1）正常情况　主要观察其生长速度、发育情况及鸡群的整齐度。正常鸡群应生长速度正常，发育良好，整齐度基本一致。

（2）异常情况　如果鸡群表现为突然发病，临床多见于急性传染病或中毒性疾病；若鸡群发育差、生长慢、整齐度差，临床多见于慢性消耗性疾病、营养缺乏症或抵抗力差而继发其他疾病。

蛋鸡和种鸡主要观察产蛋率、蛋重、蛋壳质量、蛋品内部质量变化。

① 产蛋率下降：引起产蛋率下降的疾病很多，如减蛋综合征、脑脊髓炎、新城疫、禽流感、传染性支气管炎、传染性喉气管炎、大肠杆菌病、沙门氏菌感染等。

② 薄壳蛋、软壳蛋增多：临床上检查中发现有大量薄壳蛋、软壳蛋，在粪道内有大量蛋清和蛋黄。临床多见于钙、磷缺乏或比例不当、维生素D缺乏症、禽流感、传染性支气管炎、传染性喉气管炎、输卵管炎等。

③ 蛋壳颜色变化：褐壳蛋鸡若出现白壳蛋增多，临床多见于钙磷比例不当、维生素D缺乏症、禽流感、传染性支气管炎、传染性喉气管炎、新城疫等。

④ 小蛋增多：多见于输卵管炎、禽流感等。

⑤ 蛋清稀薄如水：若打开鸡蛋，蛋清稀薄如水。临床多见于传染性支气管炎等。

（二）个体检查

个体检查就是通过群体检查选出具有特征症状和病变的个体进一步做检查。个体检查内容包括体温检查、冠部检查、眼部检查、鼻腔检查、口腔检查、皮肤及羽毛检查、颈部检查、胸部检查、腹部检查、腿部检查、泄殖腔检查等。

1. 体温检查

体温变化是鸡发病的标志之一。可通过用手触摸鸡体或用体温计来检查。

（1）鸡的正常体温平均为41.5℃（40～42℃）。

（2）病理状态下体温变化　当鸡出现疾病，其他临床症状不明显时，首先体温发生变化。临床体温变化有体温升高和体温下降两种状态。

① 体温升高：有热源性刺激物作用时，体温中枢神经功能发生紊乱，产热和散热的平衡受到破坏，产热增多而散热减少，使体温升高，并出现全身症状，称发热。临床上引起发热的疾病很多，许多种传染性疾病都会引起鸡只发热，如禽霍乱、沙门氏菌病、新城疫、禽流感、热应激等。

② 体温下降：鸡体散热过多而产热不足，导致体温在正常之下，称体温下降。病理状态下体温下降多见于营养不良、营养缺乏、中毒性疾病和濒死期鸡只。

2. 冠和肉垂检查

（1）正常状态下　鸡冠和肉垂呈鲜红色，湿润有光泽，用手触诊有温热感觉。

（2）病理状态下冠和肉垂的变化

① 冠和肉垂出现肿胀：临床多见于禽霍乱、禽流感、严重大肠杆菌和颈部皮下注射疫苗引起。

② 冠和肉垂出现苍白：临床上如果鸡冠和肉垂不萎缩，单纯性出现苍白，多见于鸡球虫病、弧菌肝炎、啄伤等。

③ 鸡冠萎缩：临床多见鸡冠和肉垂由大变小，出现萎缩，颜色发黄，鸡冠和肉垂无光泽。临床多见于消耗性疾病，如马立克病、淋巴细胞白血病、大肠杆菌感染引起输卵管炎或其他感染而引起的卵泡萎缩等。

④ 冠和肉垂发绀：临床出现鸡冠和肉垂呈暗红色，多见于新城疫、禽霍乱、呼吸系统疾病等。

⑤ 冠和肉垂发蓝呈紫色：临床多见于禽流感。

⑥ 冠和肉垂出现发黑：临床多见于盲肠球虫病（又称黑头病）。

⑦ 冠和肉垂有痘斑：临床多见于鸡痘。

⑧ 冠和肉垂出现皮屑且无光泽：临床多见于营养不良、维生素A缺乏症、真菌感染和外寄生虫病。

3. 鼻腔检查

（1）正常情况下　健康鸡鼻孔无鼻液。检查鼻腔时，检查者用左手固定鸡的头部，先看两鼻腔周围是否清洁，然后用右手拇指和食指用力挤压两鼻孔，观察鼻孔有无鼻液或异物。

（2）异常情况下　即病理状态下会出现有示病意义的鼻液。如透明无色的浆液性鼻液，多见于卡他性鼻炎；黄色或黄绿色半黏液状鼻液，黏稠，灰黄色、暗褐色或混有血液的鼻液，或混有坏死组织、伴有恶臭的鼻液，多见于传染性鼻炎；鼻液量较多，常见于鸡传染性鼻炎、禽霍乱、禽流感、鸡败血支原体病等。此外，鸡新城疫、传染性支气管炎、传染性喉气管炎、衣原体病等过程中，也有少量鼻液；当维生素A缺乏时，可挤出黄色干酪样渗出物；当鼻腔内有痘斑时，多见于鸡痘。值得注意的是，凡伴有鼻液的呼吸道疾病一般可发生不同程度的眶下窦炎，表现为眶下窦肿胀。

4. 眼部检查

（1）正常情况下　鸡的双眼有神，双眼圆睁，瞳孔对光线刺激敏感，结膜潮红，角膜白色。在检查眼时注意观察角膜颜色变化，有无出血和水肿，角膜完整性和透明度，瞳孔情况和眼内分泌物情况。

（2）病理状态下眼部病变

① 眼半睁半闭状态：眼部变成条状，临床多见于传染性喉气管炎、环境中氨气或甲醛浓度过高。

② 眼部流泪：眼部出现流泪，严重时眼下羽毛被污染，临床多见于传染性眼炎、传染性鼻炎、传染性喉气管炎、鸡痘、支原体感染以及氨气或甲醛浓度过高等。

③ 眼角膜充血、水肿、出血：临床多见于结膜炎、眼型鸡痘、鸡曲霉病、大肠杆菌、支原体等。另外当环境尘土过多时也可以引起此症状。

④ 眼部肿胀：眼部出现肿胀，严重时上下眼睑粘合在一起，内积大量黄色豆

腐渣样干酪物。临床多见于传染性眼炎、支原体病、黏膜型鸡痘、维生素A缺乏症、肉仔鸡大肠杆菌、葡萄球菌、铜绿假单胞菌感染等。

⑤ 眼角膜发红：角膜发红，临床多见副大肠杆菌病。

⑥ 角膜混浊：角膜出现混浊，严重时形成白斑和溃疡。临床多见于眼型马立克病。

⑦ 结膜形成痘斑：临床多见黏膜型鸡痘。

5. 脸部检查

（1）正常情况　鸡的脸部红润、有光泽，特别是产蛋鸡更明显。脸部检查注意脸部颜色是否出现肿胀和脸部皮屑等情况。

（2）病理情况下脸部变化

① 脸部出现肿胀：若用手触诊脸部出现发热，有波动感，临床多见禽霍乱、传染性喉气管炎；用手触诊无波动感多见于支原体感染、禽流感、大肠杆菌病；若双侧眶下窦肿胀多见于眶下窦炎、支原体病等。

② 脸部有大量皮屑：临床多见维生素A缺乏症、营养不良和慢性消耗病。

6. 口腔检查

（1）鸡的口腔检查　检查的方法是用左手固定头部，右手大拇指向下扳开下喙，并按压舌头，然后左手中指从下颚间隙后方将喉头向上轻压，然后观察口腔。正常情况下鸡的口腔内湿润有少量液体，有温热感。口腔检查时注意上颚裂、舌、口腔黏膜及食道、喉头等变化。

（2）病理状态下口腔异常

① 口腔黏膜上有一层白色假膜：临床多见于念珠菌感染。

② 口腔黏膜出现溃疡：口腔及食道乳头变大，融合形成溃疡，临床多见于维生素A缺乏症。

③ 上颚腭裂处形成干酪物：临床多见于支原体感染、黏膜型鸡痘。

④ 口腔内积有大量酸臭绿色液体：临床多见于新城疫、嗉囊炎和反流性胃炎。

⑤ 口腔积有大量黏液：临床多见于禽流感、大肠杆菌病、禽霍乱等。

⑥ 口腔积有泡沫状液体：临床多见于呼吸系统疾病。

⑦ 口腔有血样黏条：临床多见于传染性喉气管炎。

⑧ 口腔积有稀薄血液：临床多见于卡氏白细胞原虫病、肺出血、弧菌肝炎等。

⑨ 喉头出现水肿、出血：临床多见于传染性喉气管炎、新城疫、禽流感等。

⑩ 喉头被黄色干酪样物栓子阻塞：临床多见于传染性喉气管炎后期。

⑪ 喉头、气管上形成痘斑：临床多见于黏膜型鸡痘。

⑫ 气管内有黄色块状或凝乳状干酪样物：临床多见于支原体感染、传染性支

气管炎、新城疫、禽流感等。

⑬ 舌尖发黑：临床多由药物引起的或循环障碍性疾病。

⑭ 舌根部出现坏死，反复出现吞咽动作：临床多见鸡食入长草或绳头缠绕，使舌部出现坏死。

7．嗉囊检查

（1）嗉囊位于食道颈段和胸段交界处，在锁骨前形成一个膨大盲囊，呈球形，弹性很强。鸡、火鸡的嗉囊比较发达。常用视诊和触诊的方法检查嗉囊。

（2）病理状态下嗉囊异常

① 软嗉：软嗉的特征是体积膨大，触诊发软，有波动，如将鸡的头部倒垂，同时按压嗉囊可由口腔流出液体，并有酸败味。临床常见于某些传染病、中毒病；火鸡患新城疫时，嗉囊内有大量黏稠液体。

② 硬嗉：当鸡只缺乏运动、饮水不足或喂单一干料时，常发生硬嗉。按压时呈面团状。

③ 垂嗉：嗉囊逐渐增大，总不空虚，内容物发酵有酸味。临床多见于饲喂大量粗饲料而引起的。

④ 嗉囊破溃：临床多见于误食石灰或火碱引起。

⑤ 嗉囊壁增厚：用手触诊嗉囊壁，感觉增厚很多，多见于念珠菌感染。

8．皮肤及羽毛检查

（1）正常情况下　成年鸡的羽毛整齐、光滑、发亮、排列匀称；刚出壳的雏鸡有纤维的绒毛，皮肤颜色因品种不同而有差异。

（2）病理状态下皮肤与羽毛病变

① 皮肤上形成肿瘤：临床多见于皮肤型马立克病。

② 皮肤形成溃疡：在皮肤上形成溃疡，毛易脱落，皮下出现出血。临床多见于葡萄球菌感染。

③ 皮下出现白色胶样渗出：临床多见于维生素E-硒缺乏症。

④ 皮下出现绿色胶样渗出：临床多见于铜绿假单胞菌感染。

⑤ 脐部愈合差、发黑，腹部较硬：临床多见于沙门氏菌、大肠杆菌、葡萄球菌、铜绿假单胞菌感染引起的脐炎。

⑥ 羽毛无光泽，容易脱落：临床多见于维生素A缺乏症、营养不良、慢性消耗病或外寄生虫病。

⑦ 皮下形成脓肿甚至破溃、流脓：临床上多见于外伤或注射疫苗感染引起。

⑧ 皮下形成气肿：严重时鸡的身体像气球吹过一样。临床多见外伤引起气囊破裂进入皮下引起。

9．胸部检查

（1）正常情况下　胸部平直，胸部肌肉附着良好，因经济作用不一样，肌肉有一定的差异。肉鸡胸肌发达，蛋鸡胸部肌肉适中，肋骨隆起。在临床检查中应注意胸骨平直情况、两侧肌肉发育情况以及是否出现囊肿等。

（2）病理状态下胸骨变化

① 胸骨出现弯曲，肋骨（软骨部分）出现凹陷：临床多见于钙、磷、维生素D缺乏症，钙磷比例不当、氟中毒等。

② 胸骨出现囊肿：临床多见于肉种鸡、仔鸡运动不足或垫料太硬等。

③ 胸骨呈刀脊状：胸骨肌肉发育差，胸骨呈刀脊状。临床多见一些慢性消耗性疾病，如马立克病、淋巴细胞白血病、大肠杆菌引起的腹膜炎、输卵管炎。

10. 腹部检查

（1）鸡的腹部是指胸骨和耻骨之间所形成的柔软的体腔部分。腹部检查的方法主要通过触诊来检查。正常情况下鸡的腹部大小适中，相对比较丰满，特别是产蛋鸡、肉鸡，用手触诊温暖柔软而有弹性，在腹部两侧后下方可触及肝脏后缘；腹部下方可触及较硬的肌胃（注意产蛋鸡的肌胃不应与鸡蛋相混淆）。在临床检查过程中应该注意观察腹部的大小、弹性、波动感等。

（2）病理状态下的腹部异常

① 腹部容积变小：临床多是由于鸡的采食量下降和产蛋鸡的停产引起的。

② 腹部容积变大：若肉鸡腹部容积增大，触诊有波动感，临床多见于腹水综合征；若蛋鸡腹部较大，走路像企鹅一样，临床多见于鸡早期感染传染性支气管炎、衣原体病引起的输卵管不可逆病变，导致的大量蛋黄或水在输卵管内或腹腔内聚集；若雏鸡腹部较大，且用手触摸时较硬，临床多由大肠杆菌、沙门氏菌或早期温度过低引起卵黄吸收差所致。

③ 腹部变硬：若肉鸡腹部触诊较硬，临床多见于大肠杆菌感染；如果产蛋鸡瘦弱胸骨呈刀背状，腹部较硬且大，临床多见于大肠杆菌、沙门氏菌感染而引起输卵管内积有大量干酪物所致。若触诊感觉很厚，临床多见于鸡过肥、腹部脂肪过多聚集引起。

④ 腹部感觉有软硬不均的小块状物体：如果鸡的腹部增温，触诊有痛感，腹腔穿刺有黄色或灰色、带有腥臭味、混浊的液体，多提示卵黄性腹膜炎。

⑤ 肝脏肿胀至耻骨前沿：临床多见于淋巴细胞白血病。

11. 泄殖腔检查

（1）正常情况下　鸡的泄殖腔周围羽毛清洁。高产蛋鸡的肛门呈椭圆形、湿润、松弛。泄殖腔检查时，检查者用手抓住鸡的双腿把鸡倒悬起来，使肛门朝上，用右手拇指和食指翻开肛门，观察肛道黏膜的色泽、完整性、紧张度、湿度和有无异物等。

（2）病理状态下泄殖腔的异常变化

① 形成假膜：肛门周围发红肿胀，并形成一种有韧性、黄白色干酪样假膜。

将假膜剥离后，留下粗糙的出血面。临床常见于慢性泄殖腔炎（也称肛门淋）。

① 石灰样分泌物：肛门肿胀，周围覆盖有多量黏液状灰白色分泌物，其中有少量的石灰质。常见于母鸡前殖吸虫病、大肠杆菌病等。

③ 脱肛：肛门明显突出甚至肛门外翻并且充血、肿胀、发红或发紫，是高产母鸡或难产母鸡不断努责引起的脱肛症。

④ 泄殖腔黏膜发生出血、坏死：常见于外伤、鸡新城疫。

四、病理剖检

1. 肌肉组织

（1）正常情况下　鸡的肌肉丰满，颜色红润，表面有光泽。临床诊断时应注意观察肌肉颜色、弹性以及是否脱水等异常情况。

（2）病理状态下肌肉的异常变化

① 肌肉脱水：表现肌肉无光、弹性差，严重者表现为“搓板状”。临床多见于肾脏疾病引起的盐类代谢紊乱而导致的脱水或严重腹泻等。

② 肌肉水煮样：肌肉颜色发白，表面有水分渗出，肌肉变性，弹性差，像开水煮过一样。临床多见于热应激和坏死性肠炎。

③ 肌肉纤维间形成梭状坏死和出血，大小如小米粒：临床多见于卡氏白细胞原虫病。

④ 肌肉刷状出血：此症状临床多见于法氏囊病、磺胺类药物中毒。

⑤ 肌肉上有白色尿酸盐沉积：临床多见于痛风、肾型传染性支气管炎。

⑥ 肌肉形成黄色纤维素渗出物：腿肌、腹肌变性，有黄色纤维素渗出物。临床多见于严重大肠杆菌病。

⑦ 肌肉贫血、苍白：临床多见于严重出血、贫血或喙伤。

⑧ 肌肉形成肿瘤：临床多见于马立克病。

⑨ 肌肉溃烂、脓肿：临床多见于外伤或注射疫苗引起感染。

2. 肝脏

（1）正常情况下　鸡肝脏颜色深红色，两侧对称，边缘较锐，在右侧肝脏腹面有大小适中的胆囊。刚出壳的小鸡，肝脏颜色呈黄色，采食后，颜色逐渐加深。在观察肝脏病变时，应注意肝脏颜色变化、被膜情况以及是否肿胀、出血、坏死、有肿瘤等。

（2）病理状态下肝脏的异常变化

① 肝脏肿大、淤血，肝脏被膜下有针尖大小的坏死灶：临床多见于禽霍乱。

② 肝脏肿大，在被膜下有大小不一的坏死灶：临床多见于鸡白痢等。

③ 肝脏肿大，呈铜锈色，有大小不一的坏死灶：临床多见于伤寒。

④ 肝脏土黄色：临床多见于小鸡法氏囊感染，青年鸡磺胺类中毒，产蛋鸡脂肪肝和弧菌肝炎。

⑤ 肝脏上有榆钱样坏死，边缘有出血：临床多见于盲肠肝炎。

⑥ 肝脏有星状坏死：临床多见于弧菌肝炎。

⑦ 肝脏肿大，出现出血和坏死相间，切面呈琥珀色：临床多见于包涵体肝炎。

⑧ 肝脏肿大至耻骨前沿：临床多见于淋巴细胞白血病。

⑨ 肝脏有黄豆粒大小的肿瘤：临床多见于马立克病、淋巴细胞白血病。

⑩ 肝脏出现萎缩、硬化：临床多见于肉鸡腹水症后期。

⑪ 肝脏被膜上有黄色纤维素性渗出物：临床多见于鸡的大肠杆菌病。

⑫ 肝脏被膜上有白色尿酸盐沉积：临床多见于痛风和肾传支。

⑬ 肝脏被膜上有一层白色胶样渗出物：临床多见于衣原体感染。

3. 气囊

（1）气囊是禽类呼吸系统的特有器官，是极薄的膜性囊。气囊共有9个，只有一个不对称，即单个的锁骨间气囊，成对的有颈气囊、前胸气囊、后胸气囊和腹气囊。气囊与支气管相通，可作为空气的贮存器，有加强气体交换的功能。观察气囊时注意气囊壁的厚薄，有无结节、干酪物、霉菌菌斑等。

（2）病理状态下气囊的异常变化

① 气囊壁增厚：临床多见于大肠杆菌、支原体、霉菌感染。

② 气囊上有黄色干酪物：临床多见于支原体、大肠杆菌感染。

③ 气囊形成小泡，在腹气囊中形成许多泡沫：临床多见于支原体感染。

④ 气囊形成霉菌斑：临床多见于霉菌感染。

⑤ 气囊形成黄白色车轮状硬干酪物：临床多见于霉菌感染。

⑥ 气囊形成小米粒大小结节：临床多见于小鸡曲霉菌感染或卡氏白细胞原虫病。

4. 泌尿系统

（1）鸡的肾脏位于其腰背部，分左、右两侧。每侧肾脏都是由前、中、后三叶组成，呈隆起状，颜色深红。两侧有输尿管，但无膀胱和尿道。尿在肾中形成后沿输尿管输入泄殖腔与粪便混合一起排出体外。临床上观察肾脏主要看有无肿瘤、出血、肿胀及尿酸盐沉积等。

（2）病理状态下肾脏的异常变化

① 肾实质出现肿大：临床多见于肾型传染性支气管炎、沙门氏菌感染及药物中毒。

② 肾脏肿大有尿酸盐沉积形成花斑肾：临床多见于肾型传染性支气管炎、沙门氏菌感染、痛风、法氏囊病、磺胺类药物中毒等。

③ 肾脏被膜下出血：临床多见于卡氏白细胞原虫病、磺胺类药物中毒。

④ 肾脏形成肿瘤：临床多见于马立克病、淋巴细胞白血病等。

⑤ 肾脏单侧出现自溶：临床多见于输尿管阻塞。

⑥ 输尿管变粗、结石：临床多见于痛风、肾型传染性支气管炎、磺胺类药物中毒。

5. 生殖系统

（1）公鸡的生殖系统包括睾丸、输精管和阴茎。睾丸一对位于腹腔肾脏下方，没有前列腺等副性腺；母鸡生殖器官包括卵巢和输卵管，左侧发育正常，右侧已退化。成母鸡卵巢如葡萄状，有发育程度不同、大小不一的卵泡；输卵管由漏斗部、卵白分泌部、峡部、子宫部、阴道部5个部分组成。观察生殖系统时注意观察卵泡发育情况、输卵管的病变。

（2）病理状态下卵巢及输卵管的异常变化

① 卵巢呈菜花样肿胀：临床多见于马立克病。

② 卵巢出现萎缩：临床多见于沙门氏菌感染、新城疫、禽流感、减蛋综合征、脑脊髓炎、传染性支气管炎、传染性喉气管炎等。

③ 卵泡出现液化现象，呈蛋黄汤样：临床多见于禽流感、新城疫等。

④ 卵泡呈绿色并萎缩：临床多见于沙门氏菌感染。

⑤ 卵泡上有一层黄色纤维素性干酪物且恶臭：临床多见于禽流感、严重的大肠杆菌病。

⑥ 卵泡出现出血：临床多见于热应激、禽霍乱、坏死性肠炎。

⑦ 输卵管内积大量黄色凝固样干酪物且恶臭：临床多见于大肠杆菌引起的输卵管炎。

⑧ 输卵管内积有类似于非凝固的蛋清样分泌物：临床多见于禽流感。

⑨ 输卵管水肿，像热水煮过一样：临床多见于热应激、坏死性肠炎。

⑩ 输卵管内像撒了一层糠麸，壁上形成小米粒大小、红白相间的结节：临床多见于卡氏白细胞原虫病。

⑪ 输卵管子宫部出现水肿，严重时形成水泡：临床多见于减蛋综合征、传染性支气管炎。

⑫ 输卵管发育不全，前部变薄积水或积有蛋黄，峡部出现阻塞：临床多见于小鸡感染性支气管炎、衣原体病。

⑬ 输卵管系膜形成肿瘤：临床多见于马立克病、网状内皮增生。

6. 消化系统

（1）鸡的消化系统较特殊，没有唇、齿及软腭。上下颌形成喙，口腔与咽直接相连，食物入口后不经咀嚼，借助吞咽经食道入嗉囊。嗉囊是食道入胸腔前扩大而成的囊状结构，主要功能是贮存、湿润和软化食物，然后收缩将食物送入腺胃。腺胃体积小，呈纺锤形，仅于腹腔左侧，可分泌胃液，含有蛋白酶和盐酸。肌胃紧接腺胃之后，肌层发达，内壁是坚韧的类角质膜，肌胃内有沙砾，对食物起机械研磨作用。

鸡肠道的长度与躯干（最后颈椎至尾综骨）之比为（7～9）：1。大小肠黏膜都有绒毛，整个肠壁都有肠腺。十二指肠起于肌胃，形成“U”形袢。空肠形成许多半环状肠袢，由肠系膜悬挂于腹腔右侧。胰腺位于十二指肠袢内，呈淡黄色，长形，分背、腹两叶，以导管与胆管一同开口于十二指肠。大肠由一对盲肠和直肠组成。盲肠的入口处为大肠和小肠的分界线，这里有明显的肌性回盲瓣，后段肠壁内分布有丰富的淋巴组织，形成盲肠扁桃体，以鸡最明显。鸡的直肠很短。泄殖腔是消化、泌尿和生殖三个系统的共同出口，最后以肛门开口于体外。泄殖腔体被两个环形褶分为前、中、后三部分：前为粪道，与直肠直接相连；中为泄殖道，是输尿管、输精管或输卵管的阴道部开口；后为肛道，是消化道最后一段，壁内有括约肌。在泄殖道与肛道交界处的背侧有一腔上囊（又称法氏囊）。临床检查应注意观察消化系统是否出现水肿、出血、坏死、肿瘤等。

（2）病理状态下消化系统的异常变化

① 腺胃肿胀，浆膜出现水肿变性，肿胀像乒乓球样：临床多见于腺胃型传染性支气管炎、马立克病。

② 腺胃变薄，严重时形成溃疡或穿孔，腺胃乳头变平，严重时形成蜂窝状：临床多见于坏死性肠炎、热应激。

③ 腺胃乳头出血：临床多见于新城疫、禽流感、药物中毒。

④ 腺胃黏膜和乳头出现广泛性出血：临床多见于卡氏白细胞原虫病、药物中毒、肉仔鸡严重大肠杆菌病。

⑤ 腺胃与肌胃交接处出血：临床多见于新城疫、禽流感、法氏囊病及药物中毒等。

⑥ 腺胃与肌胃交接处出现腐蚀、糜烂：临床多见于药物中毒、霉菌感染。

⑦ 腺胃与肌胃交接处形成铁锈色：临床多见于药物中毒、肉仔鸡强度新城疫感染和低血糖综合征等。

⑧ 腺胃与肌胃交接处角质层出现水肿、变性：临床多见于药物中毒。

⑨ 腺胃与食道交接处出血：临床多见于传染性支气管炎、新城疫、禽流感。

⑩ 食道出血：临床多见于药物中毒、禽流感。

⑪ 食道形成一层白色假膜：临床多见于念珠菌感染、毛滴虫病。

⑫ 肌胃变软、无力：临床多见于霉菌感染、药物中毒。

⑬ 肌胃角质层糜烂：临床多见于药物中毒、霉菌感染。

⑭ 肌胃角质层下出血：临床多见于新城疫、禽流感、霉菌感染或药物中毒。

⑮ 小肠肿胀，浆膜有点状出血或白色斑点：临床多见于小肠球虫病。

⑯ 小肠壁增厚，有白色条状坏死，严重时在小肠形成假膜：临床多见于堆氏

球虫病或坏死性肠炎。

⑰ 小肠出现片状出血：临床多见于禽流感、药物中毒。

⑱ 小肠出现黏膜脱落：临床多见于坏死性肠炎、热应激或禽流感。

⑲ 十二指肠腺体、盲肠扁桃体、淋巴滤泡出现肿胀、出血，严重的形成纽扣样坏死：临床多见于新城疫感染。

⑳ 肠壁（以直肠最明显）形成米粒样大小的结节：多是由于慢性沙门氏菌、大肠杆菌感染所引起的肉芽肿。

㉑ 盲肠内积红色血液，盲肠壁增厚、出血，盲肠体积增大：临床多见于盲肠球虫。

㉒ 盲肠内积有黄色干酪物，呈同心圆状：临床多见于盲肠肝炎、慢性沙门氏菌感染。

㉓ 胰脏出现肿胀、出血、坏死：临床多见于禽霍乱、沙门氏菌、大肠杆菌感染或禽流感。

㉔ 肠道形成肿瘤：临床多见于马立克病。

7. 呼吸系统

（1）鸡的呼吸系统由鼻、咽、喉、气管、支气管、肺和气囊等器官构成。鸣管是鸡的发音器官，由气管和支气管环以及一枚特殊的鸣骨作支架。鸣骨位于气管分叉顶部，将鸣腔一分为二，在支架上，具有两对弹性薄膜，叫内、外鸣膜，形成一狭缝，当鸡呼气时，空气振动鸣膜而发音。

（2）病理状态下呼吸系统的异常变化

① 肺部成樱桃红色：临床多见于一氧化碳中毒。

② 肺部出现肉变，肺表面或实质有肿块或肿瘤：成鸡多见于马立克病。

③ 肺部形成黄色的米粒大小的结节：临床多见于鸡白痢、曲霉菌感染。

④ 肺部出现水肿：临床多见于肉鸡腹水症。

⑤ 肺部形成黄白色较硬的豆腐渣样物：临床多见于鸡结核、曲霉菌感染、马立克病。

⑥ 肺部出现有霉菌斑和出血：临床多见于霉菌感染。

⑦ 支气管内积有大量的干酪物或黏液：临床多见于育雏前7d湿度过低、传染性支气管炎。

⑧ 支气管上端出血：临床多见于传染性支气管炎、新城疫、禽流感等。

⑨ 鼻黏膜出血，鼻腔内积大量的黏液：临床多见于传染性鼻炎、支原体病等。

⑩ 喉头出现水肿：临床多见于传染性喉气管炎、新城疫、禽流感。

⑪ 气管内形成痘斑：临床多见于黏膜型鸡痘。

⑫ 气管内形成血样黏条：临床多见于传染性喉气管炎。

⑬ 喉头形成黄色的栓塞：临床多见于传染性喉气管炎或黏膜型鸡痘。

8. 心脏

（1）鸡的心脏较大，为体重的4%～8%，呈圆锥形，位于胸腔的后下方，夹于肝脏的两叶之间。心脏的壁是由心内膜、心肌和心外膜构成。心脏的瓣膜是由双层的心内膜褶和结缔组织构成的。心脏的外面包一浆膜囊叫做心包。在正常情况下，心包内含少量心包液，呈湿润状态，有减少心动摩擦的作用。但在病态情况下，常积有较多的液体，其含量多少因病而异。正常和营养状况良好的鸡只，心脏的冠状沟和纵沟上有较多的脂肪组织。观察心脏的形态、脂肪及心内外膜、心包、心肌等情况有诊断意义。

（2）病理状态下心脏的异常变化

① 冠状沟脂肪出血：多见于禽霍乱、禽流感。

② 心脏上形成米粒样大小结节：临床多见于慢性沙门氏菌、大肠杆菌感染或卡氏白细胞原虫病。

③ 心肌出现肿瘤：多见于马立克病。

④ 心包内形成黄色纤维素性渗出物：多见于大肠杆菌病。

⑤ 心包内积有大量白色尿酸盐：临床多见于痛风、肾型传染性支气管炎、磺胺类药物中毒等。

⑥ 心包积有大量黄色液体：临床多见于一氧化碳中毒、肉鸡腹水症、肺炎或心力衰竭。

⑦ 心脏代偿性肥大，心肌无力：多见于肉鸡的腹水症。

⑧ 心脏出现条状变性，心内、外膜出血：多见于禽流感、心肌炎、维生素E-硒缺乏症等。

⑨ 心脏瓣膜形成圆球状：临床多见于风湿性心脏病、心肌炎等。

附录六
鸡病快速诊断指南

一、鸡病的诊断方向

主要症状与病变	可能有关的疾病
神经症状	鸡新城疫、马立克病、鸡传染性脑脊髓炎、维生素E-硒缺乏症、大肠杆菌病（脑炎型）、肉毒梭菌中毒、食盐中毒、叶酸缺乏症、维生素B_1缺乏症
鸡冠和面部肿胀	霍乱、禽流感、鸡痘、大肠杆菌病、鸡传染性鼻炎、鸡衣原体病、鸡败血支原体病、肿头综合征
皮肤出血、坏死	大肠杆菌病、葡萄球菌病、马立克病、鸡痘、泛酸缺乏症、锌缺乏症
呼吸困难	鸡新城疫、鸡传染性鼻炎、鸡败血支原体病、鸡传染性支气管炎、鸡传染性喉气管炎、鸡痘
肝炎及肝脏病变	鸡霍乱、鸡白痢、鸡伤寒、鸡副伤寒、大肠杆菌病、鸡结核病、鸡弯曲菌肝炎、组织滴虫病、包涵体肝炎、鸡淋巴白血病、马立克病、鸡网状内皮组织增生病、鸡败血支原体病、鸡曲霉菌病
肺脏及气囊病变	鸡白痢、鸡败血支原体病、鸡大肠杆菌病、鸡结核病、鸡曲霉菌病
肾脏出现肿胀和花斑病变	鸡传染性法氏囊病、鸡传染性支气管炎、痛风、鸡病毒性肾炎
产畸形蛋、软皮蛋	新城疫、鸡传染性支气管炎、减蛋综合征（1976）、鸡白痢、鸡伤寒、鸡副伤寒、鸡蛔虫病、鸡绦虫病、笼养蛋鸡疲劳症、维生素D缺乏症、锰缺乏症
关节肿胀、腿骨发育异常等造成运动障碍	大肠杆菌病、葡萄球菌病、滑液囊支原体病、病毒性关节炎、痛风、胆碱缺乏症、叶酸缺乏症、锰缺乏症、锌缺乏症
肠炎、下痢	鸡新城疫、禽流感、鸡传染性法氏囊病、禽轮状病毒感染、鸡结核病、大肠杆菌病、坏死性肠炎、鸡组织滴虫病、鸡球虫病、鸡白细胞原虫病、鸡白痢、鸡伤寒、溃疡性肠炎、链球菌病、铜绿假单胞菌病

二、鸡病快速鉴别诊断

（一）引起神经症状的疾病

病名	相似点	区别点
1. 鸡新城疫	四肢进行性麻痹，共济失调；因肌肉痉挛和震颤，常引起转圈运动	有呼吸道症状，剖检见十二指肠降支、卵黄蒂后3～4cm、回肠前1～3cm处淋巴滤泡肿胀、出血、溃疡；腺胃乳头顶端出血或溃疡；各年龄段均可发病
2. 马立克病（神经型）	轻者共济性失调，步态异常；重者瘫痪，呈“劈叉”姿势	有特征性“劈叉”姿势；剖检见腰荐神经丛、臂神经丛、坐骨神经均呈单侧性肿胀，色灰白或淡黄；多发于青年鸡
3. 鸡传染性脑脊髓炎	共济失调，走路前后摇晃，步态不稳，或以跗关节和翅膀支撑身体前行	头颈部震颤，尤其在受惊或将鸡倒提起时，震颤会加强；剖检见脑水肿、充血，但无出血现象；胃肌层内有细小的灰白色病变区；多发于3周龄以内的雏鸡
4. 维生素E-硒缺乏症（脑软化症）	头颈弯曲挛缩，无方向性特征，有时出现角弓反张，双腿痉挛抽搐，步态不稳或瘫痪	脑充血、水肿，有散在出血点，以小脑尤为明显；大脑后半球有液化灶，脑实质严重软化，呈粥样；肌肉苍白；多见于雏鸡
5. 大肠杆菌病（脑炎型）	垂头、昏睡状，有的鸡有歪头、斜颈、共济失调、抽搐症状	脑膜充血、出血，小脑脑膜及实质有许多针尖大出血点；涂片染色，镜检可见革兰氏阴性小杆菌
6. 食盐中毒	精神委顿、呆立，呼吸困难	渴欲极强，严重腹泻；剖解脑膜充血、水肿、出血、皮下水肿，鸡皮极易剥离
7. 叶酸缺乏症	颈部肌肉麻痹，抬头向前平伸，常常以喙着地	“软颈”症状与肉毒中毒相似，但病鸡精神尚好，胫骨短粗，有时可见“滑腱症”；鸡一般不易出现叶酸缺乏症
8. 维生素B_1缺乏症	伸肌痉挛，身体抽搐，运动失调，呈角弓反张姿势	呈特征性的“观星”姿势；剖检可见胃、肠道萎缩，右心扩张、松弛；雏鸡多为突然发病，成年鸡发病缓慢
9. 维生素B_6缺乏症	雏鸡异常兴奋，盲目奔跑，运动失控或腿软，翅下垂，以胸着地，痉挛	长骨短粗，眼睑水肿；肌胃糜烂；产蛋鸡卵巢、输卵管、肉垂退化

（二）出现鸡冠及面部肿胀的疾病

病名	相似点	区别点
1. 禽霍乱	鸡冠及肉垂肿胀，呈黑紫色	16周龄以前的幼鸡少发，突然发病，死亡多为强壮鸡和高产鸡，排绿色稀粪；剖检变化心冠脂肪出血，肝脏出血、点状坏死，十二指肠弥漫性出血；慢性病例可见关节炎
2. 禽流感	鸡冠及肉垂肿胀，紫红色；头、眼睑水肿，流泪	鸡冠有坏死灶，趾及跖部鳞片出血，全身浆膜及内脏严重广泛出血；颈、喉部有明显肿胀，鼻孔常流出血色分泌物
3. 鸡痘	皮肤型鸡的头部鸡冠、肉垂、口角、眼周部位有痘疹；黏膜型鸡的眼睑肿胀、流泪，面部肿胀，呼吸困难	皮肤型鸡无毛部皮肤及肛门周围、翅膀内侧可见痘疹，坏死后有痂皮；黏膜型在口腔及咽喉黏膜上有白色痘斑，突出于黏膜，相互融合，表面可形成黄白色假膜
4. 大肠杆菌病	单侧性眼炎，眼睑肿胀，流泪，有黏性分泌物	可引起多种类型的病症，全眼球炎见于30～60日龄鸡，严重的引起失明；还有败血症、气囊炎、雏鸡脐炎、关节炎、肠炎及卵黄性腹膜炎等变化
5. 鸡败血性支原体病	颜面、眼睑、眶下窦肿胀，流泪、流鼻液	泪液中带有气泡；鼻腔、眶下窦及腭裂蓄积多量黏液或干酪样物；气囊增厚、混浊，积有泡沫样或黄色干酪样物；肺门部有灰红色病灶
6. 鸡传染性鼻炎	单侧性眼肿，眶下部和面部肿胀，肉垂水肿	以成年鸡最易感；从鼻孔流出浆液性、黏液性以至脓性恶臭的分泌物，鼻腔和眶下窦黏膜充血、肿胀，腔窦内蓄积多量黏液、脓性分泌物，有时为干酪样物；眼结膜红肿、粘连，结膜囊积黏性干酪样物，角膜混浊，眼球萎缩
7. 肿头综合征	头、面部、眼周围水肿	头、眼周、冠、肉垂、下颌皮下水肿，呈胶冻状，有时为干酪样物
8. 维生素A缺乏症	眼及面部肿胀、流泪、流鼻液	眼睑肿胀，角膜软化或穿孔，眼球凹陷、失明，结膜囊内蓄积干酪样物；口腔、咽、食道黏膜有白色小米粒大小的结节

（三）皮肤发生出血、坏死等病变的疾病

病名	相似点	区别点
1. 大肠杆菌病（皮炎型）	皮肤炎，脐炎	雏鸡发生脐炎，青年鸡发生皮肤炎、坏死、溃烂，有的形成紫色痂；涂片镜检可见革兰氏阴性小杆菌
2. 葡萄球菌病	脐炎，皮下出血	雏鸡出现脐炎，急性败血型以1～2月龄鸡多发。胸腹部、大腿内侧皮肤、出血、溃疡，皮下出血水肿，呈胶冻样；涂片镜检可见葡萄球菌
3. 马立克病（皮肤型）	颈、背部及腿部皮肤毛囊呈结节性肿胀	颈部、两翅及全身皮肤以毛囊为中心形成小结节或瘤状物，有时有鳞片状棕色硬痂
4. 鸡痘（皮肤型）	有时痘疹表面形成痂壳	少毛或无毛处皮肤，如鸡冠、肉垂、嘴角、眼皮及腿部等出现痘疹
5. 维生素B_3缺乏症	皮炎	两腿皮肤鳞片状皮炎，口腔、食道发炎
6. 泛酸缺乏症	皮炎	皮炎先于口角、眼边、腿发生，严重时波及足底
7. 锌缺乏症	表皮角化	脚和腿部表皮角质层角化严重，脚掌开裂有深缝，甚至趾部发生坏死性皮炎

（四）引起呼吸困难的疾病

病名	相似点	区别点
1. 鸡新城疫	伸颈呼吸，咳嗽，甩头	除呼吸症状外，还出现斜颈歪头，脚翼麻痹，产蛋下降；剖检仅见喉头、气管有黏液，气管黏膜肥厚。肺、脑有出血点
2. 传染性鼻炎	甩鼻，打喷嚏，呼吸困难	发病率高，死亡率低，鼻塞症状明显。主要表现流鼻液，流泪；剖检鼻腔、鼻窦黏膜红肿或有黄色干酪样物
3. 鸡败血支原体病	慢性呼吸道症状	呼吸有啰音，眼角流泡沫样液体；气囊增厚、混浊，有泡沫样或干酪样物
4. 传染性气管炎	咳嗽，打喷嚏	呼吸时发出异常声音，喉头、气管黏液增多，支气管有出血；混合感染其他疾病时则出现肾炎或腺胃炎等
5. 传染性喉气管炎	咳嗽，呼吸困难	发病急，死亡快，咳出带血的黏液；喉头、气管出血，有多量黏液和血凝块
6. 鸡痘（白喉型）	呼吸困难，张口呼吸	呼吸及吞咽困难，多窒息死亡；口腔及咽喉部黏膜出现痘疹及假膜；混合感染其他病型，还可见少毛或无毛部位的皮肤出现痘疹

（五）出现肝炎等肝脏病变的疾病

病名	相似点	区别点
1. 禽霍乱	肝肿大，表面布满黄白色针尖大坏死点	成年鸡易发，常突然发病，死亡多为壮鸡；心冠脂肪和心外膜有大量出血点，十二指肠严重出血
2. 鸡沙门氏菌病	肝肿大，表面有多量灰白色针尖大坏死点	多发生于雏鸡和青年鸡；雏鸡排白色的糊状粪，心肺上有坏死灶；青年鸡的肝脏有时呈铜绿色
3. 鸡大肠杆菌病	肝肿大，表面有一层灰白色薄膜，即肝周炎	多发生于雏鸡和6～10周龄的青年鸡，有纤维素性心包炎、纤维素性腹膜炎
4. 鸡弯曲菌肝炎	肝肿大，表面和实质内有黄色、星芒状的小坏死灶或布满菜花状的大坏死区	多发生于青年鸡或新开产母鸡；肝脏被膜下有出血区，或形成血肿
5. 鸡组织滴虫病	肝肿大，表面有圆形或不规则形中心凹陷、周边隆起的溃疡灶	多发生于8周龄至4月龄的鸡；一侧盲肠肿大，内有香肠状的干酪样凝固栓子，切面呈同心圆状
6. 鸡包涵体肝炎	肝肿大，表面有点状或斑状出血	多发生于3～9周龄的肉鸡和蛋鸡；肝脏触片，于细胞核内见到内包涵体
7. 鸡马立克病（内脏型）	肝肿大，表面有灰白色肿瘤结节	多发于6～16周龄内的鸡；心、肺、脾、肾等器官也有肿瘤结节，法氏囊常萎缩
8. 鸡脂肪肝出血综合征	肝肿大，呈黄色，质地松软，表面有小出血点	多发生于成年鸡。鸡冠、肉垂和肌肉苍白贫血；肝脏出血，腹腔内有血凝块或血水；腹腔和肠系膜有大量脂肪沉积

（六）出现肺脏及气囊病变的疾病

病名	相似点	区别点
1. 鸡白痢	肺上有大小不等黄白色坏死结节	多发于周龄以内的雏鸡；排白色糊状稀粪；心脏和肝脏也有坏死结节
2. 鸡败血支原体病	气囊混浊、增厚，囊腔内有黄色干酪样物质	多发生于周龄的幼鸡。呼吸困难，眶下窦肿胀；心脏和肝脏无病变
3. 鸡曲霉菌病	肺和气囊上有灰黄色、大小不等的坏死结节	多发生于雏鸡。病鸡呼吸困难；胸壁上有坏死结节，柔软而有弹性，内容物呈干酪样；见有霉菌斑。镜检可见霉菌菌丝及孢子

（七）肺脏出现肿胀及花斑病变的疾病

病名	相似点	区别点
1．鸡传染性法氏囊病	排白色水样便，肾肿，表面有白色尿酸盐沉着，呈花斑状	3～6周龄雏鸡多发，死亡率高；法氏囊肿胀，出血或内有果酱样物；胸部及腿部肌肉出血
2. 痛风（内脏型）	气囊混浊、增厚，囊腔内有黄色干酪样物质	多发生于4～8周龄的幼鸡；呼吸困难，眶下窦肿胀；心脏和肝脏表面有大量白色尿酸盐沉着
3．鸡传染性支气管炎（肾病变型）	排水样白色稀便；肾脏肿大，颜色变淡，有多量尿酸盐沉着	多见于3～10周龄鸡，死亡率高。成年鸡产蛋量下降，蛋壳粗糙，蛋形变圆；病鸡康复后产蛋量恢复不到原有水平。两侧肾脏均等肿胀，有尿酸盐沉着，质地变硬。严重时，内脏器官浆膜有多量尿酸盐沉着
4．鸡曲霉菌病	肺和气囊上有灰黄色、大小不等的坏死结节	多发生于雏鸡。病鸡呼吸困难，胸壁上有柔软而有弹性坏死结节，内容物呈干酪样，见有霉菌斑。镜检见霉菌菌丝及孢子

（八）产畸形蛋、软皮蛋的疾病

病名	相似点	区别点
1．传染性支气管炎	产蛋下降	蛋壳异常及蛋内容物不良；卵泡变软、出血甚至破裂，输卵管炎及堵蛋
2．减蛋综合征（1976）	产蛋下降	产蛋突然减少，出现无壳蛋、软壳蛋、薄壳蛋等；输卵管子宫部水肿性肥厚、苍白
3．鸡白痢	卵泡变形	成年鸡产蛋停止，卵泡的大小、形状和颜色发生改变，卵黄性腹膜炎
4．鸡伤寒	卵胞变形	发生于3周龄至成年鸡，时有死亡；肝脏古铜色或淡绿色
5．鸡副伤寒	卵泡变形	肠炎、拉稀、卵巢炎、输卵管炎；细菌学检查可与鸡白痢、鸡伤寒区别
6．鸡蛔虫病	产蛋下降	逐渐消瘦，下痢与便秘交替出现，肠中有多量蛔虫
7．鸡绦虫病	产蛋下降	鸡粪中可见小米粒大小、白色、长方形绦虫节片；肠内可见绦虫成虫
8．笼养蛋鸡疲劳症	产蛋下降	腿软无力，但精神尚好，严重时，精神不振，瘫痪或自发性骨折；胸骨、肋骨变形

续表

病名	相似点	区别点
9. 维生素D缺乏症	产蛋下降	软蛋增多，瘫痪鸡经日晒可恢复，龙骨弯曲
10. 锰缺乏症	产蛋下降	蛋壳变薄易碎，孵化后死胚多，死胚短腿短翅、圆头、鹦鹉嘴；跗关节肿大，腓肠肌腱滑向一侧（俗称滑腱症）
11. 钙、磷缺乏症或过多症	产蛋下降	缺钙出现产软壳蛋鸡、瘫鸡；钙过多引起痛风，尤其肾脏出现尿酸盐沉积；缺磷或磷过多影响钙的吸收，出现厌食，生殖器官发育不良；分析饲料中的钙、磷含量可查明是多还是少

（九）关节肿胀、腿发育异常等造成运动障碍的疾病

病名	相似点	区别点
1. 大肠杆菌病（关节炎型）	关节肿大，跛行，触诊有波动感	切开关节流出混浊液体，重者关节腔内有干酪样物。涂片镜检可见革兰氏阴性小杆菌
2. 葡萄球菌病	多个关节炎性肿胀，以跗、趾关节多见；病鸡跛行，不愿站立走动	肿胀关节呈紫红色或黑色，逐渐化脓，有的形成趾瘤；切开关节后，流出黄色脓汁。涂片镜检可见大量葡萄球菌
3. 滑液囊支原体病	跗关节、趾关节肿胀，触诊有波动感、热感，站立、运动困难	多发于周龄鸡，偶尔见于成年鸡。病变部位切开后，关节囊内有黏稠液体或干酪样物。涂片镜检无细菌
4. 病毒性关节炎	跗关节及后上侧腓肠肌腱鞘肿胀，表现为拐腿、站立困难、步态不稳	多为双侧性跗关节与腓肠肌腱肿胀，关节腔积液呈草黄色或淡红色，有时腓肠肌腱断裂、出血，外观病变部位呈青紫色
5. 痛风	四肢关节肿胀，有的脚掌趾关节肿胀，走路不稳，跛行，重者不能站立	关节囊内有淡黄或白色石灰乳样尿酸盐沉积
6. 胆碱缺乏症	跗关节轻度肿大，周围点状出血；长骨短粗，跖骨变形变曲，出现滑腱症	雏鸡、青年鸡可见滑腱症。肝脂肪含量增多，成年鸡主要表现为体脂肪过度沉积，一般无关节病变
7. 维生素B_6缺乏症	长骨短粗，一般腿严重跛行	有神经症状，雏鸡表现异常兴奋，盲目奔跑，运动失调，一侧或两侧中趾等关节向内弯曲。重症腿软，以胸着地，伸屈脖子，剧烈痉挛。有时可见肌胃糜烂

续表

病名	相似点	区别点
8．维生素B_2缺乏症	跗、趾关节肿胀，脚趾向内卷曲或呈拳状，即“卷爪”。双脚不能站立，行走困难	多发于育雏期和产蛋高峰期。两侧坐骨神经和臂神经显著肿大、变软，为正常粗细的4～5倍；胃肠道黏膜萎缩，肠内有泡沫状内容物
9．维生素B_{11}缺乏症	主要表现为胫骨短粗，偶尔亦见有滑腱症	有头颈部麻痹症状，头向前伸直下垂，以喙触地；雏鸡嘴角上下交错
10．锰缺乏症	长骨短粗，跗关节明显肿胀，腿屈曲无法站立和行走	长骨变粗短，但不变软变脆；雏鸡表现为典型的“滑腱症”
11．维生素B_3缺乏症	跗关节肿胀，长骨普遍粗短，两腿弯曲	腿脚皮肤有鳞片状皮炎，舌暗红发炎；舌尖白色，口腔及食道前端发炎
12．锌缺乏症	跗关节肥大，腿脚粗短	轻者腿、爪皮肤有鳞片状皮屑，重者腿、脚皮肤严重角化，脚掌有裂缝。羽毛末端严重缺损，尤其以翼羽和尾羽明显
13．大肠杆菌病	急性败血型可见排白色或黄绿色稀便	可以表现多种类型的病症。急性败血型主要表现纤维素性心包炎和肝周炎，肝脏有点状坏死
14．坏死性肠炎	排出黑褐色、带血色稀粪	小肠中后段肠壁有出血性斑点，呈不规则状，后期肠壁坏死，有土黄色坏死灶，有时有灰黄色厚层假膜；肝脏可见2～3cm大小的圆形坏死灶
15．鸡组织滴虫病	排带血稀便	病鸡头部皮肤黑紫色；盲肠有出血性坏死性病变，肠内容物凝固，切面呈层状，中心为凝血块；肝脏色黄，有中心凹陷、周围隆起的黄绿色的碟状坏死灶
16．鸡球虫病	排血便	以3周龄以下雏鸡多发，急性经过，死亡率高；盲肠或小肠出现出血性、坏死性变化，肠壁有白色结节
17．鸡白细胞原虫病	排水样白色或绿色稀粪	鸡冠苍白，眼睛周围呈浅绿色，口腔流出淡绿色液体，严重时有血样；全身皮下、肌肉、肺、肾、脾、胰、腺胃、肌胃及肠黏膜均有出血点，并见灰白色小结节
18．鸡白痢	排白色石膏样稀粪	急性型多见于2周龄左右的雏鸡，脐部红肿，卵黄吸收不全；慢性可见肝、脾、肺、心有灰白色坏死点，有时一侧盲肠内容物凝固，肠壁增厚。育成鸡和青年鸡多呈隐性感染，卵泡萎缩、出血、变形、变色，有时脱落、破裂，引起腹膜炎

续表

病名	相似点	区别点
19. 鸡伤寒	排黄绿色稀便	多见于育成鸡；肝、脾和肾肿大，可达正常2～4倍。肝、脾呈青铜色，有黄白色坏死点；卵泡充血、出血，有的破裂
20. 鸡溃疡性肠炎	排白色水样下痢	小肠和盲肠有大量圆形溃疡灶，中心凹陷，有时发生穿孔；肝脏有黄色或灰色圆形小溃疡灶或大片不规则坏死区

附录七
鸡场常用消毒药的作用、用法及注意事项

药名	作用	用法	浓度	注意事项
复合酚（菌毒敌、毒菌净、农乐、畜禽乐）	对各种致病性细菌、霉菌、病毒、寄生虫卵均能杀灭	常用于喷洒、清刷鸡舍地面、墙壁、笼具、饲饮用具等	0.3%～1%溶液	忌与碱性物质和其他消毒药合用
农福（农富）	同上	适于鸡舍地面、墙壁、屋顶、器具的喷雾、喷洒或浸泡清洗消毒	1%～3%溶液	忌与碱性物质和其他消毒药合用
过氧乙酸	能杀灭细菌繁殖体、芽孢、真菌和病毒，是高效、速效、广谱消毒剂	① 饮水消毒 ② 浸泡消毒 ③ 带鸡喷雾消毒 ④ 喷洒鸡舍地面墙壁 ⑤ 空气熏蒸消毒	① 0.1%溶液 ② 0.04%～0.2% ③ 0.3% ④ 0.5% ⑤ 4%～5%	不宜用于金属物品。熏蒸消毒室内温度在15℃以上，相对湿度以60%～80%为好
生石灰（氧化钙）	对多数繁殖体有杀灭作用，但对细菌芽孢和某些细菌，如结核分枝杆菌效果较差	常用于墙壁、屋顶、地面、生产区门口和病鸡、粪便排泄物消毒	10%～20%乳剂	应现配现用，不宜久置
烧碱（氢氧化钠、苛性钠）	对细菌繁殖体、芽孢和病毒均有较大杀灭力	用于冲洗地面、饮水器等。适于鸡场大面积消毒或污染鸡场突击性消毒	1%～3%溶液	浓度高时腐蚀性强，不能用于带鸡消毒

续表

药名	作用	用法	浓度	注意事项
漂白粉	能杀灭各种细菌繁殖体、芽孢、真菌和病毒，还能消除腐败臭味	用于喷洒地面、墙壁 浸泡清洗器具 饮水消毒	5%~10%乳剂 1%~3%溶液 6~10g/（L水）	在碱性环境消毒力弱，勿用于衣物、金属物品，宜现配现用
甲醛	能杀灭细菌繁殖体、芽孢、真菌和病毒	浸泡器械、器具 喷洒消毒	2% 3%~5%	
高锰酸钾	具有抗菌除臭作用	熏蒸消毒 饮水消毒、冲洗黏膜 浸泡、洗刷用具	与甲醛配合 0.1%溶液 2%~5%	高浓度有腐蚀作用，遇氨水、甘油、酒精等易失效
聚乙烯酮碘	对细菌、病毒均有杀灭作用	喷洒地面、墙壁，浸泡、清洗用具 局部皮肤消毒	0.5%溶液 0.75%溶液	
威力碘（络合碘溶液）	对各种细菌繁殖体、芽孢和病毒均有效	带鸡喷雾消毒 饮水消毒 浸泡种蛋 清洗器具、孵化器	1：（40~200） 1：（200~400） 1：200 1：100	
抗毒威（含氯广谱消毒剂）	对多数细菌和病毒均有杀灭作用	喷洒、浸泡消毒 拌料消毒 饮水消毒	1：400 1：1000 1：5000	在接种疫苗、菌苗前后两天不宜拌料和饮水
新洁尔灭（溴苯烷铵、苯扎溴铵）	能杀灭多数细菌但对病毒、霉菌及细菌的芽孢作用弱，有去污作用	浸泡器具 浸泡种蛋 清洗饲养人员手臂 喷洒、喷雾	0.1% 0.1%~2%溶液	不宜与肥皂、碘化钾等混用，浸泡种蛋温度40~43℃，不宜超过3min
劲能（DF-100）	能抑制和杀灭各种细菌和霉菌，对饲料具有防腐、防霉、抗氧化作用	环境和器具清洗 种蛋浸泡消毒 防止饲料霉变，预防鱼粉氧化	1：1500 25mg/L 60mg/L	
雅好生（新型广谱消毒剂）	对病毒、细菌均有杀灭作用	鸡舍地面、墙壁、饲饮器具喷洒或浸泡消毒	12.5~25mL/L	
百毒杀	对多种细菌、病毒、真菌均有杀灭作用	饮水消毒 带鸡消毒 笼、器具消毒 种蛋消毒 孵化设备消毒	25~100mg/L 150~250mg/L 150~500mg/L 150mg/L 150~250mg/L	正常时用低限，传染病发生时用高限

附录八
鸡场常用治疗性药物的用途、用法、用量及停药期

药名	用途	用法与用量	停药期
青霉素G	葡萄球菌病、链球菌病、坏死性肠炎、禽霍乱、李氏杆菌及各种并发症和继发感染	肌内或皮下注射：雏鸡2000～5000单位/只，成鸡5000～10000单位/只，每日2～3次 饮水：雏鸡2000～5000单位/只，成鸡5000～10000单位/只，每日2～3次或每千克水加药5万～10万单位	
链霉素	禽霍乱、传染性鼻炎、白痢、伤寒、大肠杆菌病、溃疡性肠炎、慢性呼吸道病、弧菌性肝炎	肌内或皮下注射：雏鸡5000单位/只，成鸡1万～2万单位/只，每日2～3次 饮水：雏鸡5000单位/只，成鸡1万～2万单位/只，每日2～3次；或每千克水中加8万～10万单位 气雾：每立方米20万单位，30～40min	4d
庆大霉素	大肠杆菌病、鸡白痢、伤寒、副伤寒、葡萄球菌病、慢性呼吸道病、铜绿假单胞菌病	皮下或肌内注射：3000～5000单位/只，每日1次 混饮：3000～5000单位/只，每日1次，连续3～5d	14d
卡那霉素	大肠杆菌病、鸡白痢、伤寒、副伤寒、霍乱、坏死性肠炎、慢性呼吸道病	肌内或皮下注射：10～15mg/（kg体重），每日2次 混饲：400～500mg/（kg饲料） 混饮：250～350mg/（L水）	14d

续表

药名	用途	用法与用量	停药期
新霉素	大肠杆菌病、鸡白痢、伤寒、副伤寒等引起的呼吸道感染	混饲：70～140mg/（kg饲料） 混饮：40～80mg/（L水） 气雾：1g/m^3，吸入1h	产蛋鸡禁用 肉鸡宰前3～5d停止给药
四环素 金霉素 土霉素	白痢、伤寒、副伤寒、霍乱、传染性鼻炎、传染性滑膜炎、慢性呼吸道病、葡萄球菌病、链球菌病、大肠杆菌病、李氏杆菌病、溃疡性肠炎、坏疽性皮炎、球虫病	肌内或皮下注射：10～25mg/（kg体重），每日2次 混饲：治疗量为200～600mg/（kg饲料）预防量为100～300mg/（kg饲料） 混饮：治疗量为150～400mg/（L水）预防量为80～200mg/（L水）	四环素：5d 金霉素：不用于产蛋鸡；肉鸡宰前48h停药 土霉素：产蛋鸡禁用；肉鸡宰前7d停药
强力霉素	同上	注射：20mg/（kg体重），每日1次 混饲：100～200mg/（kg饲料） 混饮：60～120mg/（L水）	
红霉素	慢性呼吸道病、传染性滑膜炎、传染性鼻炎、葡萄球菌病、链球菌病、弧菌性肝炎、坏死性肠炎	肌内或皮下注射：4～8mg/（kg体重），每日1次 内服：7.5～10mg/（kg体重），每日2次 混饲：180～220mg/（kg饲料） 混饮：105～130mg/（L水）	2d
泰乐菌素	慢性呼吸道病、传染性关节炎、坏死性肠炎、坏疽性皮炎、促生长及提高饲料报酬	肌内或皮下注射：25mg/（kg体重），每日1次 内服：25～50mg/（kg体重），1日1次 混饲：250～500mg/（kg饲料） 混饮：140～300mg/L 促生长添加量：5～10mg/（kg饲料）	宰前5d停药
北里霉素	慢性呼吸道病、促进生长及提高饲料报酬	肌内或皮下注射：25～50mg/（kg体重），每日1次 混饲：500mg/（kg饲料），连用5d 混饮：300mg/（L水），连用5d 促生长添加量：5.5～11mg/（kg饲料）	

续表

药名	用途	用法与用量	停药期
支原净	慢性呼吸道病、传染性滑膜炎、气囊炎、葡萄球菌病	肌内或皮下注射：25mg/（kg体重），每日1次 混饲：治疗量为335mg/（kg饲料），预防量减半 混饮：治疗量250mg/（L水），预防量减半	
新生霉素	葡萄球菌病、霍乱、溃疡性肠炎、坏死性肠炎	内服：15～20mg/（kg体重），每日1～2次 混饲：260～350mg/（kg饲料），连用5～7d 混饮：130～210mg/（L水），连用5～7d	
林可霉素	慢性呼吸道病、葡萄球菌病、坏死性肠炎，促进肉鸡生长	内服或皮下注射：10～20mg/（kg体重），每日1次 混饲：300～400mg/（kg饲料） 混饮：130～240mg/（L水） 促生长添加量：2～4mg/（kg饲料）	
制霉菌素	曲霉菌病、念珠菌病、鸡冠癣	内服：10～15mg/（kg体重） 混饲：100～130mg/（kg饲料），连用7～10d 气雾：50万单位/m^3，吸入30～40min 预防混饲：50～65mg/（kg饲料）	
磺胺脒	白痢、伤寒、副伤寒、细菌性肠炎、球虫病	内服：0.05～0.15g/（kg体重），每日2～3次，首次量加倍。也可按说明书皮下或肌内注射	
磺胺二甲嘧啶、磺胺异噁唑	霍乱、白痢、伤寒、副伤寒、传染性鼻炎、大肠杆菌病、葡萄球菌病、链球菌病、李氏杆菌病、球虫病	内服：0.01～0.13g/（kg体重），每日2～3次，首次量加倍 混饲：0.5%～1%，连用3～4d	磺胺二甲氧嘧啶：6d
磺胺嘧啶	霍乱、白痢、伤寒、葡萄球菌病、大肠杆菌病、李氏杆菌病、卡氏白细胞原虫病	内服：0.01～0.13g/（kg体重），每日2～3次，首次量加倍 混饲：0.5%～1%，连用3～4d	5d

续表

药名	用途	用法与用量	停药期
磺胺喹噁啉	霍乱、白痢、伤寒、大肠杆菌病、卡氏白细胞原虫病等	内服：0.05~0.15g/（kg体重），每日2次，首次量加倍 肌内或皮下注射：0.05~0.15g/（kg体重），每日2次，首次量加倍 混饲：0.1%~0.3% 混饮：0.05%~0.15%	
磺胺甲基异噁唑	霍乱、慢性呼吸道病、葡萄球菌病、链球菌病、白痢、伤寒、副伤寒、大肠杆菌病		磺胺甲基异噁唑：10d
磺胺邻二甲氧嘧啶	霍乱、传染性鼻炎、球虫病、葡萄球菌病、链球菌病、卡氏白细胞原虫病、轻症的呼吸道和消化道感染	内服：0.05~0.15g/（kg体重），每日1次，首次量加倍 皮下或肌内注射：0.05~0.15g/（kg体重），每日1次 混饲：0.05%~0.1% 混饮：0.03%~0.06%	
三甲氧苄胺嘧啶（多与磺胺药配成复方制剂）	链球菌病、葡萄球菌病、大肠杆菌病、白痢、伤寒、副伤寒、坏死性肠炎	肌内或皮下注射：20~25mg/（kg体重），每日2次 口服：10mg/（kg体重），每日2次 混饲：200mg/（kg饲料）	
二甲氧苄胺嘧啶（敌菌净）、复方敌菌净（包括DVD+SMD）	大肠杆菌病、白痢、伤寒、副伤寒等	敌菌净：口服按10mg/（kg体重），每日2次 混饲：200~300mg/（kg饲料） 复方敌菌净：口服按20~25mg/（kg体重） 混饲：200~500mg/（kg饲料）	5d
氟哌酸	霍乱、白痢、伤寒、副伤寒、葡萄球菌病、链球菌病、大肠杆菌病	混饲：50~100mg/（kg饲料）	10d
增效磺胺药（包括TMP、SMZ、SMD、SMM、SMP、SDM等）	禽霍乱、白痢、伤寒、葡萄球菌病、李氏杆菌病、链球菌病、大肠杆菌病、球虫病、卡氏白细胞原虫病	肌内或皮下注射：20~25mg/（kg体重），每日1~2次 口服：20~25mg/（kg体重），每日1~2次 混饲：200~500mg/（kg饲料）	5d

续表

药名	用途	用法与用量	停药期
克球多	球虫病	治疗量：拌料0.006%，使用8d 预防量：0.004%，雏鸡从15日龄始连续喂至60日龄	没有停药期
氯苯胍	球虫病	拌料量为0.0033%，连用3～5d	产蛋鸡不能使用；肉鸡屠宰前5d停药

参考文献

【1】王凤山编.散养蛋鸡实用养殖技术［M］. 北京：中国农业科学技术出版社，2012.
【2】张鹤平，陈敬谊，张庆桥编.林地生态养鸡实用技术［M］. 北京：化学工业出版社，2014.
【3】刘益平编著.果园林地生态养鸡技术［M］. 北京：金盾出版社，2012.
【4】郎跃深编著.土鸡（柴鸡）生态高效养殖与疾病防治［M］. 北京：化学工业出版社，2017.